第一推动丛书: 宇宙系列
The Cosmos Series

死亡黑洞
Death by Black Hole

[美] 尼尔·德格拉斯·泰森 著 姜田 译
Neil deGrasse Tyson

CTS K 湖南科学技术出版社

THE
FIRST
MOVER

总序

《第一推动丛书》编委会

科学，特别是自然科学，最重要的目标之一，就是追寻科学本身的原动力，或曰追寻其第一推动。同时，科学的这种追求精神本身，又成为社会发展和人类进步的一种最基本的推动。

科学总是寻求发现和了解客观世界的新现象，研究和掌握新规律，总是在不懈地追求真理。科学是认真的、严谨的、实事求是的，同时，科学又是创造的。科学的最基本态度之一就是疑问，科学的最基本精神之一就是批判。

的确，科学活动，特别是自然科学活动，比起其他的人类活动来，其最基本特征就是不断进步。哪怕在其他方面倒退的时候，科学却总是进步着，即使是缓慢而艰难的进步。这表明，自然科学活动中包含着人类的最进步因素。

正是在这个意义上，科学堪称为人类进步的“第一推动”。

科学教育，特别是自然科学的教育，是提高人们素质的重要因素，是现代教育的一个核心。科学教育不仅使人获得生活和工作所需的知识和技能，更重要的是使人获得科学思想、科学精神、科学态度以及科学方法的熏陶和培养，使人获得非生物本能的智慧，获得非与生俱来的灵魂。可以这样说，没有科学的“教育”，只是培养信仰，而不是教育。没有受过科学教育的人，只能称为受过训练，而非受过教育。

正是在这个意义上，科学堪称为使人进化为现代人的“第一推动”。

近百年来，无数仁人志士意识到，强国富民再造中国离不开科学技术，他们为摆脱愚昧与无知做了艰苦卓绝的奋斗。中国的科学先贤们代代相传，不遗余力地为中国的进步献身于科学启蒙运动，以图完成国人的强国梦。然而可以说，这个目标远未达到。今日的中国需要新的科学启蒙，需要现代科学教育。只有全社会的人具备较高的科学素质，以科学的精神和思想、科学的态度和方法作为探讨和解决各类问题的共同基础和出发点，社会才能更好地向前发展和进步。因此，中国的进步离不开科学，是毋庸置疑的。

正是在这个意义上，似乎可以说，科学已被公认是中国进步所必不可少的推动。

然而，这并不意味着，科学的精神也同样地被公认和接受。虽然，科学已渗透到社会的各个领域和层面，科学的价值和地位也更高了，但是，毋庸讳言，在一定的范围内或某些特定时候，人们只是承认"科学是有用的"，只停留在对科学所带来的结果的接受和承认，而不是对科学的原动力——科学的精神的接受和承认。此种现象的存在也是不能忽视的。

科学的精神之一，是它自身就是自身的"第一推动"。也就是说，科学活动在原则上不隶属于服务于神学，不隶属于服务于儒学，科学活动在原则上也不隶属于服务于任何哲学。科学是超越宗教差别的，超越民族差别的，超越党派差别的，超越文化和地域差别的，科学是普适的、独立的，它自身就是自身的主宰。

湖南科学技术出版社精选了一批关于科学思想和科学精神的世界名著，请有关学者译成中文出版，其目的就是为了传播科学精神和科学思想，特别是自然科学的精神和思想，从而起到倡导科学精神，推动科技发展，对全民进行新的科学启蒙和科学教育的作用，为中国的进步做一点推动。丛书定名为“第一推动”，当然并非说其中每一册都是第一推动，但是可以肯定，蕴含在每一册中的科学的内容、观点、思想和精神，都会使你或多或少地更接近第一推动，或多或少地发现自身如何成为自身的主宰。

再版序
一个坠落苹果的两面：极端智慧与极致想象

龚曙光

2017年9月8日凌晨于抱朴庐

连我们自己也很惊讶，《第一推动丛书》已经出了25年。

或许，因为全神贯注于每一本书的编辑和出版细节，反倒忽视了这套丛书的出版历程，忽视了自己头上的黑发渐染霜雪，忽视了团队编辑的老退新替，忽视好些早年的读者，已经成长为多个领域的栋梁。

对于一套丛书的出版而言，25年的确是一段不短的历程；对于科学研究的进程而言，四分之一个世纪更是一部跨越式的历史。古人“洞中方七日，世上已千秋”的时间感，用来形容人类科学探求的速律，倒也恰当和准确。回头看看我们逐年出版的这些科普著作，许多当年的假设已经被证实，也有一些结论被证伪；许多当年的理论已经被孵化，也有一些发明被淘汰……

无论这些著作阐释的学科和学说，属于以上所说的哪种状况，都本质地呈现了科学探索的旨趣与真相：科学永远是一个求真的过程，所谓的真理，都只是这一过程中的阶段性成果。论证被想象讪笑，结论被假设挑衅，人类以其最优越的物种秉赋——智慧，让锐利无比的理性之刃，和绚烂无比的想象之花相克相生，相否相成。在形形色色的生活中，似乎没有哪一个领域如同科学探索一样，既是一次次伟大的理性历险，又是一次次极致的感性审美。科学家们穷其毕生所奉献的，不仅仅是我们无法发现的科学结论，还是我们无法展开的绚丽想象。在我们难以感知的极小与极大世界中，没有他们记历这些伟大历险和极致审美的科普著作，我们不但永远无法洞悉我们赖以生存世界的各种奥秘，无法领略我们难以抵达世界的各种美丽，更无法认知人类在找到真理和遭遇美景时的心路历程。在这个意义上，科普是人类极端智慧和极致审美的结晶，是物种独有的精神文本，是人类任何其他创造——神学、哲学、文学和艺术无法替代的文明载体。

在神学家给出“我是谁”的结论后，整个人类，不仅仅是科学家，包括庸常生活中的我们，都企图突破宗教教义的铁窗，自由探求世界的本质。于是，时间、物质和本源，成为了人类共同的终极探寻之地，成为了人类突破慵懒、挣脱琐碎、拒绝因袭的历险之旅。这一旅程中，引领着我们艰难而快乐前行的，是那一代又一代最伟大的科学家。他们是极端的智者和极致的幻想家，是真理的先知和审美的天使。

我曾有幸采访《时间简史》的作者史蒂芬·霍金，他痛苦地斜躺在轮椅上，用特制的语音器和我交谈。聆听着由他按击出的极其单调的金属般的音符，我确信，那个只留下萎缩的躯干和游丝一般生命气息的智者就是先知，就是上帝遣派给人类的孤独使者。倘若不是亲眼所见，你根本无法相信，那些深奥到极致而又浅白到极致，简练到极致而又美丽到极致的天书，竟是他蜷缩在轮椅上，用唯一能够动弹的手指，一个语音一个语音按击出来的。如果不是为了引导人类，你想象不出他人生此行还能有其他的目的。

无怪《时间简史》如此畅销！自出版始，每年都在中文图书的畅销榜上。其实何止《时间简史》，霍金的其他著作，《第一推动丛书》所遴选的其他作者著作，25年来都在热销。据此我们相信，这些著作不仅属于某一代人，甚至不仅属于20世纪。只要人类仍在为时间、物质乃至本源的命题所困扰，只要人类仍在为求真与审美的本能所驱动，丛书中的著作，便是永不过时的启蒙读本，永不熄灭的引领之光。

虽然著作中的某些假说会被否定，某些理论会被超越，但科学家们探求真理的精神，思考宇宙的智慧，感悟时空的审美，必将与日月同辉，成为人类进化中永不腐朽的历史界碑。

因而在25年这一时间节点上，我们合集再版这套丛书，便不只是为了纪念出版行为本身，更多的则是为了彰显这些著作的不朽，为了向新的时代和新的读者告白：21世纪不仅需要科学的功利，而且需要科学的审美。

当然，我们深知，并非所有的发现都为人类带来福祉，并非所有的创造都为世界带来安宁。在科学仍在为政治集团和经济集团所利用,甚至垄断的时代，初衷与结果悖反、无辜与有罪并存的科学公案屡见不鲜。对于科学可能带来的负能量，只能由了解科技的公民用群体的意愿抑制和抵消：选择推进人类进化的科学方向，选择造福人类生存的科学发现，是每个现代公民对自己，也是对物种应当肩负的一份责任、应该表达的一种诉求！在这一理解上，我们将科普阅读不仅视为一种个人爱好，而且视为一种公共使命！

牛顿站在苹果树下，在苹果坠落的那一刹那，他的顿悟一定不只包含了对于地心引力的推断，而且包含了对于苹果与地球、地球与行星、行星与未知宇宙奇妙关系的想象。我相信，那不仅仅是一次枯燥之极的理性推演，而且是一次瑰丽之极的感性审美……

如果说，求真与审美，是这套丛书难以评估的价值，那么，极端的智慧与极致的想象，则是这套丛书无法穷尽的魅力！

前言

尼尔 · 德格拉斯 · 泰森
纽约 2006 年 10 月

在我眼中，宇宙不是无数天体、理论和现象的集合，而是一大群被错综复杂的线索与剧情驱动着的演员。于是，当我写到有关宇宙的文章的时候，自然而然地想把读者带进剧场的幕后，让他们亲眼看看布景是什么样的，剧本是如何创作的，以及剧情将如何发展。我总是希望清楚地呈现宇宙运行的机制，这可比单纯传达事实要难得多。至于剧情的喜怒哀乐，则由宇宙决定，甚至有时候也会让人饱受惊吓。因此，我希望《死亡黑洞》成为读者认识宇宙中一切感动、启迪人，或是骇人事物的窗口。

《死亡黑洞》的每一章都是先发表在《自然史》杂志的“宇宙”专栏中，从1995年至2005年持续了共11个年头。《死亡黑洞》可以说是某种意义上的“宇宙专栏之最”，囊括了部分我曾经发表的产生较大反响的文章。为了保证全书的连贯性，同时反映科学的最新发展，书中对原文做了适当修改。

在此，谨以此合集献给读者，希望它能给你的日常生活增添一抹新的色彩。

致谢

我在宇宙研究上的专长是恒星、恒星演化和星系结构。如果没有同行们为我每月的文稿悉心提出意见，我绝无可能涉猎如此之广的专业话题。他们的意见常常可以令我的文章从一篇普通的记述变成闪耀着来自宇宙学研究前沿的思想光辉的精彩文章。在有关太阳系的内容方面，我要感谢我研究生时代的同学，如今麻省理工学院的天文学教授瑞克·宾泽尔（Rick Binzel）。他曾接了我好多电话，因为我急于向他求证文章的准确性或者讨论我打算写的有关行星及行星周边的内容。

担任过相同角色的还有普林斯顿大学天体物理学教授布鲁斯·德瑞恩（Bruce Draine）、迈克尔·斯特劳斯（Michael Strauss）和戴维·斯伯格（David Spergel）。他们在宇宙化学、星系和宇宙学方面的专业背景令我可以探讨许多原本无力探讨的宇宙话题。在我的同行之中，普林斯顿大学的罗伯特·勒普顿（Robert Lupton）也是最接近这些文章的人之一。他在英国接受到良好的教育，在我看来无所不知。对专栏中的大多数文章而言，勒普顿对科学及文字细节的高度关注使得我每月的作品更为可靠。另一位一直帮助我修改作品的同行兼通才是史蒂文·索特（Steven Soter），我的初稿不经他审阅根本就算不上完整。

在文学界，埃伦·戈登松（Ellen Goldensohn）是我在《自然史》杂志遇到的第一位编辑。1995年他听到我在全国公共广播电台做的一个访谈之后，邀请我在《自然史》杂志上开设专栏。我接受了他的邀请。这件每月都要完成的差事至今仍是我所做的最耗精力同时也是最令人振奋的事情。我现在的编辑艾维斯·兰（Avis Lang）延续了戈登松的努力，他保证我可以说出我的真实想法，而无须作任何妥协。我由衷地感激他们两位付出的努力，令我的作品不断进步。其他曾经帮助我修改文章的还有菲利普·布兰福德（Phillip Branford）、博比·福格尔（Bobby Fogel）、爱德·詹金斯（Ed Jenkins）、安·雷·乔纳斯（Ann Rae Jonas）、贝琪·勒纳（Betsy Lerner）、摩德柴·马克·麦克劳（Mordecai Mark Mac-Low）、史蒂夫·纳皮尔（Steve Napear）、迈克尔·里齐蒙得（Michael Richmond）、布鲁斯·斯图兹（Bruce Stutz）、弗兰克·萨默斯（Frank Summers）和赖安·怀亚特（Ryan Wyatt）。海登天文馆的志愿者克瑞·布因丁切（Kyrie Bohin-Tinch）帮助我组织了本书的内容。我还要特别感谢《自然史》杂志主编彼得·布朗（Peter Brown），感谢他对我写作的全力支持和对本书编辑出版的经济支持。

这里我不能忘记史蒂芬·杰伊·古尔德（Stephen Jay Gould），他主持的《自然史》杂志“生命观”专栏已经发表了近300篇文章。从1995年到2001年，我们一起为《自然史》写了7年专栏，每个月我都能感受到他的存在。古尔德事实上开创了现代专栏文体的格式，对我的作品产生了显著影响。每当我必须深入了解科学的历史时，我总会像古尔德那样查阅多少个世纪以前的珍稀史料，从中学习先人如何探索自然的运作。如同62岁逝世的卡尔·萨根（Carl Sagan）一样，古尔德60岁时便英年早逝，在科普界留下了至今难以填补的空白。

目录

序篇
15
科学之始

物理定律对周围世界的成功解释令我们对人类知识的发展越来越自信，甚至过于自信，尤其是当我们对物质和现象的认识缺陷越来越小、越来越不重要的时候。即使是诺贝尔奖得主和其他那些令人敬重的科学家也不能免俗，有时还难免令自己落入尴尬境地。

一种著名的科学终结论出现在1894年。后来获得诺贝尔奖的阿尔伯特·亚伯拉罕·迈克耳孙（Albert A. Michelson）在美国芝加哥大学瑞尔森物理实验室（Ryerson Physics Lab）发表的致辞演说中这样说道：

> 物理学中较为重要的基本定律和事实都已经被发现了，它们的基础是如此稳固，被新发现取代的可能微乎其微……新发现只能到小数点后6位之后找了。（Barrow，1988年，第173页）

其时最杰出的天文学家之一，美国天文学会的共同创始人西蒙·纽科姆（Simon Newcomb）持与迈克耳孙相同的观点，1888年他写道："人类可能正在接近可知天文学知识的极限。"（Newcomb，1888年，第65页）即使是最伟大的物理学家开尔文男爵（Lord Kelvin，稍后第3篇中我们将见到的绝对温标就是以他的名字命名的）也被自信所征服，1901年他宣称：“如今的物理学里已经没什么新东西等待发现了。剩下的工作只是越来越精密的测量。”（Kelvin，1901年，第1页）在这些评论发表的当时，以太仍被假定为是光传播的媒质，观测到的水星轨道与理论预测间的细微差别仍悬而未决。这些疑问在当时被当成小问题，只需对已知物理定律做少许修正就可以解决。

16

幸运的是，量子力学的奠基人之一——马克斯·普朗克（Max Planck）比他的导师更有远见。在1924年的一篇文章中他提到了1874年所得到的建议：

> 当我开始学习物理学并向我敬爱的导师菲利普·冯·祖利（Philipp von Jolly）征求意见时……他告诉我物理是一门高度发展、近乎臻善臻美的科学……或许在某个角落里还有一粒尘屑或一个小气泡，对它们可以去进行研究和分类，但是，作为一个完整的体系，那是建立得足够牢固的，而理论物理学正在明显地接近于几何学在数百年中所已具有的那样完美的程度。（Planck，1996年，第10页）

刚开始普朗克没有理由怀疑导师的观点，但是当发现物质辐射能量的经典解释无法与实验吻合的时候，普朗克不得不在1900年转变成一名变革者。他提出了一种不可见的单位能量——量子，由此宣告了物理学新纪元的到来。接下来的30年里，狭义相对论和广义相对论、量子力学以及膨胀宇宙模型相继出现。

看到这些短视的前人，你或许会认为杰出的、成果卓著的物理学家理查德·费恩曼（Richard Feynman）会聪明得多。但是在1965年出版的引人入胜的著作《物理之美》中，他宣称：

17

> 我们非常幸运，生活在一个仍然能够获得发现的时代……我们生活的时代是发现自然基本法则的时代，这样的日子不会再有了。它令人兴奋、不可思议，但这种兴奋注定将要消逝。（Feynman，1994年，第166页）

我不知道科学的终结何时到来，或是何时能发现终结，抑或根本是否存在这样的终结。我只知道人类比我们通常自认的还要愚蠢。人类智力（而不一定是科学本身的）这一局限，使我确信人类对宇宙的认识才刚刚开始。

假设人类是当下地球上最聪明的物种。如果为了便于讨论，我们把物种的抽象数学能力定义为“智慧”，那么也可以进而假设人是出现过的唯一的智慧物种。

那么，这地球历史上独一无二的智慧物种足够聪明到完全理解宇宙本质的概率有多大？黑猩猩在进化上与我们极为相近，但是我们明白，无论怎么教，黑猩猩都不可能学会三角学。现在试想，地球上或是其他任一地方的某种生物，他的聪明程度和人类相比，就像人类和黑猩猩的差距一样。那他们对宇宙的了解又有多少呢？

喜欢玩井字游戏的人都知道游戏规则非常简单，如果知道先走哪一步，每一局都能获胜或是打平。但是孩子们玩这个游戏的时候就像结果是随机而无法预知的一样。国际象棋的规则同样清晰简单，但是预测对手下法的难度随着步数的增加而指数增长。因此，成年人（即使很聪明）面对国际象棋也会觉得很有挑战，结果就像谜一样无法预知。

让我们把目光投向牛顿（Isaac Newton），他是我认为有史以来最最聪明的人。

（持这种看法的不止我一个人。英国三一学院有一座他的半身塑像，上面刻着一段拉丁文“*Qui genus humanum ingenio superavit*”，翻译过来大致就是“这人世间，再没有比他更高的智慧”。）牛顿怎么看待自己的学识？ 18

> 我不知道世人如何看我，但对我自己而言我仅仅是一个在海边嬉戏的顽童，为时不时发现一粒光滑的石子或一片美丽的贝壳而欢喜，而真理的海洋，仍在我的前面未被发现。（Brewster，1860年，第331页）

我们的宇宙好比棋盘，已经透露出了一些规则，但是宇宙的大部分仍像谜一样神秘——仿佛隐藏着秘密的规则。这些规则必是从现有的书上无法找到的。

对物体与现象的认识（它们是已知物理定律的参数变化）与对物理定律本身的认识之间的差别是任何有关科学即将终结的论断的核心议题。在火星或是木卫二上发现生命可能是有史以来最大的发现，然而，你可以打赌，其原子的理化性质和地球上原子的理化性质别无二致，不需要新的定律。

但是，让我们一瞥现代天体物理学中一些尚未解决的问题。它们暴露出眼下人类无知状态的深度和广度，众所皆知，这些问题的解决仍待物理学中全新分支的发现。

当我们对宇宙起源的大爆炸理论深信不疑的时候，我们只能推测我们宇宙视界内（137亿光年以内）的一切。我们只能猜测大爆炸以前[19]发生了什么或为什么必须是从大爆炸开始。根据量子力学的原理，有人推测我们的膨胀宇宙来源于原始时空泡沫的涨落，同时还有无数其他的涨落演化成了无数其他的宇宙。

当我们试图用计算机模拟大爆炸后不久宇宙里数以千亿计的星系时，却无法同时与宇宙早期和近期的观测资料相吻合。我们仍未找到能够连贯解释宇宙大尺度结构形成与演化的模型，似乎我们一直遗漏了某些重要的东西。

牛顿运动定律和万有引力定律几百年来一直是成功的，直到爱因斯坦的相对论对它们进行了修正。相对论是当前的主流理论，描述原子和核子宇宙的量子力学也是主流理论之一。不过爱因斯坦的引力理论和量子力学却是相互矛盾的。在相互重叠的领域，两种理论得到了不同的结果。它们中必有一个要认错，要么是爱因斯坦的引力理论里少了可令它接受量子力学的部分；要么是量子力学里少了可令它接受爱因斯坦引力理论的部分。

或许还有第三种选择：用一种更大、包罗万象的理论代替它们。事实上，弦理论正是被发明来完成这一任务的。它试图将所有物质、能量及相互作用的存在简单解释为更高维度的不停抖动的能量弦线。不同振动模式代表着我们的低维时空里不同的粒子和力。弦理论提出已超过20年，但是以我们当前的实验手段仍无法验证它的论断。尽管备受质疑，但是它的很多论断似乎很有希望是正确的。

我们仍然不知道是什么因素或驱动力使得无生命的物质聚合成我们所知的生命。是不是有什么化学自组织的机制或规律，因为缺少可以和地球生物相比较的对应物而导致我们无法知晓，以至于我们不能[20]判断在生命的形成中哪些是重要的、哪些是无关的？

自从爱德文·鲍威尔·哈勃（Edwin P. Hubble）20世纪20年代做出重要工作以来，我们已经知道宇宙在膨胀；但是我们刚刚才知道由于存在某些被称之为“暗能量”的、尚无理论解释的反引力，宇宙的膨胀还在加速。

总而言之，无论我们对自己的观察、实验、数据或是理论多么自信，我们还是必须承认宇宙里85%的引力来自未知的神秘来源，我们用任何手段都完全检测不到它们的存在。我们只知道它不是由电子、质子和中子这样的普通物质，或是任何会与普通物质相互作用的物质或能量构成的。我们把这些讨厌的幽灵般的物质称为“暗物质”，它仍是我们最大的困惑。

这里听起来有一点点像是科学的尾声吗？像是我们已经掌控局

面了吗？像是到了庆贺的时候吗？对我来说，我们听起来就像一群不可救药的傻瓜，和我们的近亲、还在学习勾股定理（Pythagorean theorem）的黑猩猩没什么两样。

或许我对人类过于苛刻了，和黑猩猩的类比也扯得有点远。也许问题不在于某种生物有多聪明，而是整个生物界有多聪明。人们通过会议、书籍、互联网等媒体共享发现的成果。当自然选择驱动着查尔斯·达尔文（Charles Darwin）的进化论时，人类文化的进步则更多地遵循拉马克（Lamarck）的进化方式，新一代的人继承了前代获得的知识，使宇宙学知识不断积累，永无止境。

科学上的每一个发现都会给知识的阶梯新添一级，我们边前进边构筑，终点还遥不可及。我只知道，当我们构筑并攀登这阶梯时，我们会一直不断地发现宇宙的秘密。

第 1 篇
知识的本质——了解宇宙可知事物的挑战

23

1. 觉醒

25

人类凭着自己的五官感觉探索周遭的宇宙，并称这样的探险为科学。

——爱德文·鲍威尔·哈勃（1889—1953），《科学的本质》

在我们的感官之中，视觉是最特别的。眼睛不仅可以获取房间里的信息，还可以获取整个宇宙的信息。少了视觉，天文学就不会诞生，我们测量自己在宇宙中位置的能力也必定受到制约。想想蝙蝠吧，无论它们代代相传的秘密是什么，可以确定的是肯定没有一个与夜空的景色有关。

如果把人的五官感觉看作一组实验仪器的话，那它们的敏锐程度和感知范围都令人惊讶。我们的耳朵既能听见航天飞机发射时震耳欲聋的轰鸣声，也能听见蚊子在头顶上飞行的嗡嗡声。我们的触觉既能感觉到保龄球砸在大脚趾上的冲击，也能感受到1毫克重的小虫在胳臂上爬行的感觉。有人喜欢品尝哈瓦那辣椒（据说是世界上最辣的辣椒）的刺激，敏锐的舌头能够以百万分之一的精度分辨食物的滋味。我们的眼睛能够观察阳光明媚的海滩上的耀眼沙地，同样的眼睛也能在黑暗的礼堂里毫不费力地发现几百米外刚刚点燃的火柴。

26　不过，在我们被骄傲冲昏头脑之前，也要注意在我们拥有较广感知力的同时也失去了感知的精度：我们是以对数而非线性的关系感知外界的刺激。例如，当把某个声音的能量放大10倍的时候，你的耳朵听到的变化要小得多。如果增大2倍，你几乎不会注意到。我们感知光的能力也是这样，如果你看过日全食，那也许会注意到只有当日轮被遮挡超过90%的时候才会有人说天暗下来了。用于表示星星亮度的星等，众所周知的表示声音大小的分贝，以及衡量地震强度的震级都是用对数表示的，部分原因就是我们生来就是这样看、听和感觉世界的。

在五官感觉之外，我们还有什么？是否存在超越五官以外的其他感知方式？

人体善于解析周围即时环境的简单信息，比如现在是白天还是黑夜，或是察觉有生物要掠食我们；但是如果没有科学工具，就无法解析自然的其他部分是如何运作的。如果想知道外面有什么，除了与生俱来的感知能力以外，还需要其他探测器。科学仪器的用处是为了超越人类感官的广度和深度。

有些人自夸拥有第六感，能够知道或看到别人无法看到的东西。算命先生、通灵者以及神秘主义者是最常见的声称拥有神秘力量的人。

于是众人对他们的能力神往不已，尤其是出版商和电视制片人。这种可疑的心理玄学之所以有市场，是因为人们希望至少有些人的确拥有这样的天赋。

27

对我来说，最大的疑问是为什么这么多算命先生不到华尔街去炒期货发大财，反而跑到电视台靠接热线电话维持生计。而且我们也从没看见过这样的头条新闻——“算命先生中彩票大奖”。

和这个疑问完全无关的是，用来验证心理玄学的双盲对照实验一再失败，证明所谓心理玄学毫无根据，根本不是什么第六感。

从另一个角度来说，现代科学拥有许多感觉。科学家们并没有说这些是什么特别的力量，只说是特别的硬件而已。当然，最终这些硬件把利用额外感知力采集到的信息转换为人的天然感官可以解读的简单图表和图像。在科幻电视剧《星际迷航》原初系列里，从星舰降落到未知星球上的船员们总是带着三度仪——一种能够分析任何物体（有生命或没有生命的）基本信息的手持设备。在待测物体上挥动三度仪，它就会发出使用者能够听懂的古怪声音。

面对一团发光的未知物质，如果没有三度仪那样的分析工具，我们就无法获得这团物质的化学或原子组成。我们既不清楚它是否有电磁场，也不知道它是否辐射γ射线、X射线、紫外线、微波或无线电波。我们更无法确定这团物质的细胞结构或晶体结构。如果这团物质离我们很远，看上去只是天空中的一个亮点，我们的五官感觉就无法判断它的距离、速度、自转等信息。我们更无力分析其光线的光谱信息和极化信息。

没有帮助我们分析它的硬件，也没有接触它的本质的特别冲动，我们只能这样向星舰报告："船长，这有一团东西。"恕我冒犯哈勃，本章开篇的那段动人又充满诗意的话应该改作：

28

> 人类凭着自己的五官感觉，以及望远镜、质谱仪、地震仪、磁力计、粒子加速器和各种电磁频谱检测器，探索周遭的宇宙，并称这样的探险为科学。

请想象一下，假如我们生来就具有高度精密的可以调谐的眼球，呈现在我们面前的世界将会比现在丰富多少倍，我们发现宇宙的基本性质会早多久吧。把眼睛调到电磁频谱的无线电波部分，白昼的天空就会变得像夜晚一样黑暗。天空中散布着明亮的光点，那是那些著名的射电源，比如位于射手座几个主星后面的银河中心。把眼睛调到微波波段，我们会看见整个宇宙都被早期宇宙的余晖照亮，那是一面产生于大爆炸之后、厚达38万光年的光墙。调到X射线波段，你可以立刻定位黑洞的位置，看见物质不断卷入其中。调到γ射线波段，你会看见宇宙里各处的剧烈爆炸，差不多每天一次。观察这些爆炸对周围物质的作用，会发现物质温度上升，并发射出其他波段的光。

如果我们有与生俱来的磁探测器，指南针就永远不会被发明，因为没人需要它。只要对准地球的磁力线，磁北极就像奥兹国（童话《绿野仙踪》里的一个虚构的国度）一样隐现在地平线上。如果我们的视网膜里有光谱分析仪，就不会好奇地想知道我们呼吸的空气的成分。

只要看一眼仪器，就知道空气里是否有充足的氧气以维持人类的生命。我们也会在几千年之前就已经知道银河系里的恒星和星云所含的化学成分与地球上的一样。

如果我们长着内置多普勒运动探测仪的大眼睛，即使是史前的穴居人也能立刻看出整个宇宙正在膨胀，遥远的星系正远离我们飞去。

如果我们的眼睛有高性能显微镜的分辨率，就没有人会说瘟疫和 29 其他疾病是神的恼怒和惩戒。你可以一目了然地看到致病的细菌和病毒玷污你的食物或者感染你皮肤的伤口。借助简单的实验，你可以很容易地分辨这些微生物哪些是有益的、哪些是有害的。那样，术后感染的问题早在几百年前就能被鉴别出来并得以解决了。

假如我们能够探测高能粒子，就能在很远的距离上定位放射性物质而不需要盖革计数器。你甚至能看见氡气从你家地下室的地板渗透出来，而无须花钱让人帮你检测。

从小对五官感觉的训练，使我们作为成人能够判断生活中的事件和现象是否“合理”。问题是，过去一个世纪里几乎没有什么科学发现源自人类感官的直接运用，而是来自运用感觉更加灵敏的数学和硬件。这个简单的事实说明为什么普通人会认为相对论、粒子物理学和十维弦理论不合理。在这份名单上还有黑洞、虫洞和大爆炸。实际上，这些概念对科学家来说也不完全合理，至少在我们运用所有技术手段进行了很长时间的宇宙探测之前是这样的。最终出现的是一个更新、更高层次的“公理”，它使科学家能够创造性地思考，对陌生微观世界里的原子，或者对令人震惊的多维空间里的情况做出判断。20世纪德国物理学家普朗克对量子力学的出现作了类似的评论：

> 现代物理学给人印象最深的莫过于一条古老的真理，它告诉我们：在我们的感知之外，还有事实存在。在某些问题和矛盾上，事实对我们来说比最丰富的经验更有价值。（Planck，1931年，第107页）

30

我们的五官感觉甚至会与愚蠢的形而上学的问题的合理答案相互冲突，比如："如果一棵树倒下时附近没有人，它会发出声音吗？"我的最佳答案是："你怎么知道树倒了？"但这样的回答常常令人恼怒，所以我就打了个毫无意义的比方："问：如果你闻不到一氧化碳的气味，你怎么知道它存在？答：因为你死了。"在现代，如果周围的信息全靠五官感觉来获取，那你的性命就难保了。

一直以来，探索新的感知方法令我们的非生物感知手段日渐丰富，让我们对宇宙的认识逐步加深。每当找到新的方法，宇宙就展示出新一层的雄伟与繁复，就好像我们逐渐进化为感觉超级敏锐的人类一样，令我们觉醒。

31

2.天地如一

在牛顿发现万有引力定律之前，几乎没有理由能让人认定地球上的物理定律和宇宙里其他地方的物理定律是相同的。天上地下各有一套行事的规则。事实上，当时的很多学者认为天上的事是我们这些无能的凡夫俗子无法参透的。如后面第7篇所讲述的，当牛顿冲破这一哲学藩篱，指出一切运动都可以分析和预测时，一些神学家批评他抢走了上帝的所有功劳。牛顿发现，引力令成熟的苹果落下枝头，也正是它使得抛出的物体按照弯曲的抛物线运动，让月球沿着轨道绕地球飞行。牛顿万有引力定律也决定了太阳系里行星、小行星和彗星的轨迹，决定了银河系里数百亿颗恒星的运转轨道。

物理定律的普适性极大地推动了科学发现的进展。引力仅仅是开头而已。想象一下在19世纪，当棱镜（能够将光束分解成各种色光组成的光谱）被第一次对准太阳的时候，天文学家是多么的激动和兴奋啊。光谱不仅美丽，还包含了发光体的温度、成分等许多信息。利用光谱上独特的明线或暗线可以分辨出不同的化学元素。令人们惊喜的是，太阳的化学成分与实验室里的一样。从此棱镜不再是化学家们的专用工具，它揭示出当太阳与地球在体积、质量、温度、位置和外观上存在差异的同时，却含有相同的组分——氢、碳、氧、氮、钙、铁等。但是比起这一长串相同的组分，更重要的是，我们发现所有有关太阳光谱特征形成的物理定律同样也在1.5亿千米[1]以外的地球上适用。

32

这个普适的概念真是太广泛了，反过来应用也同样成功。对太阳光谱的详细分析发现太阳里存在一种地球上没有的元素。由于它来自太阳，因此这种新物质被命名为氦（源自希腊语helios，即太阳的意思）。后来在实验室里也发现了这种物质。因此，氦成为元素周期表上第一种、也是唯一一种在地球之外发现的元素。

1. 为便于读者阅读，译文已将原书中英制单位转换为国际标准单位。——译者注好了，这些物理定律在太阳系里适用，但在整个银河系里也同样适用吗？在整个宇宙里呢？它们自身会随时间变化吗？这些定律逐一得到了检验。附近的恒星也显现出相似的化学成分。遥远的双星被束缚在互耦的轨道上，似乎完全遵守牛顿的引力定律。同理，双重星系也是如此。

另外，就像地质学家研究地层一样，我们看得越远，看到的事件就越久远。宇宙里最遥远天体的光谱显示它的化学成分与宇宙里其他所有天体并无差别。尽管那里的重元素含量较低（重元素主要产生于近代的爆炸星体里），但是描述产生这些光谱特征的原子和分子过程的定律并没有改变。

当然，并不是宇宙里的所有事物和现象都能在地球上找到相对应的存在。

33　你恐怕从没穿过一团温度高达数百万摄氏度的炽热等离子体，也绝没有在大街上撞见过黑洞。重要的是，描述这些的物理定律具有普适性。当首次对星际星云发出的光进行光谱分析时，又找到一种地球上没有的元素。但是这时元素周期表上已经没有空着的格子了，而之前发现氦的时候还有一些。于是天体物理学家们发明了“nebulium”一词，作为这种未知元素的占位符。最终人们发现，宇宙中的气态星云非常稀薄，其中的原子碰撞概率很低，这时原子中的电子能够表现出在地球上不可能出现的行为。事实上，所谓“nebulium”只是氧离子的特殊表现而已。

物理定律的普适性告诉我们，如果我们登上另一个拥有发达文明的星球，即使当地居民有着和我们不同的社会和政治信仰，但是他们所遵循的物理定律必定与我们在地球上发现并检验过的是一样的。如果想和他们交谈，相信他们绝不会说英语、法语，甚至是中文。你也不知道和他们握手（如果他们有手可握的话）是代表友好还是战争。最有希望的还是用科学的语言进行交流。

20世纪70年代，人类发射了“先驱者10号”和“先驱者11号”，以及“旅行者1号”和“旅行者2号”探测器进行了类似的尝试，只有它们的速度能够逃脱太阳系引力的束缚。先驱者号上带有一块镀金铝板，上面以象形图的形式刻着太阳系的组成、我们在银河系中的位置以及氢原子的结构。旅行者号更进一步，收录了来自地球的各种声音，包括人的心跳声、鲸鱼的“歌声”以及从贝多芬（Beethoven）到查克·贝瑞（Chuck Berry）的多首音乐作品。虽然这样的安排比较人性化，但是还不清楚外星人能不能听懂——假如他们有耳朵的话。我特别喜欢旅行者号发射后不久《周末夜现场》制作的一辑滑稽模仿秀：美国国家航空航天局收到了发现旅行者号的外星人发来的回复，很简单——“再来点查克·贝瑞”。

34

如我们将在第3篇里所详细阐述的，科学繁荣不仅是因为物理定律具有普适性，也是因为物理常数的存在和永续性使然。万有引力常数，即大多数科学家所说的“大G”，使人可以用牛顿万有引力方程计算引力的大小，一直以来已经历了多重检验。你可以根据G的大小计算出恒星的亮度，换句话说，如果G在过去有稍许差别的话，那么太阳释放的能量的变化要比生物学、气候学或地质学记录所显示的变化大得多。事实上，没有发现任何随时间或空间改变的基本常数——看来它们确实是恒定不变的。

这就是我们宇宙的运作方式。

在所有常数之中，光速无疑是最著名的一个。无论你跑多快，永远不可能超过光速。为什么不行？已有的实验没有一个能够找到任何形式的、运动速度能达到光速的物体。严密的物理定律能够预测并解释这一点。这些说法听起来很保守。诚然，过去一些最令人尴尬的科学预言低估了发明家和工程师们的智慧："我们永远飞不起来。""商业飞行永不可行。""我们永远不可能飞得比声音快。""原子永不可分。""我们不可能登上月球。"这些你都听过。他们的共同问题是都没有物理定律作为根据。

"我们永远无法超过光速"的论断是本质上完全不同的预言。它来[35]源于经过时间考验的基本物理原理，毋庸置疑。未来星际高速公路上的标志牌一定这样写着：

> 光速：
> 不仅是好主意
> 也是定律。

物理定律的优点在于它们无须执法机构来维持，但是我曾经得到一件愚蠢的T恤，上面醒目地印着"遵守引力"。

许多自然现象是多个物理定律同时作用、相互影响的结果。这常常使得分析更加复杂，大多数情况下需要超级计算机才能处理并分析清楚重要的参数。1994年，苏梅克-列维9号彗星与木星撞击并在木星厚厚的大气层里爆炸，最精确的计算模型需要综合流体力学、热力学、运动学，以及引力作用的知识。气候和天气也是复杂（并难以预测）现象的典型代表。但是控制它们的基本定律仍然有效。木星大红斑是一团持续了至少350年的激烈的反气旋，它发生的物理过程和地球以及太阳系其他行星上的风暴发生过程完全一致。

守恒定律是指某些测量量在任何情况下都守恒不变的定律，它属于另一类宇宙真理。最重要的三个守恒定律是质能守恒定律、动量和角动量守恒定律，以及电荷守恒定律。这些定律在地球上和宇宙里任何我们曾经观测过的地方——从粒子物理的领地到宇宙的大尺度结构——都明显成立。

撇开前面的自夸不谈，天堂也不是十全十美的。我们已经发现，宇宙里85%的引力源我们无法找到。这些暗物质，除了它们的引力[36]效应能被我们感觉到以外，仍无法被检测到。它们可能是由尚未被发现或识别的奇异粒子组成的。然而，极少数天体物理学家仍无法信服，认为暗物质根本不存在——只要修改牛顿引力定律，在方程中增加几项就可以了。

或许有一天我们会发现牛顿万有引力定律真的需要修改。那也没什么，以前就曾经发生过一次。1916年，爱因斯坦发表了广义相对论，重新定义了引力原理的方程，使之适用于质量极大的天体，这是牛顿所不知道的领域，在那里牛顿方程也已经失效。我们得到怎样的教训呢？我们对定律的信心限于已验证的范围内，范围越大，定律描述宇宙的能力就越强。对于普通的引力，牛顿定律足够用了，但是对于黑洞和宇宙大尺度结构，我们需要用广义相对论来解释。它们在各自的作用域里都可以给出完美的解释，无论这个作用域在宇宙里哪个位置。

对科学家来说，物理定律的普适性使宇宙成为一个极其简单的地方。相比之下，人的本性（心理学家的领域）则是极为复杂的。在美国，教育局投票决定学校教授的课程内容，有时候投票人会根据当时的社会和政治潮流，或是宗教价值观来投票。在世界范围内，不同的信仰体系会带来政治上的差异，有时甚至无法和平解决。有些人会对着公交站牌喃喃自语。物理定律的显著特点是无论你是否相信，它们在任何地方都适用。除了物理定律之外，其他一切都是个人判断。

37

科学家不是没有争论，他们不仅争论，而且还挺多。但是，科学家争论的时候通常是表达对知识前沿一些数据的解释的个人观点。无论何时何地讨论一个物理定律，争论一定很简短：不对，你的永动机想法永远行不通——因为它违反了热力学定律。不，你不能制造一台能回到过去的时间机器——因为它违反了因果律。如果不违反动量守恒定律，不管你是不是盘腿打莲花坐，你都不可能同时飘起还悬浮在地面上。但是，理论上，如果你能设法放一个既有力又持久的屁，或许你可以表演一下这个绝技。

关于物理定律的知识有时候可以给你信心去应付无理的人。几年前，有一次我在美国加利福尼亚州帕萨迪纳的一家甜品店里喝睡前的热可可饮料。我点了鲜奶油，但是当饮料端上来的时候却没有奶油。我告诉侍应我的可可里没有奶油，他却坚持说我看不到奶油是因为它已经沉到杯底了。我知道鲜奶油的密度比任何饮料都低，所以我给了侍应两种可能的解释：要么是有人忘了在我的热可可里加奶油，要么是物理定律到他店里走了样。他不信，拿来一团鲜奶油自己试，结果那团奶油在我的杯子里晃荡了一两下就浮在那里不动了。

你还要什么更好的证据来证明物理定律的普适性？

3.眼见不为实

很多时候宇宙看起来是这么一回事，实际上却是另一回事，以至于我有时会怀疑这是不是一场正在进行的阴谋，目的是让天体物理学家们难堪。类似的这种宇宙恶搞的例子很多很多。

现代人都知道地球是圆的，然而对数千年来的思想家们来说，证明地球是平的的证据似乎是再明显不过了。放眼看看四周，如果没有卫星图像，即使是从飞机上看下去也很难说服自己地球不是平的。所有非欧几里得空间里的平滑表面上的情况都和地球表面上的情况一样：任意弯曲表面上的足够小的区域和平面无异。很久以前，当人们的活动区域仅限于居所附近的时候，平坦的地球满足了人们的自大意识，家就是地球的中央，地平线（你的世界的边界）上的每一点与你的距离都相等。正如可以预见到的，几乎所有描绘平坦地球的地图都把绘制者的文明放在地图的中心。

让我们仰望天空。如果不用望远镜，你不知道星星有多远。它们升起落下，总在固定的位置上，就像是粘在一只倒扣的黑色大碗的内壁上。那么何不假设所有的星星都一样远，管它到底有多远？

39

但事实上它们并不是一样远，当然也没有碗的存在。我们暂且承认星星是散落在宇宙中的，但是，它们落得有多散？裸眼能看到的最亮和最暗的星的亮度相差100倍以上，所以最暗的那些星星到地球的距离就要远100倍以上，是吗？

错！

上面的简单判断大胆地假设所有的星星亮度一样，所以才有近处的星星比远处的亮。然而，星星的亮度差异非常惊人，相差十个数量级以上——10的10次方。因此最亮的星不见得是离地球最近的。事实上，夜空中的大多数星星亮度相差很大，而且都很遥远。

如果我们看见的大多数星星都很明亮，那它们在星系里一定很常见？

再错！

高亮度星是星系里最少的。在确定的空间范围里，它们的数量只有低亮度星的千分之一。高亮度星释放出巨大的能量，才使得从很远的地方都能看到它。

假定两颗星以相同的速率发光（表示它们有相同的光度），但是一颗星比另一颗远100倍，那它的亮度会是1%。错！那样太简单了。实际上，亮度随距离的平方衰减。因此在此例中，较远的星看起来比较近的星暗1万倍（100^2）。这个“平方反比律”的影响是纯几何作用。当星光四散传播的时候，它随着经过的空间球壳的增大而减弱。壳的表面积随半径的平方等比例增大（计算公式为：面积 $=4\pi r^2$），使得光强以相同的比例衰减。是的，星星并不是同样遥远，它们的亮度也不一样，我们看到的星星都是极为特殊的。但是它们一定是静止在太空中的。数千年来，人们一直认为星星是“固定不动的”，从《圣经》到公元150年左右出版的克劳迪亚斯·托勒密（Claudius Ptolemy）所著《天文学大成》，这些非常有影响力的著作里都提到了这一点。《圣经》里说：“上帝就把它们摆列在天上”（创世记1：17）。而托勒密则非常坚定地声称星星是不动的。

40

总的来说，如果这些天体能够各自移动，那么它们到地球的距离就必定会改变。这将使得这些星星的大小、亮度以及相对间距逐年变化。但是却观察不到这样的变化，为什么？因为你等待得不够久而已。埃德蒙·哈雷（Edmond Halley，哈雷彗星即以他的名字命名）是第一个指出星星在移动的人。1718年，他比较了“现代”星星的位置和公元前2世纪希腊天文学家喜帕恰斯（Hipparchus）绘制的星象图。哈雷相信喜帕恰斯的星象图是准确的，但也是因为他隔了18个世纪来比较当时和古代的星星位置，这才有所收获。他很快发现牧夫座大角星已经不在以前的位置上了。星星确实在移动，但是如果没有望远镜的帮助，一个人一生的时间都不足以观察到能够分辨的位移。

天空中所有天体之中，有七颗星是明显在移动的；它们看上去是在星空中漫步，因此被希腊人称为行星或“徘徊者”。这七颗星是（英语中的周一到周日即来源于它们的名称）：水星、金星、火星、木星、土星、太阳和月亮。自古以来，人们就正确地认识到这些行星离地球的距离比其他星星更近，但是却以为它们是围绕地球旋转的。

41

阿里斯塔克斯（Aristarchus of Samos）在公元前3世纪最先提出了日心宇宙模型。但是对那时每个关注天文的人来说，不管行星的运动有多复杂，它们和其他星星都是绕着地球转动的。如果地球动了，我们一定能感觉到。当时的典型论据包括：

•如果地球绕某个轴旋转或是在宇宙中移动，天上的云和飞鸟不会被甩在后面吗？（它们没有被甩开。）

•如果你竖直向上跳，脚下的地面飞快地转动，那你不会落到另一个地方吗？（你没有落到别处。）

•如果地球绕着太阳运动，那我们看星星的角度不会一直改变，使得星星在天空中的位置也发生明显的偏移吗？（它们没有移动，至少不明显。）

反对者的证据是非常令人信服的。关于前两种情况，后来伽利略·伽利莱（Galileo Galilei）的研究证明当你身处空中的时候，你、大气以及周围的所有物体都被在轨道上旋转的地球带着一起前进。出于同样的理由，如果你在飞行中的飞机的走廊里跳起来，你不会一下子飞过所有座椅撞到厕所门上去。在第三种情况中，推理过程没有任何错误——除了一点，就是星星离我们都很远，只有用很好的望远镜才能看到星星的季节性位移。直到1838年，德国天文学家弗里德里希·威廉·贝塞尔（Friedrich Wilhelm Bessel）才观测到了这个现象。

以地球为中心的宇宙模型成为托勒密《天文学大成》的基石。同时这一思想也一直主宰着科学、文化以及宗教的认识，直到尼古拉·哥白尼（Nicolaus Copernicus）在1543年出版的《天体运行论》里提出了日心说。由于害怕这本"异端邪说"会破坏整个体制，主持最后阶段印刷事宜的新教神学家安德莱斯·奥席安德（Andreas Osiander）未经授权就添加了一段未署名的序，他在序中解释道：

现在书中这种新奇的假说已经被广泛地报道，它主张地球是移动的，太阳是宇宙不动的中心。我不怀疑某些有学问的人会感到极度震惊。……但是这假说也不一定是正确的或可能的，不过如果仅仅是作出符合观测结果的计算，它也足够了。（Copernicus，1999年，第22页）

42

哥白尼本人并非不了解自己将会招致的麻烦。在书中给教皇保罗三世（Pope Paul Ⅲ）的献词中，哥白尼写道：

圣父，我很清楚，一旦那些人发现我在论述宇宙运转的书里指出地球在运动，他们会立刻嚷嚷着把我和我的这些观点统统赶走。（Copernicus ，1999年，第23页）

但是，就在荷兰眼镜工匠汉斯·利伯希（Hans Lippershey）1608年发明望远镜后不久，伽利略用自己制作的望远镜观察到了金星的圆缺变化以及4颗卫星绕着木星而非地球转。这些以及其他观测结果宣告了地心说的终结，使得哥白尼日心说的说服力日渐增长。一旦地球不再处于宇宙中的特殊位置，哥白尼革命（以我们并不特别的原理为基础）即正式开始了。

现在，地球和它的行星兄弟们处在围绕太阳的轨道上，太阳又在哪里呢？宇宙的中心？当然不是。没有人会再次落入同样的陷阱里了，那样就违反了刚刚诞生的哥白尼原理。但是还是让我们再探讨一下，以作确认。

如果太阳系处于宇宙的中心，那么无论我们向天空的哪个方向看，看到的星星数量应该差不多。但是如果太阳系不在宇宙中心，我们可能会看到大量星星聚集在某个方向上——宇宙中心的方向。

1785年，英国天文学家威廉·赫歇耳爵士（Sir William Herschel）在计数了天空中各处星星的数量并粗略地估计了它们的距离之后，得出结论，认为太阳系确实不在宇宙的中心。一个世纪后，荷兰天文学家雅各布·科尔内留斯·卡普坦（Jacobus Cornelius Kapteyn）利用当时计算距离的最好方法，想就此确认太阳系在银河系中的位置。从望远镜里看去，银河系的光带是由密密麻麻的星星聚集在一起形成的。仔细计算它们的位置和距离，发现沿银河的任何一个方向上的星星数量都差不多。在银河的上下，聚集程度的减小也是对称的。不管你向哪个方向看，星星的数目和向反方向看过去都是差不多的。卡普坦花了20年的工夫绘制他的星象图，图上的太阳系果然位于宇宙中心1%之内。我们不在正中心，但是已经近到足以重新确立我们在宇宙中的重要位置。

但宇宙的残忍还没结束。

当时所有的人，尤其是卡普坦，都不知道经过银河系的大部分视线不能到达宇宙的尽头。银河系里充满了大片气体和尘埃组成的云，它们吸收了躲在后面的物体发出的光。当我们向银河系看过去的时候，我们本来能够看见的星星中，有超过99%的星星被银河系里的气体云所遮蔽。认为地球靠近银河系（当时的已知宇宙）中心的念头，就像你走进一片广袤的森林，才走了几十步，就因为你往四周看到的树木数量一致，而断言你已经到达森林的中心。

到了1920年（消光问题仍未解决），即将担任哈佛大学天文台台长的哈罗·沙普利（Harlow Shapley）研究了球状星团在银河系中的分布。球状星团是数百万星星的紧密聚集，较容易在银河的上下方观察[44]到，因为那里吸收的光最少。沙普利认为这些巨大的星团能够帮助他准确定位宇宙的中心——毕竟那点一定质量密度最高、引力最强。沙普利的数据显示太阳系并不接近球状星团分布的中心，因此也不接近已知宇宙的中心。他发现的中心在哪里？ 6万光年远处，大约是在射手座方向，但距离更远。

沙普利的距离大了2倍多，但他推算出的球状星团系统的中心是正确的，和后来发现的夜空中射电信号最强的位置一致（星际气体和灰尘不吸收无线电波）。天体物理学家最终把射电信号最强的那一点定为银河系的中心，但这已是又一两件“眼见不为实”的事件发生之后的事了。

哥白尼原理再次获得了胜利。太阳系并非位于已知宇宙的中心，而是远离中心地带。对于特别在乎的人来说，这也能接受。宇宙无疑是由我们身处的庞大星系和星云所构成，我们无疑是焦点所在。

错！

夜空中的星云大多如18世纪的瑞典哲学家伊曼纽尔·史威登保（Emanuel Swedenborg）、英国天文学家托马斯·莱特（Thomas Wright）和德国哲学家伊曼努尔·康德（Immanuel Kant）等人预见到的那样，像一个个岛宇宙。例如，在《宇宙起源理论》（1750年）一书中，莱特推测宇宙空间是无穷无尽的，其间充满了类似银河系的天体系统：

> 我们可以推论……鉴于可见宇宙应该充满恒星系统和行星世界……浩瀚的太空充满了无数与已知宇宙相似的宇宙……这很有可能是真的，我们看到的许多远在已知宇宙之外的云团状的亮点在一定程度上证明了这一点，它们是明亮的发光区域，但是无法分辨出任何星星或特别的天体；那些点极有可能就是外面的宇宙，在我们的宇宙之外，非常遥远，望远镜也不可及。（Wright，1750年，第177页）

45

莱特提到的“云团状亮点”实际上是数以千亿计星星组成的集合，位于遥远的太空，主要可见于银河的上下方。其他的星云其实是相对较小、较近的气体云，多数位于银河系里。

银河系仅仅是组成宇宙的众多星系之一，这是科学史上一个最重要的发现，不过这个发现也让我们再次感觉到自己的渺小。最早发现这个事实的天文学家是哈勃，“哈勃太空望远镜”就是以他的名字命名的。最早证实这一发现的证据是1923年10月5日晚上拍摄的一张底片，使用的仪器是当时世界上最强大的威尔逊山天文台2.54米望远镜。证实这一发现的宇宙天体是仙女座星云，它是夜空中最大的天体之一。

哈勃在仙女座里发现了一颗非常明亮的星星。天文学家们对仙女座很熟悉，因为他们研究过仙女座里那些非常靠近地球的星星。地球附近那些星星的距离已经知道，它们的亮度只随距离改变。根据星光亮度的平方反比律，哈勃计算出了仙女座星云的距离，它比我们自己星系里任何一颗已知的星都遥远。仙女座星云实际上是一整个星系，由数十亿颗星星组成，都位于200万光年以外的地方。所以不仅我们不是宇宙的中心，一夜之间，连维持我们最后自尊的银河系也缩小成宇宙里亿万个不起眼的小点中的一个，整个宇宙比之前任何人想象的都大得多。[46]

虽然最终发现银河系只是无数星系中的一个，但我们就不能是宇宙的中心吗？就在哈勃把人类的地位降级后的第六年，他收集了所有有关星系运动的数据，发现几乎所有星系都在远离银河系，退行速度与到银河系的距离成正比。

我们终于处于一个大事件的中心了：宇宙在膨胀，而我们就是宇宙的中心。

不，我们不能再被愚弄了。因为我们看起来像是宇宙的中心不代表我们就是宇宙的中心。事实上，自1916年爱因斯坦发表广义相对论（现代引力理论）起，某种宇宙理论就已经成熟。在爱因斯坦宇宙模型里，时空会因质量的存在而扭曲。我们把这种扭曲及由其引发的天体运动解释为引力。当广义相对论应用于宇宙时，就可以解释宇宙空间的膨胀和构成星系的远离。

这一新事实产生的一个惊人后果就是，对每个星系里的观察者来说，宇宙仿佛都是以他们为中心在膨胀。这是自尊自大的终极幻想，自然愚弄的不仅是地球上感性的人类，还包括了宇宙中任何时间地点存在的所有生命体。

但是显然宇宙只有一个——那个让我们快乐地生活在幻觉中的宇宙。到目前为止，宇宙学家们还找不到多个宇宙存在的证据。但如果把几个经过严格检验的物理定律推广到极限（或是超过极限）情况，你就能够把宇宙微小、致密、炽热的开端描绘成时空交错的炙热泡沫，那里容易发生量子涨落，任何一个涨落都可能膨胀为一个独立的宇宙。[47]在这个像葡萄串一样的多重宇宙里，我们占据的只是其中的一元而已，还有其他无数个元宇宙在生生息息。与我们原来的想象相比，这个观点将我们置于一个更加无足轻重的尴尬境地，不知教皇保罗三世会怎么想？

我们的处境未变，但尺度越来越大。哈勃在1936年出版的《星云世界》中进行了总结，这些结论适用于人类自觉过程的所有阶段：

> 因此对太空的探索止步于不确定……我们非常熟悉我们的近邻，随着距离增加，我们的了解迅速减少，最终触及那模糊的边界——望远镜的视力极限。在那里，我们对影子进行测量，在谬之千里的测量结果中寻找那不可能更准确的标志。（Hubble，1936年，第201页）

我们从这段思想历程中能得到什么启示？人类情感脆弱，永远容易上当受骗，而且令人绝望地无知，做着宇宙中一个微不足道的斑点的主人。

祝您愉快。

4.信息陷阱

48

大多数人认为，对某件事物信息了解得越多，对它的理解就越深刻。从某种程度上来说，这通常是正确的。当你从屋子的另一头看这一页纸时，你能看到它是书中的一页，但是你可能看不清上面的字。当你站得足够近时，你就能看清书上写的是什么。但是就算你把书就摆在鼻子面前，你对书中的内容也不会有更深的理解。你可能看到更多的细节，但是你可能会遗漏重要的信息——完整的词、句子和段落。盲人摸象的故事讲述了同样的道理：如果你只站在几尺开外，把注意力集中在坚利的象牙、长而柔软的象鼻、粗皱的象腿，或是看上去像是挂着流苏的绳子却千万拉不得的象尾巴上，你就搞不清楚这种动物完整的模样。

科学研究的一大挑战，在于知道何时后退（以及后退多少）、何时前进。在某些情况下，近似可以令结论更清晰；在另外一些情况下，却会导致结论过度简单。大量的复杂化有时会导出真正的复杂内涵，有时却只会使问题更散乱。例如，如果你想知道一组分子在不同压力和温度下的整体特性，关注单个分子的行为是无关紧要的，有时还会带来误导。如我们将在第3篇中所看到的，单个粒子没有温度，因为温度概念表示的是全体分子的平均运动。相反，在生物化学里，研究全部围绕单个分子与其他分子的相互作用展开。

49

所以，对于一次测量、观察，或仅仅是一幅地图，细致到何种程度才算是恰到好处呢？

1967年，伯努瓦·芒德布罗（Benoit B. Mandelbrot，数学家，现供职于纽约州约克城高地IBM沃森研究中心和耶鲁大学）在《科学》杂志上提出了一个问题："英国的海岸线有多长？"你可能认为这是个简单的问题，答案也简单。但这个答案的深度超出了任何人的想象。

探险家和制图师绘制海岸线已经有好多个世纪。最早的地图只粗略画出了奇形怪状的陆地边缘；现如今借助卫星生成的高分辨率地图则精细得多。然而，要开始回答芒德布罗的问题，首先需要一份现成的地图和一卷线。沿着英国的边界展开线，从邓尼特角（大不列颠岛最北端）直到利泽德角（大不列颠岛最南端），并且确保计入所有海湾和海岬的长度。然后拉直线，和地图上的比例尺比较，瞧，海岸线的长度量出来了。

如果想抽查测量结果，你要找一张更详细的英国全国地形测量局地图，例如比例尺是1∶25 000的那种，而不是那种一页纸就可以印得下的地图。现在你必须用线勾勒许许多多的小海湾和海角，变化很小，但数量很多。你会发现测量局地图上的海岸线要比原先地图上的要长。

50

哪一次的测量是正确的呢？显然是基于更详细的地图那次。但是你还可以选择更详细的地图——连每个悬崖底部的石头都标示出来的那种。制图师们通常不会在地图上标示出这些石头，除非它们有直布罗陀巨岩那么大。所以，如果你真想准确地测量英国海岸线的长度，恐怕你必须亲自走一遍了——最好带上超级长的线，以便记录每一个角落和缝隙。但你还是会遗漏一些卵石，更别说那沙粒间冒出的涓涓细流了。

这一切如何才能结束？每一次测量，海岸线的长度都会变长。如果把分子、原子、亚原子的边缘也考虑进去，海岸线会不会是无限长？不完全对。芒德布罗会说海岸线的长度是“不确定的”。我们需要增加一个维度来重新考虑这个问题。或许一维的长度概念不适用于复杂的海岸线。

解答芒德布罗的智力题需要引入一个新兴的数学领域，其基础是分数（或分形，英文为“fractal”，来源于拉丁文“*fractus*”，即“破碎”

的意思）维数，而非经典欧几里得几何里的一维、二维和三维。芒德布罗认为一般的维数概念过于简单，无法描述海岸线的复杂度。研究表明，分形是描述“自相似”图形（其不同尺度下的形状看起来非常相似）的理想工具。花椰菜、蕨类植物和雪花是自然界里绝佳的分形例子，但只有用计算机生成的、无限重复的特定结构才算是理想的分形结构。在分形结构中，结构的宏观形状由较小的相同图形构成，而较小的图形则又由更微小的完全一致的图形构成，以此无穷类推。

然而，如果你仔细观察一个纯正的分形图案，即便它的结构很复杂，也得不到什么新的信息——因为每一层的图案都是一样的。相反，51 如果你层层分解研究人体，最终看到的将是各种细胞——它们本身有着非常复杂的结构和不同的属性，工作的规律也和整个人体所遵循的规律完全不同。如果进入比细胞更细微的层次，我们将又会发现一个全新的信息世界。

地球本身又是如何呢？世界上最早的地图是2600年前巴比伦人刻在黏土板上的，上面描绘的地球是被大洋围绕的一只圆盘。事实上，当你站在一片广阔的平原（例如底格里斯-幼发拉底河流域）上四处望去的时候，地球看起来确实像一只平的盘子。

以毕达哥拉斯（Pythagoras）和希罗多德（Herodotus）等思想家为代表的古埃及人注意到平坦地球概念中的一些问题，开始思考地球是球体的可能性。公元前4世纪，伟大的知识体系缔造者亚里士多德（Aristotle）整理出好些论据来支持这个观点，其中一项以月亮的圆缺为基础。当月亮围绕地球运转时，时常会进入地球在太空中的锥状阴影里。通过数十年的观察，亚里士多德发现地球在月亮上的影子总是圆的。如果要这样，地球必须是个球体，因为只有球体才能在任何光源任意角度的照射下始终产生圆形的影子。如果地球是个平盘，影子有时会变成椭圆形，而当地球的边缘正对太阳的时候，影子会变成一条细线，只有当地球直面太阳的时候它的影子才会是圆形。

有了这个论据的支持，你或许认为在后来的几个世纪中制图师们应该已经把地球画成了球体。但是，你错了！已知最早的地球仪直到1490年至1492年才出现，那时已是欧洲航海探险和殖民时代的前夜。

所以，是的，地球是个球体。但是细节还存在问题。牛顿在1687年出版的《自然哲学的数学原理》中提出，旋转的球体有将物质向外抛的趋势，因此地球（也包括其他星球）的两极会扁一些，赤道会鼓一些——是一个扁圆的椭球体。半个世纪之后，为了验证牛顿的假设，位于巴黎的法国科学院派出两支数学家远征队——一支去北极圈，一支去赤道——他们的任务是在同一经线上测量纬度的一度所对应的地表长度。结果北极圈里的一度所对应的长度较长，这只有在地球稍微扁平的情况下才是真的，所以，牛顿是对的。 52

我们认为行星自转越快，它的赤道越凸出。火星是太阳系里最大的行星，自转比地球快，火星一天相当于地球上10小时。火星的赤道比两极宽7%。而在小得多的地球上，一天是24小时，它的赤道只比两极宽0.3%——对于12 800千米的地球直径，相差只有38千米，几乎没有差别。

这种稍微的扁平带来的一个有趣后果就是，如果你站在赤道的海平面上，那你距地心的距离比站在其他任何地方都要远一些。如果你真想把事情做得漂亮点，爬到位于赤道附近、厄瓜多尔中部的钦博拉索山上去。钦博拉索山顶峰高度海拔6.3千米，但更重要的是，它的顶峰到地心的距离比珠穆朗玛峰的顶峰还要多2千米。

人造卫星令情况更加复杂。1958年，环绕地球飞行的小型人造卫星先锋1号传回消息，赤道南方的凸出比北方更明显。不仅如此，南极的海平面比北极的海平面到地心的距离稍近一些。换句话说，地球是梨形的。

53

相继而来的是令人惶恐的事实：地球不是刚性的。受月球的牵引以及太阳较弱的牵引，地球表面每天都会上下起伏，海水也在各个大陆间流进流出。众所周知，潮汐力改变了地球上的水系，让它们的表面变成椭圆形。但是潮汐力也一样牵引着陆地，使得赤道半径每日每月随着海洋潮汐和月相圆缺而起伏变化。

因此，地球是一个梨形、扁球状的呼啦圈。

这样的调整永远结束不了吗？或许不会。时至2002年，美国和德国合作的太空项目——GRACE（重力恢复与气候试验）发射了两颗卫星，用来测量地球的大地水准面。大地水准面是指假想海水面不受洋流、潮汐和气候影响、静止条件下的地球形状——换句话说，它是一个各处表面都和重力正交的假想曲面。所以，大地水准面是真正的水平面，完全考虑了地球实际表面的起伏和内部密度分布不均匀等所有因素。木匠、土地测量师以及渡槽工程师等都必须以大地水准面为基准。

轨道是另一类令人疑惑的形状。他们既不是一维，也不是单纯的二维或三维，而是随时空变化的多维。亚里士多德认为地球、太阳以及其他星星在宇宙里有固定的位置，镶嵌在一层层水晶球上。旋转的是水晶球，因此它们的轨道只可能是正圆形。对亚里士多德和几乎所有的古人来说，地球是世界的中心。

哥白尼有不同的看法。在1543年出版的著作《天体运行论》里，他把太阳放在宇宙的中心。但是，哥白尼仍然保留了理想的正圆形轨道，没有注意到它们与实际情况之间的差别。半个世纪后，约翰尼斯·开普勒（Johannes Kepler）发表了他的行星运动三定律（科学史上首个预测性的方程组），修正了以往的谬误。其中一条定律证明，轨道不是圆形而是长扁各异的椭圆形。

我们才刚刚开始。 54

以地-月系统为例。地球和月亮围绕它们共同的质心运转。在任意给定时刻，该质心在地表最接近月亮的那点下方大约1600千米处。因此，事实上沿开普勒椭圆轨道运行的不是行星自身，而是行星-卫星体系的质心。那现在地球的轨道是什么样子？沿一个椭圆绕出的一串小圈——一年13个，月相每盈亏一轮就绕出1个。

不仅月亮和地球互相牵引，而且所有其他行星（包括它们的卫星）

也都牵引着它们。每颗星都和其他星体互相牵引。可以想象，情况非常复杂，我们将在第3篇里作进一步的讨论。不仅如此，地-月系统每围绕太阳转一圈，椭圆轨道的方向就稍微偏一点，更不必说月亮还在以每年0.3米到0.6米的速率螺旋状远离地球，而且太阳系里有些轨道还很混乱。

如果把全体成员都考虑进来，由引力导演的这出太阳系芭蕾舞剧只有计算机能看懂和欣赏。仅是从单个星体在太空画圈发展到现在，我们就已经付出非常大的努力了。

科学的形成有不同的途径，取决于是理论先于数据还是反之。理论指导你的研究，你可能有所发现，也有可能没有。如果有发现，那就研究下一个未解决的问题。如果你没有理论指导，但是掌握了测量工具，那你就尽可能多的收集数据并期望真相逐渐浮现。不过直到你形成全面的见解之前，通常只是在黑暗中闲逛而已。

不过，有人可能仅仅因为哥白尼理论里的轨道形状不对就被误导，认为他的理论是错的。其实，他更深层的概念——行星围绕太阳运转——才是最重要的。从那时起，天体物理学家们就一直在不断地修55正完善哥白尼的模型。哥白尼可能不全对，但他显然找对了方向。所以，也许问题仍然存在：什么时候该进，什么时候该退？

现在想象一下，在一个爽朗的秋日，你漫步在林荫大道上。前面一个街区有位满头银发身穿深蓝色套装的绅士。你不大可能看见他左手上戴的珠宝。如果你加快步伐追近到10米以内，你或许会注意到他戴了一枚戒指，但不会看见戒指上的红宝石或是它的表面设计。悄悄贴近用放大镜看——如果他不报警的话——你会看到学校的名字、他获得的学位、毕业年份，可能还有校徽。在这种情况下，你的设想没错，越靠近看得到的信息越多。

接着，想象你正在凝视一幅19世纪晚期法国点彩派画家的作品。如果你站在3米远处，你可能看到头戴礼帽的男人、身着长蓬裙的女人、儿童、宠物和泛着微光的水面。站近一点，你只能看到数以万计的色点、色斑和彩色条纹。如果鼻子顶着画布看，你可以欣赏到技术的繁复与迷人，但是只有保持一定距离，画作中的美景才会呈现出来。这和你从林荫道上戴戒指的绅士那里获得的经验是相反的：你越是靠近看点彩派的杰作，细节越破碎，令你不禁想要保持距离。

哪种方法最符合大自然展现自身的方式？没错，两种都是。几乎每次当科学家更近地观察某种现象，或是宇宙里的某些居民——无论是动物、植物还是星星的时候，他们必须判断宏观现象（保持一定距离所看见的）和近景相比是更有用，还是更无用。但是还有第三种方法，就是前两种的混合。靠近观察可以给你更多的数据，但额外的数据却让你更加困惑。你很想后退，但是，也同样很想前进。每有一种设想被更多的细节数据所证实，就有十种因不再符合模型而必须被修正或抛弃。[56]根据那些数据，几个新观点要得以成型，需要数年乃至数十年的时间。土星的众多土星环就是这方面很好的例子。

地球是人类安居乐业的理想地点。但是在伽利略1609年首次将望远镜对准天空之前，没有人对宇宙中其他任何星球的地貌、成分或是气候有丁点了解。1610年，伽利略发现土星有点古怪。然而，由于望远镜分辨率不够，土星看起来似乎还有两颗伴星，一颗在左一颗在右。伽利略把他的观测结果写在一个字谜里：

smaismrmilmepoetaleumibunenugttauiras

设计这个字谜是为了确保没人能够抢走他尚未发表的重要发现。字谜重新排序并从拉丁文翻译过来，就是："我看到最远行星是三联星"。随后的一些年，伽利略一直在观察土星的伴星。一个阶段它们看起来像一对耳朵，另一个阶段它们却完全消失了。

1656年，荷兰物理学家克里斯蒂安·惠更斯（Christiaan Huygens）用分辨率更高的望远镜观察土星。这座望远镜是专为仔细观察行星而制造。他第一个指出土星的耳朵状伴星其实是一个薄而平的圆环。和伽利略半个世纪前一样，惠更斯把他最新的突破性发现写成了字谜。三年后，惠更斯在他的著作《土星系统》里公开了他的发现。

57 20年后，巴黎天文台主任乔瓦尼·卡西尼（Giovanni Cassini）发现土星有两个环，其间有一条暗缝，后称卡西尼环缝。近两个世纪之后，苏格兰物理学家詹姆斯·克拉克·麦克斯韦（James Clerk Maxwell）证实土星环不是固态的，而是由无数在自己轨道上运行的小颗粒构成，他也因此成名。

到20世纪末，人类已经观察到7个土星环，以字母A到G命名。不仅如此，人们还发现这些环本身也是由成千上万个窄带和细环组成。

土星环的“耳朵理论”到此为止。

20世纪里有几个探测器飞越土星：1979年的“先驱者11号”，1980年的“旅行者1号”和1981年的“旅行者2号”。这些近距离观测提供的证据证明土星环系统比任何人先前想象的都更复杂和难以理解。首先，一些环内的颗粒被所谓“牧羊犬卫星”（一些接近或就在环内的小卫星）束缚在狭窄的环带内。这些“牧羊犬卫星”的引力把颗粒向不同方向牵引，在环里造成数不清的缝隙。

密度波、轨道共振以及其他多粒子系统里难以预料的引力怪象造成了土星环内部和土星环之间的各种暂时现象。例如，旅行者号观察到土星环B上带有奇异的旋转的辐射状阴影，据猜测是由土星的磁场导致，但是在卡西尼号探测器从土星轨道发回的近景照片上，阴影却神秘地消失了。

组成土星环的是什么？大部分是冰，还有混杂于冰里的灰尘，化学成分和土星一颗较大的卫星相近。对土星环境的宇宙化学分析显示土星应该曾经有过好几颗这样的卫星，这些消失了的卫星可能是由于太靠近巨大的土星，而被它的潮汐力撕裂了。 58

另外，土星不是唯一有环的行星。对木星、天王星和海王星（太阳系四大气态行星中的其他3颗）的细致观测证明每颗星都有自己的光环系统。木星、天王星和海王星的光环直到20世纪70年代晚期和20世纪80年代早期才被发现，这是因为和壮丽的土星环相比，它们的光环主要是由石块和灰尘等黯淡的、不反射光线的物质组成。

对于非致密坚硬的物体，行星附近的太空是危险的。例如，我们将在第2篇里看到的，许多彗星和一些小行星就像一堆碎石，它们从行星附近掠过时要冒着生命危险。在某个特殊的距离内，行星的潮汐力将超过这些天体凝聚自身的引力，这个距离被称为洛希极限，由19世纪的法国天文学家爱德华·艾伯特·洛希（Édouard Albert Roche）发现。进入这个距离，天体就会发生破碎；碎片将会落入自己的轨道，最终散开成为一个宽而平的圆环。

最近我从一位研究行星环系统的同事那里得到一些关于土星的坏消息。他伤心地说，土星环粒子的轨道不稳定，因此这些粒子差不多1亿年后就会消失，这在天体物理学领域里也就是一眨眼的工夫。我最喜欢的行星，就要失去令我最爱的特征了！幸运的是，行星之间和卫星之间一直稳定增加的粒子可以补充土星环的损失。即便土星环的组成粒子不能永存，但土星环系统可以——就像你脸上的皮肤一样。

卡西尼号拍摄的土星环近景照片带回了其他的消息。什么类型的消息？引用卡西尼项目成像小组组长、空间科学学会（位于美国科罗拉多州博尔德市）行星环专家卡罗林·波尔科（Carolyn C. Porco）的话，就是“令人难以置信”和“震惊”。土星环里到处是从未预见到而且眼下也无法解释的现象：边缘异常“锋利”的圆齿状细环，聚合成团的颗粒，A环和B环的纯净与卡西尼环缝的肮脏形成的鲜明对比。所有这些新数据会让波尔科和她的同事们忙上好几年，或许有希望从远方找到更清晰、简单的景象。

59

5.止步不前的科学

60

近来的一两个世纪，高科技和智慧结合在一起驱动着宇宙探索的前进。但是，假如没有技术，假如唯一的工具就是一根棍子，你还能发现什么？多得很呢。

保持耐心仔细测量，你能用棍子收集到多得吓人的信息，关于我们在宇宙中位置的信息。这一切无关棍子的材质，也无关它的颜色，只要它是直的就行。在看得清地平线的地方，把棍子牢固地砸进土里。由于现在没有技术可用，你不妨找块石头代替锤子。要确保棍子立得又直又稳。

这样你的原始实验室就建好了。

找一个晴朗的早晨，随着太阳的升起、西移、落下，记录相应的棍影的长度。开始影子会比较长，然后慢慢变短，直至太阳爬到天空中的最高点，最终又逐渐变长直至日落。收集这个实验的数据就像观察钟表的时针运转一样无聊。但是你没有科技可以利用，也就没什么别的好关注。注意，当影子最短的时候，半天就过去了，这时称为地方正午。正午时分的影子要么指向正南方要么指向正北方，取决于你在赤道的哪一侧。

61

你刚刚做好了一个简单的日晷。如果想扮得博学点，那你现在可以把这根棍子叫作晷针（我还是更倾向于叫“棍子”）。在文明起源的北半球，随着太阳在天空中移动，棍影会按顺时针方向绕棍子的底端旋转。其实，这正是钟表“顺时针”方向的最初来源。

如果有足够的耐心和晴朗的天气，让你能够把这个实验重复365次，你会发现太阳每天并不是从地平线上的同一个位置升起。一年中有两天，太阳升起时的影子所指的方向与日落时影子所指的方向正好相反。在那两天，太阳从正东方升起，从正西方落下，白昼与黑夜一样长。这两天就是春分和秋分（英文equinox，来源于拉丁文，意思是“日夜相等”）。在其他日子里，太阳从地平线的其他地方升起落下，所以说，创造谚语“太阳东升西落”的人肯定从没有仔细观察过天空。

如果你在北半球记录日升日落点，就会发现这些点在春分之后向东西线的北方移动，最终停下，然后向南移动。当这些点再次越过东西线后，向南的移动最终缓慢并停止下来，取而代之的是下一次北移。这整个循环一年重复一次。

太阳的轨迹一直在变。夏至（英文solstice，拉丁文意思是“静止的太阳”）那天，太阳从地平线上最北的点升起和落下，沿着最高的轨迹在天空中移动。这使得夏至成为一年中白昼最长的一天，而且这天正午的棍影是一年中最短的。在太阳从地平线上最南端升起和落下的那天，它在天空中的轨迹最低，正午的棍影在一年中最长。这一天当然就叫作冬至。

对于地球60%的表面和75%的人类居民来说，太阳从来没有，将来也不会出现在头顶的正上方。剩下的那些地方，也就是以赤道为中心的5200千米宽的一圈，一年中只有两天太阳会升至天顶（对，如果你正好在南北回归线上的话，一年只有一天）。我敢打赌，宣称知道太阳从哪升起和落下的人一定就是写出谚语“正午时分，日上中天”的人。

到现在，靠着一根棍子和超强的耐心，你已经确定了罗盘上的方位基点和标志四季转换的四天。现在你要设计某种方法来记录一天的正午与第二天正午之间的时间。昂贵的精密时计当然可以，但是一两个精致的沙漏也已足够了。两种计时器都能准确记录太阳围绕地球转一圈所需的时间——即太阳日。在一年里做均分，一太阳日正好等于24小时。但是，这不包括偶尔加上的闰秒。由于海洋受月球引力的影响而拖慢了地球的自转，因此需要通过增加闰秒来调节。

回到你和你的棍子上来，我们还没结束呢。让你的视线经过棍子顶端对准天空的一点，用准确的计时器记录熟悉星座里某颗熟悉的星星经过该点的时间。接着，还是用这个计时器，记录这颗星星再次经过该点需要多长时间。这段时间称为一个恒星日，长度是23小时56分4秒。恒星日和太阳日之间相差约4分钟，正是这个差别使得太阳在恒星构成的天空背景中来回迁徙，给人以太阳整年在各个星座间巡回访问的印象。

当然，白天你是看不见星星的——太阳除外。但是刚日落后或即将破晓之前，可以看见太阳附近的天空中有些星星，因此眼光犀利又熟记星图的观察者能分辨出太阳背后是什么星座。

再次利用你的计时器，你可以拿地上的棍子做点别的尝试。一整年里的每一天，在计时器指示正午的时候记录下棍影顶端的位置。你

63 会发现每天的位置都不同，一年结束，你将会画出一个8字形曲线，博学者称之为“日行迹”。

为什么？地球自转轴与黄道面法线的夹角是23.5度。这个夹角不仅带来了我们熟悉的四季更替和每日太阳轨迹在天空中的大幅移动，也是因为有这个夹角存在，太阳全年在天球赤道左右来回移动而产生了8字形曲线。不仅如此，而且地球围绕太阳的轨道不是理想的圆形。根据开普勒行星运动定律，它的轨道速度必定会变，靠近太阳的时候较快，远离太阳的时候较慢。由于地球自转的速率非常稳定，因此有些东西必须改变：太阳并不总是在中午12到达天空中的最高点。虽然每天的变化很慢，但是一年中有几次太阳迟到的时间能达到14分钟。另有几天会早到16分钟。一年中只有4天——对应于8字形曲线的顶点、底点和中间交叉点，时钟上的时间和太阳时相等，大约是4月15日（与报税日无关[1]）、6月14日（与国旗日无关）、9月2日（与劳动节无关）和12月25日（与耶稣无关）。

接下来，克隆一个你和一根棍子，把他们送到地平线正南方远处的某个事先选好的地点，提前约定在同一天的同一时刻测量棍影的长度。如果影子一样长，那说明地球是平的，或者超级大；如果影子长度不同，那你可以利用简单的几何方法计算出地球的周长。

天文学家和数学家埃拉托斯特尼（Eratosthenes of Cyrene，公元前276年—前194年）就做过这个实验。他比较了两个埃及城市——

1. 4月15日是美国报税日（Tax Day）；6月14日是美国国旗日（Flag Day）；9月的第1个星期一是美国劳动节（Labor Day）。——译者注阿斯旺和亚历山大——正午时分影子的长度。按他有些过头的估计，两个城市相距5000斯塔德[1]。埃拉托斯特尼测量出的地球周长与正确值的偏差在15%以内。事实上，“几何”一词就来自希腊语，意思是“测量地球”。

虽然你已经用了棍子和石头好几年，不过下面一个实验只需花你一分钟时间。把棍子斜着敲进地里，就像泥地里随随便便插着的一根棍子一样。找一根细线，一端系上石块，另一端拴在棍子顶端，这样就做成一个摆。测量线的长度，然后推动摆锤摆动起来，并且计算60秒内摆动的次数。 64

你会发现，摆动的次数几乎不受摆动角度大小的影响，也不受摆锤质量的影响。唯一有关的是线的长度以及你在哪颗行星上。用一个相对简单的公式，就能推算出地球表面的重力加速度，它直接决定了你的体重大小。在月球上，引力只有地球表面的1/6，相同的摆运动起来要慢得多，每分钟摆动的次数较少。

这是获得行星脉搏的最好方法。

到目前为止，你的棍子还没证明地球在自转——只证明太阳和夜晚的星星以可预期的规则周期在环绕地球运行。为了做下一个实验，要找一根超过10米长的棍子，也把它斜着插进土里。在一根细长的线上拴上一块大石头，挂在棍子顶端。现在，还像上回那样，让摆动起

---

1. 斯塔德（stadium），古希腊、罗马长度单位，约等于192米。——译者注

来。细长的线和大石头可以让这个摆连续数小时不受阻碍地摆动。

如果你仔细观察摆的运动方向，又如果你极度耐心，会发现摆动的平面在缓慢旋转。做这个实验的最佳教学地点是地理北极（或地理南极）。在两极，摆平面每24小时旋转一周——这是一个测量地球自转方向和速率的简单方法。在地球上除赤道以外的其他地方，摆平面也会转，但是越靠近赤道越慢。在赤道上摆平面完全不动。这个实验不仅可以证明是地球而非太阳在动，而且，只要再利用少许三角知识你就能把问题倒转过来，根据摆平面转一圈所需的时间确定你的地理纬度。

65

最早做这个实验的是法国物理学家简·伯纳德·莱昂·傅科（Jean Bernard Léon Foucault），他无疑也是最后一个做这种简陋实验的人。1851年，他邀请他的同事们到巴黎先贤祠“来看地球自转”。如今，几乎世界上每个科技馆里都有傅科摆。

用一根插在土里的棍子就能知道这么多，那世界上那些著名的史前天文台都是用什么建的？从欧亚大陆到非洲，再到拉丁美洲，对古代文明的调查发现了许多石制遗迹，它们既是原始的天文台，同时似乎也用作宗教祭祀场所，或者代表着其他深层的文化意义。

例如，在巨石阵[1]的同心圆里，有几块石头正好对准夏至那天太阳升起的位置，另几块石头则对着月亮最远的升落位置。巨石阵始建于

---

1. 巨石阵是一处由石头构成的圆形建筑物，位于英格兰威尔特郡，是英国最著名的史前建筑遗迹。——译者注

大约公元前3100年，并在随后的2000年里多次被改建。它位于英格兰南部的索尔兹伯里平原上，由远方运来的巨大石块组成。其中有80个左右的蓝砂岩柱子，每个重达数吨，采自约390千米以外的普里塞里山脉。而其他砂岩石每块重达50吨，采自30千米以外的马尔伯勒高地。

关于巨石阵的重要意义已经有太多的文字记述。古人的天文学知识，以及他们远距离运输如此巨石的能力给历史学家和普通参观者留下了深刻的印象。有些喜欢幻想的参观者甚至相信巨石阵的建造有外星人的参与。

66

建造巨石阵的古代文明为什么不用附近更容易搬运的石料已经成为一个谜。但巨石阵所展现的技术与知识却一目了然。建造的主要阶段花费了几百年，或许之前的计划也花费了100年左右的时间。有500年时间足以建造任何东西了 —— 我不在乎你从多远的地方拉石头。此外，巨石阵所体现的天文学知识并不比插在土里的棍子更深更基本。

或许是由于现代人不知道太阳、月亮或星星是如何移动的，这些古代天文台才会被现代人永远铭记。晚上我们都沉迷于电视节目之中，而忽略了夜空中发生的故事。在我们眼里，根据宇宙图景用石头排出的简单阵列就和爱因斯坦的成就一样伟大。但真正神秘的文明，是文化和建筑都和天空无关的文明。

第2篇
自然知识——探索宇宙的挑战

69

6.从太阳中心出发

在日常生活中，我们很少会停下来思考一束光从太阳中心出发的旅程，它从哪里产生，如何前往地球，在哪里照到沙滩上某人的屁股。容易想象的部分是它离开太阳，穿过真空的星际空间，经过500秒的光速旅行后到达地球。而难以想象的是它经过百万年的历险从太阳中心到达表面的过程。

恒星中心的温度至少有1000万开（开尔文），而在温度高达1500万开的太阳中心，失去电子的氢原子核的速度已足以克服它们之间的自然斥力而发生碰撞。当4个氢（H）原子核经过热核反应产生1个氦（He）原子核的时候，质量转化成了能量。略去中间步骤，太阳里的反应就是：

$$4H \rightarrow He + 能量$$

于是就有了光。

每产生1个氦原子核，就有数个光子（光的粒子）产生。这些能量很高的光子就是γ射线，是人类所认识的能量最高的光。γ射线光子生来就以光速（299 792千米/秒）运动，无意中开启了脱离太阳的艰苦历程。

未受干扰的光子会一直沿直线运动，但是如果有物体挡在路上，[70] 光子会被散射，或是被吸收后再发射出来。每种情况都会改变光子的传播方向和能量。在太阳内部那种物质平均密度情况下，光子的平均直线运动时间不超过三百亿分之一秒（三十分之一纳秒），只够光子在和自由电子或原子发生相互作用之前移动1厘米。

每次相互作用后的新路线可能向前、向两侧，甚至向后。那么，一个漫无目的、四处乱撞的光子如何才能离开太阳？烂醉如泥的醉汉在街角路灯下晕头转向地乱走的场景或许会提供一点暗示。很奇怪，醉汉很可能不会回到路灯下。如果他的步伐是完全随机的话，他与路灯的距离将会缓慢增加。

尽管你无法准确预测确定步数后某个醉汉与路灯的距离，但如果能说服一大群醉汉做一个随机行走实验，你却能可靠地估计出他们与路灯的平均距离。数据将会显示，平均距离与总步数的平方根成正比。例如，如果每个人随机地向各个方向走100步，那么离路灯的平均距离就只有10步。如果走了900步，平均距离只增加到30步。

如果一步是1厘米，那光子要从700亿厘米深处的太阳中心“随机漫步”到表面必须走将近5×10^{21}步，总直线距离达到5000光年。

光子以光速前进，自然要5000年才能跑那么远。但是，如果以一个更接近实际的太阳模型来计算——例如，考虑到受自身重量的压缩，气态太阳90%的质量集中在50%的半径区域以内——并计入在光子被吸收和再发射过程中消耗的时间，整个旅程要长达近100万年。如果有从太阳中心到表面的无障碍通道，光子的旅程只有短短的2.3秒。

早在20世纪20年代，人们已经想到光子在逸出太阳的过程中会遇到很大阻碍。英国天体物理学家阿瑟·斯坦利·爱丁顿爵士（Sir Arthur Stanley Eddington）奠定了恒星结构研究的物理基础，令人们得以深入研究这个问题。1926年，他写作了《恒星内部结构》一书，并在物理学的新分支——量子力学诞生后立即出版。但这比热核反应被公认为太阳能量来源的时间晚了近12年。即便细节有些问题，绪论里爱丁顿活灵活现的描述还是准确地抓住了以太波（即光子）艰苦旅程的一些本质：

> 恒星内部是原子、电子和以太波的喧嚣。我们必须借助原子物理学的最新发现才能解释这场错综复杂的狂欢……试想一下那样的混乱场景！散乱的原子以50英里每秒的速度横冲直撞，混乱中从它们精美的电子披风上落下些许碎片。落单的电子速度加快了100倍以寻找新的容身之处。留神！百亿分之一秒里，电子已经上千次侥幸脱险……接着……电子被原子捕获，它的自由生涯从此结束。但这转瞬即逝。原子刚刚把战利品放进口袋，以太波就一头撞上来。随着剧烈的爆炸，电子再次脱离原子开始

新的历险。(Eddington，1926年，第19页)

爱丁顿对自己的研究热情不减，他认定以太波是太阳内唯一运动的成员：

面对这幅场景，我们不禁自问：这是恒星演化的宏伟大戏吗？它更像是音乐厅里欢乐的杂耍。这场原子物理的喧闹喜剧并没有考虑我们的审美理想……原子和电子如此匆忙却从没有跑到别处去，它们只是交换了位置。以太波是其中唯一起实际作用的部分。虽然它们明显是漫无目的地四处乱撞，但总体来看，还是不由自主地向外缓慢移动着。(Eddington，1926年，第19～第20页)

72

在太阳最外层的1/4半径内，能量主要通过湍动的对流移动，过程和一锅滚开的鸡汤（或是别的什么）没什么区别。热的物质团上升，冷的物质团下沉。正在艰苦工作的光子不知道，它们所在的那团能很快就下沉数万千米，或许一下子就抵消了它们几千年的自由漫步。当然也可能相反——对流能很快把正在自由漫步的光子带到接近表面的地方，增加了它们逃逸的概率。

不过γ射线的旅行故事还没有讲完。从1500万开的日心到6000开的太阳表面，温度大约以平均每米1/55[1]开的速率降低。每次吸收和再发射，高能γ射线光子通常会以牺牲自己为代价产生多个低能光子。

---

1. 原文为百分之一，应为作者误将太阳直径当作半径计算之故。——译者注

如此无私的举动一直沿着光谱继续，从 γ 射线到X射线，再到紫外线、可见光、红外线。1个 γ 射线光子的能量足以产生1000个X射线光子，每个X射线光子最终将产生1000个可见光光子。换句话说，当漫步到太阳表面的时候，1个 γ 射线光子能轻易地制造出100万个可见光和红外光子。

每5亿个从太阳射出的光子里只有1个飞向地球。我知道，这听起来太少了，但是以地球的大小和与太阳的距离，这确实是地球应得的份额。其余的光子则向其他地方飞散。

顺便一提，太阳的气态“表面”定义为一个层，它是随意漫步的光子逃逸到星际空间前的最后一站。只有从这层起，光才能无阻碍地直达你的眼睛，也只有通过这一层，我们才能观察到太阳的尺寸。一般而言，波长较长的光比波长较短的光来自太阳的更深层。例如，如果用红外光而不是可见光观测，太阳的直径会稍小一些。不管是否说明，教科书上列出的太阳直径都是可见光观测的数值。

73

并不是所有的 γ 射线都会变成低能光子。一部分能量驱动着大规模的对流，继而驱动压力波在太阳里振荡，就像敲钟一样。连续的精密测量发现太阳光谱有细微的振荡，其原理和地震学家解释地震引发地下声波的原理一样。由于许多振荡模式在同时运行，因此太阳的振动状态格外复杂。日震学家面临的最大挑战在于将振动分解成不同的基础模式，进而推导出引发这些模式的内部特征的尺寸与结构。如果你对着敞开的钢琴尖叫，也会引发类似的“分析”。你发出的声波中的各组成频率会激励起同频琴弦的振动。

太阳全球振荡监测网开展了一项研究太阳振荡现象的联合研究项目。遍布世界各时区（美国夏威夷、美国加利福尼亚州、智利、西班牙加纳利群岛、印度及澳大利亚）的专用太阳观测台能够连续地监测太阳振动。人们期待已久的结果支持当前大多数关于恒星结构的概念。尤其是，在太阳内层能量确实是通过随意漫步的光子传递，而在外层能量通过大规模的对流传递。没错，有些发现就是特别简单，因为它们证实了你一直以来的猜想。

74

最适合完成穿越太阳的英勇冒险的，是光子，而非其他任何形式的能量或物质。如果我们中的任何人打算进行同样的旅行，那他必死无疑，然后蒸发，连身体上每个原子的所有电子都会被剥得一干二净。要是没有这些危险，我想这样的旅行计划应该很畅销。但是对我来说，知道这些就已经很满足了。每次晒日光浴的时候，对所有照在我身上的光子，不管它们照在哪，我总是对它们所经历的旅程充满敬意。

7.行星展览

75

在宇宙学研究里，数个世纪以来人类对行星——那些在恒星背景上巡回的漫步者——的研究应该是最精彩的故事。在太阳系8个已确定是行星的天体之中，有5个可以用肉眼看见，而且自古就已经被发现。这5颗行星——水星、金星、火星、木星和土星——被赋予了同名诸神[1]的人格。例如，水星（天幕上移动最快的行星）以罗马神话中诸神的使神——一般被描绘成脚后跟或帽子上长着小而无用的双

1. 水星以罗马神话中众神的信使墨丘利的名字命名，金星以爱神维纳斯的名字命名，火星以战神玛尔斯的名字命名，木星以主神朱庇特的名字命名，土星以农神萨杜恩的名字命名。—— 译者注

翅的样子——命名。而火星是传统五大行星中唯一略泛红色的，以罗马神话中的战神命名。当然，地球也是裸眼可以看见的，向脚下看就行。但是，在1543年哥白尼提出日心宇宙模型之前，地球并没有被看作行星。

对没有望远镜的人来说，行星只是刚好经过天空的光点。直到17世纪，随着望远镜的普及，天文学家才发现行星是球体。20世纪才有太空探测器对这些行星进行近距离的详细观测。21世纪稍晚些时候，人类才有可能登上它们。

76

1609年的冬天，人类首次用望远镜观察这些太空中的漫步者。刚听到1608年荷兰人发明望远镜的消息，伽利略就自己设计制造了一架很不错的望远镜，并通过它发现行星是球体，甚至是另一个世界。其中，明亮的金星像月亮一样有阴晴圆缺：新月状、凸月状、满月状。另一颗行星，木星，有自己的卫星，伽利略发现了其中最大的4颗：木卫三、木卫四、木卫一和木卫二，由于木星对应于希腊神话中的宙斯，所以它们都以宙斯生活中的人物命名。

用太阳取代地球作为行星环绕的中心可以很容易地解释金星的盈亏以及它在天空中的运动特征。实际上，伽利略的观测强有力地支持了哥白尼建立的宇宙模型。

木星卫星的发现进一步验证了哥白尼的宇宙模型：虽然伽利略的20倍望远镜看到的木卫只是光点，但是从没有人观察到天体环绕地球以外的星体飞行。这是真实、简单的宇宙观测，但罗马天主教廷和

“常识”却不接受这样的观点。伽利略利用自己的望远镜发现了与现有教条——地球居于宇宙的中心，所有天体都围绕地球旋转——相矛盾的结论。1610年年初，伽利略在简短却具有开创性意义的作品《恒星使者》中报告了他极具说服力的发现。

一旦哥白尼模型被广泛接受，天空中的行星排列便可以合理地被称为太阳系，地球也可以回到六大行星的正确位置上去。没有人会想到有更多的行星出现，就连1781年发现第七颗行星的英国天文学家威廉·赫歇耳爵士也从未想过。

事实上，最早记录观察到第七颗行星的是英国天文学家、首任皇家天文学家约翰·弗兰斯蒂德（John Flamsteed）。但是，1690年当弗兰斯蒂德注意到这个天体的时候，他并没有发现它在移动。他以为它只是天空中另一颗恒星而已，给它起名叫金牛座34。当赫歇耳看到弗兰斯蒂德星在恒星背景里移动时，由于无意识中假定了行星不会出现在发现清单里，于是他宣布发现了一颗彗星。毕竟彗星是会移动的，也是可发现的。赫歇耳计划把这个新发现的天体命名为“乔治亚行星”，以纪念他的资助人：英国国王乔治三世（King George Ⅲ of England）。如果天文界尊重了他的意愿，那现在太阳系的成员就将包括水星、金星、地球、火星、木星、土星和乔治星。不过这个天体最终被称为天王星，以和其他采用古罗马命名的兄弟们保持一致，令赫歇耳的阿谀奉承之行彻底破产。但是在1850年第八颗行星——海王星被发现之前，一些法国和美国天文学家还是叫它“赫歇耳行星”。

随着时间的前进，望远镜越来越大、越来越灵敏，但是天文学家能辨别的行星上的细节并没有太多的进步。这是因为每架望远镜，无论大小，都要通过地球湍动的大气层来观察行星，再好的图像都会有点模糊。但这并没有妨碍坚韧的观察者继续发现木星大红斑、土星环、火星极地冰冠以及数十颗行星卫星。不过，我们关于行星的知识依旧贫乏，而无知潜藏之处也是最新的发现和想象显现之处。

以帕西瓦尔·罗威尔（Percival Lowell）为例。他是美国一位极富想象力的富有商人，也是天文学家，19世纪末和20世纪初，他积极投身于天文研究。罗威尔的名字和火星“运河”、金星上的“辐条”、搜寻X行星以及坐落于美国亚利桑那州弗拉格斯塔夫（Flagstaff）的罗威尔天文台永远地联系在一起。19世纪末意大利天文学家乔瓦尼·夏帕雷利（Giovanni Schiaparelli）提出火星表面的线条状痕迹是*canali*（意大利语，海峡、沟渠的意思），和世界上许多研究者一样，罗威尔也开始研究这个问题。

问题是，*canali*的意思是“水道”，但罗威尔却错误地译成“运河”，这是因为他认为这些痕迹的尺度和地球上那些大型公共建设工程[1]相近。罗威尔的想象天马行空，他致力于观测并描绘红色星球上的水道网络，那些水道肯定（大概他坚信）是由技术发达的火星人建造的。罗威尔认为火星人的城市耗尽了当地的水源，因此需要挖掘运河从极地冰冠引水灌溉赤道附近的人口稠密地区。这个故事很吸引人，也催生出许多生动的文学作品。

1. 即运河。——译者注

罗威尔对金星也很入迷。金星上永远飘着反射强烈的云团，令它成为夜空中最亮的天体之一。金星的轨道离太阳较近，所以日落后（或是黎明前），总能看见金星在日晖中闪耀。由于微亮的天空可能泛着各色光芒，所以911报警电话总是没完没了地接到报告，说看见地平线上盘旋着明亮耀眼的不明飞行物。

罗威尔主张金星运行着庞大的网络，大部分是从一个中心发散出来的放射状辐条（更多的*canali*）。他看到的辐条仍是一个谜。事实上，没有人能确认他看到的东西是在火星还是金星上。不过这并没有给其他天文学家带来困扰，因为每个人都知道罗威尔的山顶天文台是世界上的顶级天文台。所以如果你没有看到罗威尔看到的火星人活动，那肯定是因为你的望远镜没有罗威尔的好，山没有罗威尔的高。

当然，即便后来望远镜性能更好了，也没有人能复制罗威尔的发现。今天，这段故事留给人们的记忆是：要相信的强烈欲望破坏了获取精确、可靠数据的必要。而且奇怪的是，直到21世纪才有人能解释罗威尔天文台当年发生的情况。

79

美国明尼苏达州圣保罗的一名叫作谢尔曼·舒尔兹（Sherman Schultz）的验光师给《天空和望远镜》杂志写了一封信，回应2002年7月刊上的一篇文章。舒尔兹指出罗威尔喜欢用来观测金星表面的光学装置很像用来检查病人眼睛内部的工具。在征询了其他一些意见以后，作者认为罗威尔在金星上看到的东西其实是他眼睛里的血管投射在自己视网膜上形成的网状影子。如果把罗威尔的辐条图案和眼睛的图案放在一起对比，运河和血管正好吻合。如果再考虑到罗威尔不幸患有高血压——使得眼球里的血管更明显——以及他想相信的迫切愿望，他坚信金星和火星上充满技术发达的智慧生命就不足为奇了。

唉，罗威尔搜寻X行星（被认为位于海王星之外）的努力也没有什么好结果。天文学家迈尔斯·斯坦迪什（E. Myles Standish，Jr.）20世纪90年代中期已经明确地证明，X行星不存在。不过，罗威尔死后第13年，即1930年2月罗威尔天文台发现的冥王星倒是被短暂地当作有可能接近真相的对象。但是，罗威尔天文台宣布这个大发现后没几周，一些天文学家就开始争论冥王星该不该算作第九大行星。在罗斯地球与太空中心发表了我们对此的决定，即认为冥王星是彗星而不是行星之后，我自己也无意中卷入这场辩论之中，我可以向你保证，这场争辩还没结束。我们这些反对者认为，冥王星可以是似星体、似行星体、星子、大星子、冰质星子、小行星、矮行星、巨型彗星、柯伊伯带天体、外海王星天体、甲烷雪球、米老鼠的大笨狗[1]，它可以是一切，就不是第九颗行星。因为冥王星太小太轻，温度太低，轨道太偏，行为太诡异了。顺便说一下，我们对最近备受瞩目的几个行星候选对象，包括在冥王星之外发现的三四个与冥王星大小和性质都相似的天体在内，都持同样的观点。

80

技术随着时间的流逝不断进步。到了20世纪50年代，射电观测和更优秀的摄影技术展现出行星更多的迷人风采。20世纪60年代，人类和机器人已经离开地球给行星拍照。每当获得新的发现或照片，无知的大幕就稍许升高了一点。

---

1. 动画片《米老鼠》里，米老鼠的狗名字叫Pluto，与冥王星同名。——译者注

以美和爱的女神命名的金星，原来有厚厚一层几乎不透明的大气。大气里大部分是二氧化碳，海平面大气压几乎是地球上的100倍。更糟的是，金星表面的气温将近480摄氏度。只要放在空气里，几秒钟就可以烤熟一块意大利腊肠比萨。（没错，我算过了）如此极端的环境给太空探索带来了极大的挑战，因为任何你能想到可以送到金星上去的东西都会迅速垮掉，然后融化或蒸发。所以，如果你打算在这死亡之地收集数据的话，必须能防热，或者手脚足够快。

金星上很热一点也不意外，原因是大气中二氧化碳引发温室效应，令红外能量无法向外散发。所以尽管金星上的云层反射了大部分的太阳可见光，但是地表的岩石和土壤还是吸收了少量穿过云层的光线。吸收了可见光的陆地向外发射红外线，不断在空气中积累，最终成了一个永不停歇的超级比萨炉。

另外，万一我们在金星上发现生命体，我们可以叫他们金星人，就像来自火星的人叫作火星人一样。但是，根据拉丁文的所有格关系，“金星的”应该写成“Venereal”（意思是“性交的，性病的”）。不幸的是，医生已经先天文学家一步用了这个词。我想这可不能怪他们。性病的历史可比天文学早，相比之下天文学只能算第二古老的专业。

81

随着时光的流逝，我们对地球之外的太阳系越来越熟悉。第一个飞越火星的飞船是1965年的“水手4号”，它发回了有史以来第一批红色星球的近距离照片。不算罗威尔的愚蠢之举，1965年之前，人类除了知道火星略显红色，有极地冰冠，有明暗不一的区域以外，没有人知道火星表面是什么样子。没有人知道火星上有山，或是有比美国大峡谷宽得多、深得多、长得多的峡谷系统。没有人知道上面有比地球上最大的火山（夏威夷莫纳克亚山）大得多的火山——即便从太平洋海底起计算它的高度。

有关液态水曾经在火星表面流过的证据也不少：火星上有长宽和亚马孙河相差无几的蜿蜒（干涸的）河床、织成网状的（干涸的）支流、（干涸的）三角洲和（干涸的）洪泛平原。火星探测登陆车在布满石砾和尘土的表面缓缓移动，确认火星表面的矿物只在有水的情况下才可能生成。没错，水的痕迹四处皆是，但却喝不到一滴。

火星和金星上发生过某些灾难，地球上也会重演吗？如今人类对环境进行了太多改造，并没有过多地考虑长期后果。在对火星和金星（太空中我们最近的邻居）的研究迫使我们审视自己之前，有谁想到关心地球的这些问题呢？

想要更清楚地观察更远的行星，就需要依靠太空探测器。最先飞出太阳系的飞船是1972年发射升空的“先驱者10号”和1973年发射的姊妹船“先驱者11号”。它们都在两年后飞越木星，开始它们的伟大旅行。不久它们和地球的距离将要超过160亿千米，是到冥王星距离的2倍还多。

82

然而，当“先驱者10号”和“先驱者11号”发射的时候，它们携带的能源不足以飞出木星太远。如何让飞船飞得比其所携能量能支持的距离更远？你瞄准目标，发射火箭，然后让它在太阳系里各类天体的引力牵引下利用惯性飞行。由于天体物理学家能精确计算轨道，所以探测器可以利用多次弹弓式的机动从访问的行星上获取轨道能量。轨道动力学家玩这种重力辅助的把戏已经相当娴熟，连桌球高手都嫉妒不已。

先驱者10号和11号发回的木星和土星照片比在地球上能够获得的好得多。不过，直到1977年发射载有整套科学实验仪器和成像设备的姊妹飞船旅行者1号和2号，外行星[1]才成为人们的偶像。“旅行者1号”和“旅行者2号”让全世界整整一代人都认识了太阳系。这些旅行带来的一个意外收获就是发现外行星的卫星们个个不同，像外行星本身一样吸引人。于是，这些行星的卫星从单调的光点变成值得我们关注的世界。

在我写这篇文章的时候，美国国家航空航天局的卡西尼号探测器正环绕土星飞行，对土星、土星环和土星的众多卫星展开深入研究。当四次借引力加速以后，卡西尼号来到土星附近，它释放出名为惠更斯号的子探测器。惠更斯号探测器由欧洲航天局设计，并以最早发现土星环的荷兰天文学家惠更斯的名字命名。惠更斯号进入土星最大的卫星土卫六（已知太阳系中唯一拥有浓密大气的卫星）的大气层。土卫六表面富含有机分子，化学成分可能是最接近早期史前地球的。美国国家航空航天局正在计划其他的复杂任务，将对木星开展相同的探测，以便对木星及其70多颗卫星开展持续研究。

83

1584年，意大利修道士和哲学家乔达诺·布鲁诺（Giordano Bruno）在《论无限宇宙和世界》一书中提出存在“无数个太阳”和“无数个环绕那些太阳的地球”。而且，他还主张，根据造物主万能的

1. 外行星指位于小行星带之外的4颗行星：木星、土星、天王星和海王星。——译者注

前提可以推出，每个地球上都生活着居民。由于这些言论及其他亵渎神灵的行为，天主教廷把布鲁诺烧死在火刑柱上。

不过，布鲁诺既不是第一个也不是最后一个提出此类想法的人。先行者既有公元前15世纪的希腊哲学家德谟克利特（Democritus），也有公元15世纪的红衣主教尼古拉（Nicholas of Cusa，Cardinal）。而知名的后来者则包括18世纪的哲学家康德和19世纪的小说家奥诺德·巴尔扎克（Honoré de Balzac）。布鲁诺只不过生不逢时，生在一个因为这样的思想就会被处死的年代。

在20世纪，天文学家明白别的行星也能和地球一样存在生命，只要这些行星的轨道在其主恒星的“宜居带”——一片既不太近以致水全部蒸发，也不太远以致水全结成冰的区域——之内。毫无疑问，我们所知的生命都需要液态水，但是大家也还假定生命同样需要星光作为能量的终极来源。

接着人们发现，在外太阳系的其他天体之中，木星的卫星木卫一和木卫二还有太阳以外的能源提供热量。木卫一是太阳系里火山活动最频繁的天体，火山向大气层喷射带有硫黄的气体，熔岩四处流淌。而对木卫二，几乎可以肯定在它的冰壳下面存在数十亿年古老的由液态水构成的深邃海洋。木星的潮汐力给两个卫星星体施以重压，向它们内部注入能量，使冰川融化，造就了不依赖太阳能量就可维持生命生存的环境。

即使是在地球上，这也是可能的，数种统称为嗜极生物的新生物体能在人类无法生存的环境里生息繁衍。宜居带的概念其实混合了一种最初的偏见：室温对生命才是有利的。但是某些生物就是喜欢数百摄氏度的热水浴，室温对它们来说才是彻头彻尾的灾难。对它们而言，人类才是嗜极生物。地球上许多原先被认为无法生存的地方是它们的家：死谷的谷底，大洋海底的烟囱、核废料场等。 84

了解到生命能够出现在比先前的想象更多的地方，宇宙生物学家已经扩展了早先较严格的宜居带概念。现在我们知道，那样的区域必须考虑新发现微生物的耐力，以及能够维持它生存的能源之范围。另外，就像布鲁诺和其他人猜想的那样，得到确认的系外行星的数量持续飞速增长，现在已经超过150颗，都是近10年左右才发现的。

我们又重新认定生命无处不在，就像我们的祖先想象的那样。但是现在我们不会因此而牺牲，并且新知识已经告诉我们生命相当坚韧，宜居带应该和宇宙一样宽广。

8.太阳系里的流浪者

85

数百年间，我们在宇宙里的邻居从没有变过，它们是太阳、恒星、行星、少数几个行星的卫星和彗星。尽管增加了一两颗行星，但整个体系的基本组成没有变化。

但是，1801年的元旦那天，一个新的类别出现了：小行星。这个名字是1802年英国天文学家约翰·赫歇耳爵士（Sir John Herschel）起的，他是天王星的发现者威廉·赫歇耳爵士的儿子。在之后的两个世纪里，随着天文学家发现许多此类“流浪者”，并确定它们巡回的区域、评估它们的成分、估算它们的尺寸、绘制它们的形状、计算它们的轨道、派探测器登陆它们，太阳系的家谱里充满了小行星的数据、照片和生命史。一些研究人员也提出，小行星是彗星甚至行星卫星的“亲戚”。与此同时，一些天体物理学家和工程师正在寻找使那些体积较大的不速之客改变方向的方法。

86

要了解太阳系里的这些小天体，首先得研究那些大的，特别是那些行星。1977年普鲁士天文学家戴维 · 提丢斯（Johann Daniel Titius）提出一个相当简单的数学公式，以描述一个关于行星的奇怪事实。几年之后，提丢斯的同行约翰 · 波得（Johann Elert Bode）在未提及提丢斯贡献的情况下，开始宣传这一公式。现在，这个公式常被称为提丢斯-波得定律，或者甚至完全抹去提丢斯的贡献，称为波得定律。他们的简便公式能相当准确地估算出行星与太阳间的距离，至少对当时已知的几颗行星是这样：水星、金星、地球、火星、木星和土星。1781年，已经广为人知的提丢斯-波得定律事实上还引导人们发现了太阳的第七颗行星天王星[1]，真的很厉害。所以，这个定律要么是个巧合，要么就是它体现了恒星系统里的某些基本规律。

不过，它也不是非常完美。

问题一：你要稍微作点小弊，在该代入1.5的地方换成0，才能得到水星的正确距离。问题二：第八颗行星海王星的实际距离比公式预

1. 原书中作者误作海王星。—— 译者注

测值近得多[1]。问题三：一些人坚持称为第九颗行星的冥王星[2]以及它附近的其他天体都已不在计算范围之内。

这个定律预测在火星和木星之间——距离太阳大约2.8天文单位[3]处——有一颗行星。受到在提丢斯-波得定律预测的距离附近发现天王星的鼓舞，18世纪末的天文学家们觉得查看一下2.8天文单位附近的区域应该是个不错的主意。果然，不出所料，1801年元旦那天，巴勒莫天文台的创立者、意大利天文学家朱森皮·皮亚齐（Giuseppe Piazzi）在那里发现了一些东西。随后它消失在太阳的光辉里，但是整整一年之后，借助德国数学家卡尔·弗雷德里希·高斯（Carl Friedrich Gauss）的天才计算，那个新的天体在另一个天区被重新找到了。大家都很兴奋：数学和望远镜的胜利导致了一颗新行星的发现。皮亚齐依照以罗马神话中神的名字为行星命名的传统，以谷物女神的名字给它取名为谷神星。

但是当天文学家更仔细地观察谷神星，并且计算它的轨道、距离和亮度后，发现这颗新"行星"实在是太小了。随后的几年里，在同一区域又发现了另外3颗极小的行星——智神星、婚神星和灶神星。经过几十年，赫歇耳发明的"小行星"（asteroid，字面意思是"星状的"天体）一词最终得以普及，因为在当时的望远镜里看起来，这些新发现的天体并不像行星那样像个盘子，而是和恒星没什么两样，只不过它们会移动罢了。进一步的观测发现了更多的小行星，到19世纪结束

1. 原书中作者把实际值和预测值搞反了。——译者注
2. 在纽约罗斯地球与太空中心设置的展览里，我们把冰冻的冥王星当作"彗星王"之一，相比"微小的行星"，冥王星肯定更欣赏这个响亮的名字。
3. 天文单位（astronomical unit，缩写AU）代表地球到太阳的平均距离。

的时候，已经在距离太阳2.8天文单位附近的狭窄空间内发现了464颗小行星。由于小行星分布的狭窄空间是一个相对平坦的条带，而且也不像蜜蜂围绕蜂巢那样分散在太阳的各个方向，所以这个区域就被人们称为小行星带。

迄今为止，已有十多万颗小行星编录在册，同时每年都有数百颗被新发现。据估计，尺寸超过半英里见方的小行星就有超过100万颗。就世人所知，尽管罗马的神们社会生活复杂，但是他们也没有1万个朋友，所以天文学家不得不放弃传统的命名方法。因此，现在小行星可以用演员、画家、哲学家、剧作家、城市、国家、恐龙、花草、四季乃至五花八门的事物的名字来命名。甚至也有用普通人的名字命名的。哈里特、乔安和拉尔夫各有1颗，它们是1744号哈里特、2316号乔安以及5051号拉尔夫，数字代表小行星轨道获得正式确认的顺序。加拿大裔天文爱好者大卫·列维（David H. Levy）[1]是彗星搜寻者的偶像，但是他也发现了许多小行星。在我们专门为了普及宇宙知识而耗资2.4亿美元建造的罗斯地球与太空中心开幕后不久，他非常客气地以我的名字命名了1颗由他发现的小行星——13123号泰森。列维的心意令我非常感动。很快我拿到了13123号泰森的轨道数据，数据显示它位于小行星带的主带内，在其他小行星中间穿行。它的轨道和地球轨道没有交集，避免了给地球生命带来灭顶之灾的风险。听到这样的消息还是挺不错的。

只有谷神星——最大的小行星，直径大约有950千米——是球

---

1. 大卫·列维（David H.Levy，1948—）是一位加拿大天文学家和科学作家。因为在1993年发现舒梅克－李维9号彗星而闻名。该彗星在1994年7月撞击木星。——译者注

形的。其他小行星都是小得多的不规则碎片，形如狗骨头和爱达荷马铃薯。奇怪的是，谷神星的质量就占了所有小行星总质量的1/4。如果把所有足够大看得见的小行星的质量加在一起，再加上所有根据数据可以推算出的更小的小行星的质量，也比不上一颗行星的质量。总质量只有月球质量的5%。所以，提丢斯-波得定律预测2.8天文单位处潜藏着一颗活跃行星，看来有点夸大其词。

大多数小行星完全由岩石构成，但也有一些完全由金属构成，另一些则是两者的混合。大多数位于常说的主带，也就是火星和木星之间的区域。小行星通常被认为是由太阳系最初期残留下来、未并入行星的物质构成。但这个解释并不完整，无法解释一些纯金属小行星的成因。要查明原因，首先应研究太阳系里较大天体的成因。

行星是由多元素恒星爆炸后四散的残留物形成的、包含气体和尘埃的云团凝结而成。坍缩的云团形成原行星——一个固态块状物，随着附着的物质越来越多，它的温度也越来越高。较大的原行星会发生两个变化。一、块状物的形状逐渐变成球形；二、内部的热量使原行星熔化，重的物质（主要是铁，还有混于其中的部分镍和少量钴、金、铀等金属）沉到正在长大的原行星的中心。同时，更多的普通轻物质（氢、碳、氧、硅）浮到表层。地质学家（他们最不怕长而繁琐的单词）称这个过程为“分异作用”。因此，像地球、火星或金星等分异后的行星，内核是金属，幔层和外壳主要是岩石，体积也比内核大得多。

89

行星冷却后，如果遭到摧毁（比方说，撞上其他行星），两者的碎片继续在与碰撞前天体的原始轨道大致相同的轨道上围绕太阳运转。

大部分碎片是岩石，因为它们来自两个已分异天体的厚厚的外层岩石圈，少数碎片是纯粹的金属。事实上，这正是实际小行星的观测结果。而且，一大块铁不可能是在星际空间里产生的，因为组成铁块的单个铁原子原本分散在形成行星的气体云里，而气体云里大部分是氢和氦。要凝聚铁原子，液态星体必须先分异。

但是，太阳系的天文学家是如何知道大部分主带小行星是石质的？又或，他们到底是如何知道这一切的？主要的指标是小行星反射光的能力，即反照率。小行星本身不发光，它们只吸收和反射太阳光。1744哈里特反射或吸收红外线吗？可见光呢？紫外线呢？不同的物质吸收和反射不同频带的光。如果你（像天体物理学家那样）十分熟悉太阳光谱，又如果你（像天体物理学家那样）仔细观察某颗小行星反射的阳光，那么你就能明白原来的阳光发生了什么变化，并且分辨出小行星表层的物质成分。从物质成分，你能判断出有多少光线被反射，继而判断出距离，再从距离估算出小行星的大小。最终你或许可以解释为什么天空中的某颗小行星看起来很明亮：它可能很灰暗，但是体积很大；也可能体积很小，但是反射很强；又或者介于两者之间。不知道成分，你不可能单凭它的亮度知晓答案。

光谱分析最初引申出一种简单的三分法，将小行星分成富碳的C型小行星，富硅的S型小行星，以及富金属的M型小行星。但是更精密的测量已经产生了更多的分类，每个字母表示小行星成分中重要的细微差别，以说明小行星的多重来源，而不是破碎的单个行星。

如果你知道一颗小行星的成分，那你就有点把握知道它的密度。

奇怪的是，根据有些小行星体积和质量的测量结果计算出的密度小于岩石的密度。一种合乎逻辑的解释是，这些小行星并非固态。还有什么可能混杂在里面？或许是冰？不像。小行星带离太阳足够近，任何种类的冰（水的、氨的、二氧化碳的）——所有那些密度小于岩石的——早都就被太阳的热量蒸发殆尽了。或许混入的只是空洞，和碎石块一起飞行。

最早支持这个设想的观测结果出现在56千米长的小行星艾达的影像里。照片是由伽利略号太空探测器在1993年8月28日飞越它时拍摄的。半年后，距艾达中心97千米处出现了一个斑点，经证实为一颗1.6千米宽的卵形卫星！它被命名为达克太，是人类观察到的第一颗小行星卫星。卫星很稀有吗？如果小行星能有一颗卫星，还能有2颗、10颗或是100颗吗？换个角度说，会不会有些小行星就是一堆石头？

答案是非常肯定的。有些天体物理学家甚至会说，这些已经正式命名了的“碎石堆”（天体物理学家又一次倾向核心而非冗长的多音节词）可能相当普遍。最极端的例子之一是灵神星。它的直径约240千米，能反光，说明表面是金属。但根据估算的整体密度判断，可能其内部70%以上的体积都是空的。

当你研究位于主带之外的天体时，很快就会接触到太阳系的其他“流浪者”：越地杀手小行星、彗星以及无数的行星卫星。彗星是宇宙里的雪球，通常不超过数千米宽。它们由冻结的气体、冰、灰尘和其他各种颗粒组成。事实上，它们可能只是裹着一层永远不会蒸发完的冰壳的小行星。某个碎片是小行星还是彗星的问题可能完全看它形成的位置和飞行路线。在牛顿1687年出版《自然哲学的数学原理》提出万有引力定律之前，没有人知道彗星存在并运行于行星之间，以极扁的轨道周期性穿过太阳系。在太阳系边缘（柯伊伯带或更远）形成的冰冻碎片始终被冰包裹，如果沿着典型的椭圆轨道向太阳飞行，当它飞到木星轨道以内时，会出现由蒸发的水汽和其他挥发性气体组成的稀薄而醒目的痕迹。多次（可能达到数百次甚至数千次）进入内太阳系之后，彗星里的冰最终损失殆尽，只剩下岩石。事实上，有些（如果不是全部的话）越地小行星可能就是“过气”的彗星，是它们残留的固态核。

92

所以就有了陨石，也就是撞入地球的宇宙碎片。大多数陨石和小行星一样是石质的，偶尔也有金属的，这显然说明它们来自小行星带。行星地质学家研究了日益增多的已知小行星，逐渐认识到并非所有轨道都在主带之内。

正如好莱坞电影喜欢提醒我们的，有一天可能有小行星（或彗星）和地球相撞，但这种可能从来没有被当真，直到1963年天体地质学家尤金·苏梅克（Eugene M. Shoemaker）明确证明位于美国亚利桑那州温斯洛附近、已有5万年历史的巴林杰陨石坑只可能出自陨石的撞击，不可能是由于火山作用或者是其他地球的地质活动而形成。

我们在第6篇里将会看到，苏梅克的发现激起了人们对小行星与地球轨道交叠的新一波好奇心。20世纪90年代，空间研究机构开始跟踪近地天体，也就是美国国家航空航天局所定义的那些轨道“允许它们接近地球”的彗星和小行星。

木星在比它更远的小行星和彗星的生活中扮演着重要角色。木星与太阳的引力平衡造成一群小行星聚集在木星轨道上超前木星60度处附近，同样后60度附近也有一群，分别和木星以及太阳形成等边三角形。如果做一下几何计算，就会发现它们与木星和太阳的距离都是5.2天文单位。这些被俘获的天体就是特洛伊小行星，它们所在位置的正式名称是拉格朗日点。下一篇里我们会看到，这些区域的作用就像牵引光束，紧紧抓住那些想要飘走的小行星。

木星还使得许多朝向地球的彗星改变了方向。大多数彗星位于从冥王星轨道开始向外延伸到远处的柯伊伯带上。但是，所有敢从木星身边经过的彗星都会被猛地拉到别的方向上。要不是木星的保护，地球被彗星撞击的机会要多得多。奥尔特云是位于太阳系极外层的庞大彗星群，以最先提出该云存在的丹麦天文学家简·奥尔特（Jan Oort）的名字命名。事实上，人们普遍认为奥尔特云是由被木星驱往四处的柯伊伯带彗星所组成。而奥尔特云彗星的轨道一直延伸到太阳与最近恒星距离的一半远处。

行星的卫星又如何呢？有些看起来像是被捕获的小行星，比如又小又暗、像马铃薯似的火星卫星火卫一和火卫二。但是木星有好几颗冰冻的卫星，该当作彗星吗？还有，冥王星的卫星卡戎比它自己小不了多少，而且两者都是冰冻的。所以或许它们应该被看作双彗星。我相信它们都不会介意的。

宇宙飞船已经探索了十多颗彗星和小行星。最早执行此任务的是大小和汽车差不多、看上去像个机器人的美国飞船会NEAR-舒梅克号（NEAR-Shoemaker，NEAR是“近地小行星会合”的英文首字母缩写），它访问了小行星爱神星，时间特意定在2001年的情人节之前。它以每小时6.4千米的速度落地，出人意料地，仪器完好无损，其后两周一直在发回数据，令行星地质学家有信心认为，33千米宽的爱神星是一颗未分异的完整天体，而不是一个碎石堆。

野心勃勃的后续任务包括星尘号。它从慧发或尘云中穿过，环绕彗核利用所携的气凝胶滤网收集一些微粒。此次任务的目标非常简单，就是研究彗星里有哪些种类的太空尘埃，并在不破坏的情况下收集那些颗粒。为了达成目标，美国国家航空航天局使用了一种叫作气凝胶的神奇物质，可以说是人类发明的最接近幽灵的东西。它是一种干燥的海绵状硅，其中99.8%都是空气。当颗粒以超音速撞进去时，它能[94]完整地钻进去并慢慢停下来。如果你打算用棒球手套或是其他材料让同样的灰尘停下来，高速灰尘会撞进表面，然后立刻停下并蒸发掉。

欧洲航天局也在外太空探索彗星和小行星。罗塞塔号飞船在12年的任务中将用两年的时间探索一颗彗星，到从未有过的近距离上收集更多信息，然后再转移到主小行星带上对几颗小行星进行研究。

和这些漫游者的接触，都是为了搜集专门信息，以了解太阳系的形成和演化，了解太阳系里的天体种类，了解有机分子在撞击中传播到地球的可能性，或是了解近地天体的大小、形状和硬度。而且，深入了解与你描述对象的熟练程度无关，而是与那对象与已知知识以及最新知识前沿的关联程度有关。对太阳系来说，最新知识前沿就是对其他恒星系统的搜寻。科学家下一步想做的就是比较我们和太阳系外的行星和漫游者有什么相似点。只有这样我们才能知道我们生活的家园正常与不正常。

9.五个拉格朗日点

95

第一个离开地球轨道的载人飞船是“阿波罗8号”。这一成就至今依然是20世纪最非凡、但也最不知名的创举之一。那时，航天员点燃了强大的土星5号火箭的三级和末级发动机，迅速推着指令舱和3名航天员加速到接近11千米每秒的速度。而之前，到月球所需能量的一半已经用在进入地球轨道上了。

第三级发动机烧完之后，除了中途需要调整轨道以保证不错过月球之外，就不再需要发动机了。近40万千米的航行中，有90%的旅程，指令舱都因受到地球引力的反向牵引（不过越来越弱）而越来越慢。同时，由于靠近了月球，月球的引力越来越强。所以，途中必定存在一个位置，月球和地球的引力在那里正好平衡。当指令舱飞过那点以后，速度再度变快，加速飞向月球。

如果引力是唯一需要考虑的力，那这点就是地-月系统里反向力完全抵消的唯一位置。但是地球和月球同时还围绕着位于地心和月心连线上地表下约1600千米处的共同引力中心旋转。当物体绕圈时，不论速度和圈的大小，都会产生把物体向远离圈中心方向推的新力。如果你开车做急转弯，或者在游乐场里玩旋转类游戏，你都会感觉到这种“离心”力。在游乐场那些令人眩晕的游戏里，比较经典的就是让你背靠墙站在一个大圆盘的边上，随着整个装置开始旋转并且越来

96

越快，你会感觉到有越来越强的力把你钉在墙上。达到急速时，你根本无法移动。这时你脚下的地板被抽掉，整个装置都倾斜并翻转过来。我小时候玩这类游戏时，力量大到几乎连手指都无法移动，和身体的其他部分一起被粘在墙上。

如果你感到反胃并且把头扭向旁边，呕吐物会沿着切线方向飞出去，或者粘在墙上。更糟的是，如果你不转脑袋，由于离心力极强，呕吐物在你嘴里吐都吐不出来。（回想起来，我之后再也没有在任何地方见到这种游艺项目，我怀疑是不是被禁止了。）

离心力的产生只是因为运动物体有保持直线运动的趋势，所以并不是真正的力，但是计算的时候可以当它们存在。当你这么算的时候，就像18世纪法国天才的数学家约瑟夫·拉格朗日（Joseph-Louis [97] Lagrange，1736—1813）做的一样，你会在旋转的地–月系统里找到地球引力、月球引力和离心力完全抵消的点。这些特殊的位置就是拉格朗日点，有5个。

第一个拉格朗日点（简称L1）在地球和月球中间，比纯引力平衡点略偏向地球。放在那里的任何物体都能以和月球相同的周期围绕地–月引力中心旋转，看上去就像是固定在地–月连线上。虽然在第一拉格朗日点所有力是平衡的，但它是不稳定的平衡。如果物体向侧向任何方向偏离，三股力的共同作用都会使它返回原先的位置。但是如果物体朝向或背向地球偏移，即使非常微小，都会直接落向地球或月球，就像山尖上刚好平衡的一颗弹球，只要有丝毫偏离就会往山的一边或另一边滚落。

第二和第三拉格朗日点（L2和L3）也在地-月连线上，但是L2远在月球外侧，L3相反，在地球的外侧。三股力——地球引力、月球引力和旋转系统的离心力——依然同时抵消。同样，位于这两点的物体也会以和月球相同的周期环绕地-月引力中心旋转。

象征L2和L3的引力山顶比象征L1的山顶要宽得多。所以如果你发现自己正飘向地球或月球，只需消耗一丁点燃料就可以让你回到原位。

如果说L1、L2和L3是挺好的位置，那L4和L5就是当之无愧的最佳拉格朗日点。它们一个在地-月连线的左侧远处，一个在右侧远处，分别和地球与月球构成等边三角形，它们各是一个顶点，地球和月球是另两个顶点。

和在前三个点处一样，在L4和L5处所有力是平衡的。但是与其他仅是非稳定平衡的拉格朗日点不同，L4和L5处的平衡是稳定的。不管向哪个方向倾斜和漂移，力都会阻止你继续倾斜，就像待在一个四面环山的山谷里一样。

对于每个拉格朗日点，如果物体不是正好处于所有力完全抵消的位置上，它的位置就会围绕平衡点来回振荡，其路径称为天平动（libration）。（可别和地面上因饮酒而头昏脑胀的特殊点搞混了。）天平动就好比一个球从山上滚下来冲过谷底，然后来回摆动的情况。

L4和L5不单是轨道上的奇特点，也是可以建造太空殖民地的特殊位置。你所要做的只是把建筑材料运到那里（不仅从地球开采，或许也可以从月球或小行星上开采）然后返回去装更多的材料，而不用担心放在那里的材料会飘走。待所有材料都运到这个零重力环境后，你可以建造一个巨大的空间站（数十千米宽），而建筑材料承受的压力非常小。通过旋转空间站产生的离心力能够为数百（或数千）居民模拟出重力的效果。1975年8月，天文爱好者基思（Keith）和卡罗林·汉森（Carolyn Henson）专门为此而建立了“L5协会”，不过这个协会被人记住是因为它与普林斯顿大学物理学教授兼太空幻想家杰瑞德·欧尼尔（Gerard K. O' Neill）之间的共鸣。欧尼尔在其作品中，如1976年的经典《高边疆：人类太空殖民》，提出了太空殖民的设想。L5协会的指导原则是：“在L5举办的大会上解散协会”，地点应该是在某个太空居住点，从而可以宣布“任务完成”。1987年4月，L5协会与美国全国太空学会合并为美国全国太空协会，该协会至今仍在运作。

在平动点上放置大型结构的想法早在1961年就出现在亚瑟·查理斯·克拉克（Arthur C. Clarke）[1]的小说《月尘如月》里。克拉克对特殊轨道可不陌生。1945年，在一份4页的手打备忘录上，他首次计算了地球上空卫星周期与地球自转周期完全吻合的位置。处于那个轨道上的卫星看起来就像悬浮在地面上空，是理想的洲际无线通信中继站。如今，数百颗通信卫星正在做这样的工作。

这个神奇的地方在哪？它不是低地球轨道。位于低地球轨道上的物体，例如哈勃太空望远镜和国际空间站，绕地球1圈需要大约90分

99

1. 亚瑟·查理斯·克拉克是英国知名作家、发明家，尤其以科幻小说著称，与艾萨克·阿西莫夫、罗伯特·海因莱茵并称为20世纪三大科幻小说家。——译者注

钟。而像月球那么远的物体需要大约1个月。逻辑上，肯定有个介于两者之间的距离，那里的轨道周期为24小时。它就位于地表35 900千米上空。

事实上，旋转的地–月系统并没有什么特别。旋转的日–地系统也有五个拉格朗日点。日–地系统的L2点更是天体物理卫星的宠儿。日–地系统的拉格朗日点每一地球年绕日–地系统的引力中心转一圈。在太阳的相反方向上，离地球160万千米远处，L2点上的望远镜能够24小时不间断地观测整个夜空，因为地球已经小得微不足道了。相反，从低地球轨道，也就是哈勃望远镜的位置看起来，地球又近又大，几乎挡住了一半视野。威尔金森微波各向异性探测器［以已故普林斯顿大学物理学家、该项目合作者戴维·威尔金森（David Wilkinson）的名字命名］于2002年到达日–地系统的L2点，数年间一直忙于搜集宇宙微波背景（大爆炸无所不在的痕迹）的数据。日–地系统L2区的山尖比地–月系统L2的更宽更平。尽管只保留了10%的燃料，但也已经足够这个太空探测器在这个不稳定平衡点附近待上近一个世纪。

詹姆斯韦伯太空望远镜以20世纪60年代美国国家航空航天局前任局长的名字命名，美国国家航空航天局现在计划以它作为哈勃望远镜的继任者。它也将在日–地系统的L2点上运行。即使在它到达以后，那里仍有足够的空间（数万平方千米）安置更多的卫星。

美国国家航空航天局另一颗热爱拉格朗日点的卫星叫“起源号”，它在日–地系统的L1点附近摆动。在该系统里，L1点位于地球上空朝向太阳方向160万千米处。有两年半的时间，起源号面对太阳收集最纯净的太阳物质，包括来自太阳风的原子和分子。收集到的材料将会被送回地球，在犹他州上空进行空中回收，让人研究其组成成分，就像星尘号将其收集到的彗星尘埃送回地球一样。“起源号”为我们提供了一个研究原始太阳星云的窗口，太阳和行星就形成于此。离开L1点后，返回样本绕着L2点绕圈，以在返回地球前确定它的轨道。

由于L4和L5点是稳定的平衡点，有人可能认为太空垃圾会在此附近聚集，使得在那里工作非常危险。事实上，拉格朗日曾预见到在引力强大的日-木系统的L4和L5点会找到太空碎片。一个世纪之后，1905年，发现了第一颗特洛伊小行星。现在我们知道，在日-木系统的L4和L5点上，成千上万颗小行星在木星前后以相同的周期绕着太阳运转。就像被牵引光束拽着一样，这些小行星永远被日-木系统的引力和离心力控制着。当然，我们也预计太空垃圾会在日-地系统和地-月系统的L4与L5点积累。确实如此，但远比不上日-木系统中的规模。

作为一项重要的附加优点，从拉格朗日点出发的行星际轨道只需要非常少的燃料就可以到达其他拉格朗日点，甚至是其他行星。从行星表面发射时，大多数燃料消耗在飞离地面的过程中，与此不同，从拉格朗日点发射就像船驶离干船坞，只要一点燃料就可以轻轻地漂入海洋。在现代，我们与其考虑建立可以自持的拉格朗日殖民地和农场，还不如考虑把拉格朗日点作为进入太阳系其他部分的通道。从日-地系统的拉格朗日点出发去火星要省一半费用，这不是以距离或时间，而是以极其重要的燃料消耗来衡量的。

在未来太空拓展的一种设想里，人们想象太阳系里每个拉格朗日点都有燃料站，在去其他行星探亲访友的路上，旅行者可以去那里给火箭注满燃料。这种旅行模式，不管听起来有多超前，并不是完全的牵强。如果美国各地不是布满加油站的话，你的汽车得有土星5号火箭那样的比例才能横跨美国：汽车体积和质量的大部分都得是燃料，主要用于运送横跨美国途中将要被消耗的燃料。在地球上我们不会这样旅行，或许我们也不该再用这种方式穿梭太空了。 [101]

10.反物质真重要 [102]

粒子物理是我认为物理学里术语最滑稽的一门学科。还有什么学科里会出现反 μ 子和 μ 中微子交换中性矢量玻色子？又或者是奇夸克和粲夸克交换胶子？伴随着这些似乎数不尽的有着古怪名字的粒子，是一个由统称反物质的各类反粒子组成的平行世界。尽管它们一直出现在科幻小说里，但反物质绝非虚构。没错，它碰到普通物质时确实会相互湮没。

宇宙记录了反粒子和粒子间的特殊浪漫故事。它们能从纯能量中同生，也能一同死亡（湮没），共同的质量又转化回能量。1932年，美国物理学家卡尔·戴维·安德森（Carl David Anderson）发现了正电子，即带正电荷的电子，它是普通带负电荷电子的反粒子。自那时起，世界各地的粒子加速器就经常制造出形形色色的反粒子。不过，直到最近反粒子才被组合成完整的原子。位于德国尤利西（Jülich）的核物理研究所的沃尔特·奥勒特（Walter Oelert）所领导的国际小组制造出由一个正电子和一个反质子组成的原子，也就是反氢原子。这些最先创 [103]

造出来的反原子是在位于瑞士日内瓦的欧洲核子研究组织（大多数人熟悉的是它的法文缩写CERN，许多现代粒子物理领域的重要贡献都诞生于此）的粒子加速器上制造出来的。

方法很简单：制造一束正电子和一束反质子，在合适的温度和密度下将它们放到一起，然后期待它们结合产生原子。在第一轮实验中，奥勒特的团队制造出9个反氢原子。但在普通物质主宰的世界里，反物质原子的寿命是不稳定的。那些反氢原子只存在了不到40纳秒（1秒的400亿分之一）就和普通原子湮没了。

正电子的发现是理论物理学的重大胜利，因为英国裔物理学家保罗·阿德利安·莫里斯·狄拉克（Paul A. M. Dirac）在发现的前几年就已经预言了它的存在。在他列出的电子能量方程里，狄拉克找到了两组解：一组正的，一组负的。正解对应于普通电子的属性，但负解一开始却难以解释，和现实世界没有明显的对应。

双解的方程并不罕见。最简单的例子就是以下问题的答案："什么数的平方等于9？"是3还是-3？答案当然是两个都是，因为有3×3=9和（-3）×（-3）=9。方程并不保证它们的解与现实世界中的事件相对应，但是，如果一个物理现象的数学模型正确，那么改变方程就和改变整个宇宙一样有效（还容易得多）。如狄拉克和反物质的事例中所见，那样的步骤经常得到可证实的预测，但是如果预测无法被证实，那这样的理论必须抛弃。不管物理上的结果，数学模型起码能证明你得到的结论是合乎逻辑且能自圆其说的。

量子论，即量子物理学，发展于20世纪20年代，是物理学中描述原子及亚原子尺度物质的分支。运用新建立的量子理论，狄拉克假定来自“另一边”的幽灵电子偶尔可能会冲进这个世界成为普通电子，这样就在负能量之海里留下一个洞。狄拉克认为实验会证明这个洞是一个带正电的电子，也就是正电子。 104

亚原子粒子有许多可测量的特征。如果某种特殊属性可以有相反的值，那么反粒子就会有相反值，而其他属性都一样。最明显的粒子就是电荷：除了正电子带正电荷而电子带负电荷以外，正电子和电子一样。类似的，反质子是带相反电荷的质子反粒子。

不管你信不信，不带电荷的中子也有反粒子。它叫——你猜对了——反中子。反中子与普通中子带有相反的零电荷。这个算术魔法来源于组成中子的3个带分数电荷的粒子（夸克）的特殊组合。组成中子的夸克所带电荷分别为-1/3，-1/3，+2/3，而反中子里的夸克所带电荷为1/3，1/3，-2/3。每个组合加在一起得到的净电荷都是零，但是如我们所见，对应粒子的电荷都是相反的。

反物质似乎能凭空突然出现。如果一对γ射线光子有足够高的能量，它们能相互作用然后同时转变为电子-正电子对，大量能量经此过程转化为很少的一点物质，正如爱因斯坦1905年提出的著名方程所述：

$$E = mc^2$$

解读为文字就是

$$能量=（质量）\times（光速）^2$$

105 说得更明白点就是

$$能量=（质量）\times（一个很大的数）$$

按狄拉克原始解释里的话，就是γ射线从负能量域里踢出一个电子，创造出一个普通电子和一个电子洞。逆过程也是可能的。如果粒子和反粒子碰撞，它们会湮没，空洞被重新填上并释放出γ射线。γ射线是你应该远离的。想要证明吗？想想漫画人物绿巨人浩克为什么会变得又大又绿又丑的吧。

如果你在家里不知道用什么方法造出了一丁点反粒子，那你立刻就有大麻烦了，因为你的反粒子会和任何你用来装它们的传统袋子（无论是纸的还是塑料的）一同湮没。更聪明的方法是用强磁场来约束带电的反粒子，让磁墙挡住它们。利用真空中的磁场，反粒子就不会和普通物质湮没。当处置其他损伤容器的材料时，例如（受控）核聚变装置里1亿度高温的炽热气体，也得选用这种磁场形成的瓶子做容器。当你制造出完整的（因此也是电中性的）原子时，储存问题才真正浮现，因为它们通常不会被磁墙反弹。所以除非绝对必要，否则最好分开保存你的正电子和反质子。

制造反物质所消耗的能量至少和它们湮没所产生的能量相当。除非你事先给你的飞船装满燃料，否则自生反物质发动机会慢慢地从飞船汲取能量。我不知道《星际迷航》系列电视剧和电影里的人物是否了解这些，不过我似乎记得柯克船长总是要物质－反物质发动机提供“更多能量”，而史考迪（Scotty）[1]总是说“发动机承受不了”。

虽然没有理由会存在不同，但尚未证明反氢的性质和普通氢的性质完全相同。有两件事可以作为验证的明显标志，一是正电子在反质子束缚下的行为细节——它是否遵守量子理论的所有定律？二是反原子的引力强度——它产生的是不是反引力，而非一般的引力？在原子尺度，粒子间的引力小到无法测量。粒子的行为主要受原子力和核力的控制，它们远比引力大得多。你需要足够多的反原子以构成普通大小的物体，这样才可以测量它们的整体性质，并和普通物质做比较。如果用反物质做一套台球（当然还包括台球桌和球杆），反台球游戏和台球游戏会毫无区别吗？反8号球下落的速率和普通8号球会一样吗？反行星围绕反恒星的方式和普通行星围绕普通恒星的方式会一模一样吗？

从哲学角度看，我确信反物质的整体性质将会被证明和普通物质的相应性质相同——正常的引力、正常的碰撞、正常的光、正常的打台球方法，等等。不幸的是，这意味着在一切无法挽回以前，我们无法把正在撞向银河系的反星系和普通星系区分开来。不过这种可怕的命运在宇宙里并不常见，因为，例如，如果一颗反恒星和一颗恒星发生湮没，物质到γ射线的转化将会是非常迅速而完全的。两颗质量与太阳相近的恒星（每颗包含大约10^{57}个粒子）将会变得非常明亮，以至于整个碰撞系统瞬间产生的能量比上千万个星系里所有恒星产生的能

1.《星际迷航》中的人物。史考特（Scott），昵称Scotty，苏格兰人，星联最杰出的轮机长之一。

量总和还要大。宇宙里找不到有说服力的证据证明这样的事件曾经发生过。因此，据我们判断，宇宙由普通物质主宰。换句话说，下次星际旅行的时候不用考虑会发生湮没的安全问题。

107

宇宙仍然处于令人不安的不平衡中：反粒子总是和对应的普通粒子一同被创造出来，然而普通粒子却似乎非常喜欢独自存在。宇宙里是否存在隐藏着的装反物质的口袋，可以解释这种不平衡？早期宇宙里是不是违反了某个物理定律（或是某种未知的物理定律在起作用），而使得天平向物质而不是反物质的方向倾斜？我们可能永远也无法知道这些问题的答案，但是同时，如果有外星人落在你家前院的草坪上，伸出肢体向你做问候的手势，在表示友好之前，先向他扔一颗8号球。如果他的肢体爆炸了，那外星人有可能是反物质做的。如果没有爆炸，那你可以带他去见你的上司了。

第 3 篇
自然之道——自然如何向探究者展现自己

109

11.恒定不变的重要性

111

提到“恒定不变”，读者可能想到婚姻的忠诚或是金融的稳定——或许可能他们会说，变化才是生活中唯一恒定不变的事物。碰巧，宇宙也有自己恒定不变的地方，就是无数次在自然和数学中出现的不变数，它们的确切数值在科学研究中是极其重要的。有一些常数是实在的，来自于实际测量。另一些常数尽管说明了宇宙的运行，但来源于数学本身，只有纯粹的数学意义。

有些常数具有区域性并且适用范围受到限制，只在某个环境下、对某个物体或是对某一小类有效。其余的常数具有根本性和普遍性，与任何地方的空间、时间、物质和能量都相关，因而赋予研究者理解并预测宇宙的过去、当前和未来的能力。科学家们只知道几个基本常数。大多数人所熟知的3个常数是：真空中的光速、牛顿万有引力常数和普朗克常数[量子物理的基础，也是海森伯（Heisenberg）“声名狼藉”的不确定性原理的关键]。其他的普遍性常数还包括各种基本亚原子粒子的电荷和质量。

宇宙中只要出现重复的因果关系，就可能有常数在其中起作用。不过要衡量因果，你必须分清什么可变什么不变，还必须确保，简单的相互关系无论多么诱人，都不会被误认为是原因。20世纪90年代，德国鹳的种群数量增加，同时德国人在家出生的比例也增加，我们应该归因于是鹳送来了婴儿吗[1]？我不这么认为。

112

但是一旦你确信常数存在，而且也测量出它的数值，那你就可以预测尚未被发现或想到的地方、事物和现象。

德国数学家和神秘主义者开普勒最早发现了宇宙中的一个不变物理量。1618年，在搞了10年的神秘主义之后，开普勒发现如果把行星围绕太阳一圈的时间平方，数值总是正比于行星到太阳的平均距离的立方。结果这个神奇的关系不仅适用于太阳系里的行星，还适用于围绕各自星系中心运转的所有恒星，以及围绕各自星系团中心运转的所有星系。你能猜到，但是开普勒却不知道，那是常数在发挥作用：隐藏在开普勒公式里、直到17世纪70年代后才被发现的万有引力常数。

或许你在学校里学到的第一个常数是圆周率——自18世纪起用希腊字符π表示的数学实体。π非常简单，表示圆的周长与直径的比值。换句话说，圆的直径乘以π就是它的周长。π同样在许多普通和特殊的场合出现，包括圆和椭圆的面积、特定实体的体积、摆的运动、弦的振动以及电路分析等。

1. 西方人将鹳视为送子鸟。因为有些鹳筑巢于烟囱上，并且年年都回到原来的巢穴，并且小孩相传就是从烟囱进入家庭的。此外，鹳逐水而居，相传未出世婴儿的灵魂就住在水边。——译者注

π不是整数，而是一个无限不循环小数。如果截取到包含所有阿拉伯数字的长度，π就是3.141 592 653 589 793 238 462 643 383 279 50。无论你生活在什么时代和什么地方，无论你的国籍、年龄或是审美倾向，也无论你的宗教信仰，或是你投民主党还是共和党的票，只要你计算π的值，都会得到同样的答案，这个宇宙里的其他人也都一样。像π这 [113] 样的常数，无论现在、过去或将来，都具有任何世间人事不可匹敌的国际性——这就是为什么当人们和外国人交流时，倾向于用数学这个宇宙通用语言来沟通的原因。

于是我们把π称为“无理数”。你无法用由两个整数构成的分数，例如2/3或18/11，来表示π的精确值。但是最早的数学家不知道有无理数存在，一直以25/8（巴比伦人，约公元前2000年）或256/81（埃及人，约公元前1650年）来代表π。后来，在大约公元前250年，希腊数学家阿基米德（Archimedes）经过艰苦的几何运算，得到了两个而非一个分数，223/71和22/7。阿基米德没有宣布自己找到π的值，但他意识到π的值就介于这两个分数之间。

随着时代的进步，《圣经》里也出现一个相当粗略的π估计值，在描绘所罗门国王墓中装饰的段落里提道：“一个铜海，样式是圆的，径十肘……围三十肘”[《列王记（上）》7:23]。即直径是10个单位，周长30个单位，那么只有π等于3才成立。3000年后，1897年，美国印第安纳州众议院通过了一项法案，宣布今后在印第安纳州“直径和周长的比值是5/4比4”——换句话说，正好3.2。

虽然立法者不懂小数，但伟大的科学家们却一直致力于提高π的精度，其中包括9世纪的伊拉克人花拉子米（Muhammad ibn Musa al-Khwarizmi，其名字永存于“算法”一词中）[1]，甚至还有牛顿。当然，电子计算机的出现使π值的计算获得了突破。到了21世纪初，π的已知位数已超过1万亿位，远远超出实际应用的需要，只对研究π的数字序列是否永远随机有意义。

114

在牛顿的贡献中，π的计算远不如他的3个运动定律和万有引力定律来得重要。这4个定律最早见于牛顿1687年出版的巨著《自然哲学的数学原理》，简称《原理》。

在牛顿的《原理》之前，（研究当时的力学、后来的物理学的）科学家们总是简单地描述他们看到的东西，然后希望下次再发生同样的事情。但是有了牛顿运动定律，他们就能够描述各种情况下力、质量和加速度的关系。可预测性从此进入了科学，也进入了生活之中。

与牛顿第一和第三定律不同，牛顿第二运动定律是一个方程：

$$F=ma$$

用文字表述就是，对质量为m的物体施加一个净力F，将使该物体产

---

1. 花拉子米生于约780年，卒于约850年，数学、天文学和地理学家。在数学方面，花拉子米编著了两部传世之作：《代数学》（拉丁名*al-Kitab al-mukhtasar fi hisab al-jabr wa' l-muqabala*）和《印度的计算术》（拉丁名*Algoritmi de numero Indorum*）。《代数学》的书名后来演变为“al-jabr”，亦即英语中的“algebra”，意思就是“代数学”。花拉子米在该书中保留和发展了丢番图（Diophantus）的数学，首先给出了二次方程的一般解法。《印度的计算术》书名中“Algoritmi”一词本是译者翻译的花拉子米的拉丁文名字，但被人们误认为是一个复数形式的拉丁文单词，由此演化成英语中的“algorithm”，即“算法”一词。——译者注

生加速度a。再简单一点就是，大的力产生大的加速度，而且它们以一致的步调变化：在物体上施加双倍的力，产生的加速度也加倍。物体的质量成为方程中的常数，令你可以计算出施加特定的力所能产生的确切加速度。

但是如果物体的质量不是常数呢？火箭发射后质量一直在减小，直到燃料烧完。现在，权当说笑啊，即使你不增加或减少材料，物体的质量也会变。那就是爱因斯坦狭义相对论里会发生的情况。在牛顿宇宙里，每个物体的质量永远不会改变。相反，在爱因斯坦的相对论宇宙里，物体有一个不变的“静止质量”（和牛顿方程中的质量相当），还会因速度不同而增加相应的质量。原因是当你在爱因斯坦宇宙里加速一个物体的时候，它会抵抗加速度的增加，表现为方程中物体质量的增加。牛顿不可能知道这些“相对论”效应，因为它们只在物体速度与光速可比时才会明显表现出来。对爱因斯坦而言，这些效应意味着其他一些常数在发生作用：光速——一个值得单独开篇讨论的主题。

115

如许多物理定律一样，牛顿运动定律既清楚又简单。万有引力定律稍微复杂一些，描述了两个物体间的引力大小——不管是炮弹与地球之间，还是月球与地球之间，抑或是两个原子、两个星系之间——仅取决于两者的质量和两者间的距离。更精确点，引力与一个物体质量和另一物体质量的乘积成正比，与两者间距离的平方成反比。这些比例关系从深层揭示了自然的运作方式：如果两个物体在某个距离上的引力是F，那么两倍距离处的引力就是$F/4$，3倍距离处的引力就是$F/9$。

不过单凭自身信息还不足以计算引力的确切数值，关系中还需要一个常数——这里的常数就是引力常数G，也有人亲切地称它为“大G”。

发现距离和质量间的对应关系是牛顿诸多智慧的洞察之一，但是他没有办法测量G的数值。因为要测量G值，他必须知道方程里其余的每一个数值，这样才能确定G。然而，在牛顿的时代，你不可能知道整个方程。虽然你可以很容易地测量两颗炮弹的质量以及它们之间的距离，但是它们间的引力实在是太小了，没有仪器可以测量到。你可以测量地球和炮弹之间的引力，但是你没法测量地球的质量。直到《原理》出版后一个多世纪的1798年，英国化学家兼物理学家亨利·卡文迪什（Henry Cavendish）才找到了一种测量G值的可靠方法。[116]

为了进行他的著名测量实验，卡文迪什利用了一种仪器，其主要结构是一对直径5厘米的铅球组成的哑铃状结构。一条垂直的细线从哑铃中央把它悬吊起来，使得它可以前后扭转。卡文迪什把整个装置放在一个气密的容器里，在容器外的对角线位置放了两个直径30厘米的铅球。外部铅球的引力会牵动哑铃，并使悬线扭转。卡文迪什获得的最佳G值仅有4位有效数字，以米^3/（千克·秒^2）为单位，数值是0.000 000 000 067 54。

提出好的仪器设计可不简单。引力是非常弱的力，任何事物，哪怕是实验箱里的轻微气流都会掩盖实验中引力的信号。19世纪末，匈牙利物理学家罗兰·厄特弗西（Loránd Eötvös）利用一种新改进的卡文迪什装置将G的精度稍稍提高了一些。这种实验实在太困难了，即便是在今天，G的数值也不过多了几位而已。最近金斯·冈德拉赫（Jens H. Gundlach）和斯蒂芬·默克维兹（Stephen M. Merkowitz）在美国华盛顿大学重新设计了实验，测得的值是0.000 000 000 066 742。说到引力有多小，就如冈德拉赫和默克维兹所说，他们要测的引力仅相当于一个细菌的重量。

一旦知道了G，你就可以推导出各种东西，比如地球的质量，它曾经是卡文迪什的终极目标。冈德拉赫和默克维兹获得的最好结果大约是5.9722×10^{24}千克，非常接近现代值。

117

过去一个世纪里发现的许多物理常数都与影响亚原子粒子的力有关。控制这个领域的是概率，而不是精确。其中最重要的常数是1900年由德国物理学家普朗克提出的。普朗克常数用字母h代表，是量子力学的根本性发现，但是普朗克提出它的时候却是在进行一项看似普通的研究：物体的温度与它的辐射能量分布之间的关系。

物体的温度直接表征了其振动原子或分子的平均动能。当然，平均之中有些粒子振动地非常快，而有些则相对较慢。这些活动发射出大量光，和发光的粒子一样分布于一段能量带中。当温度足够高的时候，物体变得白炽化。在普朗克的时代，物理学最大的挑战之一就是解释这个光的全部光谱，尤其是能量最高的那些频带。

普朗克的观点是，如果假设能量是量子化的，或者能细分成无法再细分的微小单元“量子”，那就能解释整个辐射光谱。

自从普朗克把h引入他的能谱方程后，普朗克常数就开始到处出现。其中一个能发现h的好地方是对光的量子化解释。光的频率越高，能量越高：γ 射线频率最高，对生物体的伤害最大。无线电波频率最低，每时每刻都在穿过人的身体，但没有伤害。高频辐射能伤害你正[118]是因为它携带了较多的能量。多了多少？和频率成正比。怎么说明成正比的？普朗克常数，h。如果你认为G是很小的比例常数，那再看看目前h最精确的值吧（以基本单位千克 · 米^2/秒计）：

0.000 000 000 000 000 000 000 000 000 000 000 662 606 93。

h在自然界中出现的最有争议、最令人惊异的方式之一就是在1927年德国物理学家海森伯最先提出的所谓不确定性原理里。不确定性原理说明了宇宙中一种不可避免的妥协：对许多成对相关的基本、可变的物理属性——位置和速度，能量和时间——而言，不可能同时精确测量两者的数值。换句话说，如果降低了其中一方（比如位置）的不确定度，那就必须接受相应另一方（速度）的更大偏差。而正是h限制了你所能获得的精度。这个妥协对日常生活中的测量不会产生明显的实际影响，但是如果小到原子尺度，你的身边就随处可见h昂起的意味深长的小脑袋。

这听起来似乎挺矛盾，甚至有悖常理，但是近几十年科学家们一直在寻找常数并非永远不变的证据。1938年，英国物理学家狄拉克提出，包括G在内的不止一个常数可能随着宇宙的年龄增加而减小。事实上，今天仍有许多物理学家在竭尽全力寻找变化的常数。一些在找随时间变化的，而另一些在找随位置变化的，还有一些在研究那些方程在未验证过的领域如何表现。他们迟早会得到实际结果。所以，请保持关注：有关不守恒的新闻说不定会出现哦。

12.速度极限

119

生活中有少数物体的速度能快过飞行的子弹，比如宇宙飞船和超人。但是，没有什么东西的运动速度能快过真空中的光速。没有。虽然光速很快，但也绝不是无限快。由于光有速度，所以天体物理学家知道向宇宙深处看就等于向过去看。估计出准确的光速，我们就能接近宇宙年龄的合理估计。

这些概念并非宇宙独有。没错，当你打开墙上的开关时，不需要等待光到达墙壁。但是，某些早晨当你吃早饭的时候想思考点新鲜的东西时，不妨想想一个事实：你所看到的桌那边的孩子不是他们现在的样子，而是他们大约3纳秒以前的样子。听上去没多少，但是如果把他们放到仙女座星系附近，当你看到他们舀起Cheerios牌燕麦圈的时候，他们的年纪已经超过200万年了。

略去小数位，真空中光速以美国常用单位计是186 282英里/秒（299 792千米/秒）——人们经历数个世纪的艰苦努力才获得如此高精度的数值。不过，早在科学方法和仪器成熟之前，哲学家就已经在思考光的本质：光是眼睛的属性还是从物体发射出来的？它是一束粒子还是波？它是传播来的还是突然出现的？如果它是传播的，有多快？能传多远？

120

公元前5世纪中叶，高瞻远瞩的希腊哲学家、诗人和科学家恩培多克勒（Empedocles of Acragas）怀疑光可能是以可衡量的速度传播。但是全世界都不得不等待伽利略，主张以实验方法获取知识的他通过实验给出了答案。

伽利略在1638年出版的《关于两门新科学的对话》一书中描述实验的步骤。在黑夜里，两个人每人提一只提灯，灯光可以快速地盖住和打开，分开远远站着，但可以看见对方。第一个人迅速地闪一下灯，第二个人一看见闪光就立刻闪自己的灯。在不到1.6千米的距离上只做了一次实验，伽利略就写道：

> 我不能确定对面的灯光是否是立刻出现的；但即便不是即时的，它也是极快的——我应该说它是瞬间的。（Galileo，1638年，第43页）

事实是，伽利略的理由是合理的，但是他站得太靠近助手了，无法计算光束传播的时间，尤其还是用当时那些并不很精确的钟。

几十年后，丹麦天文学家奥利·罗默（Ole Rømer）通过观察木星最内侧的卫星木卫一，稍稍减少了人们的揣测。自从1610年1月伽利略用他的全新望远镜首次捕捉到木星最亮最大的四颗卫星以来，天文学家一直在跟踪木星卫星围绕木星运行的情况。多年的观测已经证明木卫一的平均周期——一段很容易计算的时间，从木卫一消失在木星背后开始，然后重新出现，直到下一次消失前结束——只有大约42.5小时。罗默发现当地球最靠近木星的时候，木卫一比预计时间早

11分钟消失，当地球离木星最远的时候，木卫一比预计时间晚11分钟消失。

罗默解释，木卫一的运行轨道不太可能受地球和木星相对位置的影响，所以这些意外变化一定是光速造成的。22分钟的偏差必定就是光传过地球公转轨道直径所需的时间。根据这个假设，罗默推出光速大约是210 000千米/秒。这个数据和准确值的偏差在30%以内——就第一次估计来说，并不算差，而且比伽利略的“如果不是同时……”准确得多了。

第三任英国皇家天文学家詹姆斯·布拉德雷（James Bradley）令几乎所有关于光速有限的疑虑烟消云散。1725年，布拉德雷对天龙座γ星进行了系统观测，注意到它在天空中的位置会发生季节性的偏移。他花了3年时间去思考这个问题，最终把这种偏移归因于地球的轨道运动和光速有限的共同作用。布拉德雷就这样发现了光行差现象。

想象一下一种比喻：雨天，你坐在车里，困在拥堵的道路上。你很无聊，所以（当然）拿着一支大试管伸出窗外收集雨水。如果没有风，雨是垂直落下来的；为了尽量多收集雨水，你竖直拿着试管。雨滴从试管上端进入，直直地落到管底。

最后道路畅通了，车又可以开得很快。根据经验你知道垂直落下的雨滴现在会斜着在车两侧的窗上滑落。为了有效地收集到雨水，现在你必须让试管和雨滴在窗上滑落的角度一致。车开得越快，这个角度就越大。

122 在这个比喻里，运动的地球就是行进中的汽车，望远镜就是试管，而入射的星光，由于它并非瞬间移动的，所以可以比喻成下落的雨滴。所以为了捕捉到某颗星星发出的光，你必须调整望远镜的角度——对着一个稍微偏离星星在天空中实际位置的方向。布拉德雷的观测或许似乎有点神秘，但他最先确认了——通过直接测量而非推理——两个重要的天文思想：光速有限，以及地球围绕太阳运转。他还提高了光速的测量精度，结果为301 000千米/秒。

到19世纪晚期，物理学家敏锐地意识到光（和声音一样）是以波的形式传播，他们认为，如果传播的声波需要在一种媒质（如空气）里振动，那么光波也需要媒质。否则波怎么穿过真空呢？这种神秘的媒质被命名为"光以太"。于是物理学家迈克耳孙与化学家爱德华·莫雷（Edward W. Morley）合作，开始寻找以太。

早前，迈克耳孙曾经发明了一种叫作干涉仪的仪器。这种仪器把一束光分成两束，以直角射出。每束光都被镜面反射回分束器，在这里两束光重新合在一起等待分析。干涉仪的精度令实验者可以对两束光的速度差异进行非常精细的测量：这是检测以太的最佳设备。迈克耳孙和莫雷想，如果他们让一束光的方向与地球运动的方向一致，另一束光垂直，那么第一束光的速度会与地球在以太里的速度叠加，而第二束光的速度则不会变化。

结果，迈克耳孙和莫雷得到的结果是零。向两个方向传播没有使两束光的速度产生差异，它们同时返回了分束器。地球在以太里的运123 动对测量到的光速完全没有影响。真难堪。既然假设以太能传播光却检测不到，或许它根本不存在。光其实是自我传播的：光在真空里从一个地方传到另一个地方，既不需要媒质，也不需要魔法。所以，随着光速的测量精度迅速提高，光以太作为不可信的科学概念被人们抛弃。

得益于精巧的设计，迈克耳孙进一步完善了光速，结果是300000千米/秒。

从1905年起，有关光的研究越来越令人匪夷所思。那一年，爱因斯坦发表了狭义相对论，把迈克耳孙和莫雷的零结果提升到一个大胆的高度。他宣称，不管光源的速度如何，也不管测量的人速度如何，自由空间里的光速总是一个普遍的常数。

如果爱因斯坦是对的，会怎么样？首先，如果你在以1/2光速飞行的宇宙飞船里向着前进方向发射一束光，你、我，以及宇宙里所有人测得的光速都将是299 792千米/秒。不仅如此，即使你向后、向上或是向两边发射光，我们测到的光速仍然一样。

奇怪。

常识告诉我们，如果在行进中的火车头上向正前方发射子弹，子弹的地速是子弹的速度加上火车的速度。如果从火车尾部向正后方发射子弹，那子弹的地速将等于其自身的速度减去火车的速度。对于子弹来说，这些都是正确的，但根据爱因斯坦的理论，光并非如此。

爱因斯坦当然是对的，其理论的意义也极其重要。如果任何人在任何地点任何时间都能测量到从想象中的飞船上发射的光具有相同的 124 速度，许多事都必须发生。首先，当飞船的速度增加时，其他人看到所有物体——你、你的测量设备、飞船——的长度在飞船运动方向上都会缩短。同时，你的时间会变慢，使得用你变短的尺子测量出的光速与原来的值相同。这可以说是最高级的宇宙骗局。

改进的测量方法很快又提高了光速的精度。事实上，物理学家们在这个问题上表现非常出色，以至于已经无事可做了。

速度单位总是和长度与时间单位有关——例如，80千米/时，或是800米/秒。当爱因斯坦开始狭义相对论的工作时，秒的定义正逐渐完善，但是米的定义还相当粗糙。1791年时，米的定义为从北极经巴黎到赤道的经线长度的千万分之一。经过一些早期的工作后，1889年米的定义修订为一根铂铱合金米原器在冰熔点温度时的长度，该米原器存于位于法国塞夫勒（Sèvres）的国际计量局。1960年，米的定义基准再次修改，精度更高了：氪-86原子的2*p*10到5*d*5能级之间跃迁的辐射在真空中波长的1650 763.73倍。不过听起来实在很枯燥。

人们最终明白，测量光速比测量米的长度更加准确。因此，1983年国际计量大会决定定义——不是测量，而是定义——光速的最终精确值为299 792 458米/秒。换句话说，现在米的定义被固定在光速 125 的单位里了，1米定义为光1秒内在真空中所行进距离的1/299 792 458。所以，今后即使有人测量到的光速比1983年的值更精确，也只会改变米的长度，而不是光速本身。

不过不要担心。任何对光速的修正都会很小，不至于影响到普通的尺子。如果你是一个中等身高的欧洲男孩，你的身高依然会是略低于1.8米。如果你是美国人，你的SUV每英里油耗依然会是那么高。

光速对天体物理学来说可能是神圣的，但并非不能改变。在所有透明的物质里——空气、水、玻璃、特别是钻石——光比在真空中传播得要慢。

但是真空中的光速是常数。对真正的常数来说，不管如何测量，在哪里测量，什么时间测量，或是为什么要测量，它都必须永远不变。不过，关注光速的人可不这么想当然，在过去数年中，他们一直在寻找证明光速在自大爆炸以来的137亿年中发生改变的证据。他们主要测量所谓的精细结构常数，它是真空中光速和普朗克常数、π、电子电荷等物理常数的组合。

这个推导出的常数用于量度原子能级的细微移动，而这种移动会影响恒星和星系的光谱。由于宇宙是一台巨大的时间机器，在其中，人们可以通过观察遥远物体而看到久远的过去，所以精细结构常数随时间的任何变化都会在宇宙观测中显现出来。基于可信的理由，物理学家不希望普朗克常数或电子电荷发生变化，而π也不会变——那如果出现矛盾的话，只有光速能变了。

天体物理学家计算宇宙年龄的方法之一是假设光速始终不变，所以宇宙中任何地方的光速变化都令人满怀兴趣。但截至2006年1月，物理学家的测量没发现任何有关精细结构常数随时间或空间变化的证据。

126

[127]

13.弹道飞行

在几乎所有球类运动中，球都是沿弹道运动。不管你是玩棒球、板球、橄榄球、高尔夫球、曲棍球、足球、网球，还是水球，球都是被投出、击出或踢出，然后在空中飞行，再落回地球。

空气阻力会影响所有这些球的轨迹，但不管是什么让它们运动或它们将落在何处，它们的基本路径都可以用牛顿1687年出版的关于运动和引力的巨著《自然哲学的数学原理》中的一个简单方程来描述。几年后，牛顿在《世界之体系》中向拉丁语读者解释了他的发现，其中描述了如果你以越来越快的速度向水平方向扔石头，将会发生什么现象。牛顿首先说明了明显的情况：石头落地点离释放点越来越远，最终超出地平线。他随后解释道，如果速度足够大，石头将会绕着地球飞行，一直不落地，直到飞回原处砸在你的后脑勺上。如果你及时闪避，物体会永远在通常所谓的轨道上飞行。再没有更多的弹道了。

到达低地球轨道所需的水平速度略小于29 000千米/时，环绕一圈大约需要一个半小时。如果第一颗人造卫星——“旅伴1号”，或是第一个飞出地球大气层的人——尤里·加加林（Yury Gagarin）在发射后达不到这个速度，飞不完一圈就会落回地面。[128]

牛顿还证明，所有球形物体施加的引力都会使得物体的质量向中心聚集。事实上，地面上两个人之间抛掷的东西也在轨道上，只不过轨迹刚好和地面相交而已。1961年艾伦·谢帕德（Alan B. Shepard）乘坐水星飞船“自由7号”进行的15分钟飞行就是这样，还有泰格·伍兹（Tiger Woods）打出的高尔夫球、亚历克斯·罗德里格兹（Alex Rodriguez）的本垒打、儿童踢飞的球也都是这样：他们都在做所谓的亚轨道飞行。如果不是地球表面挡路，所有这些物体都会沿完美的（但有点变长的）轨道环绕地心飞行。虽然引力定律区分不出这些轨道，但美国国家航空航天局可以。谢帕德的旅行中大部分时候没有空气阻力，因为他飞到了几乎没有大气的高度。仅出于此，媒体就称他为美国第一位太空人。

弹道导弹也沿亚轨道飞行，就像手榴弹扔出后沿着弧线飞向目标一样，发射后弹道导弹仅在引力的作用下飞行。这些大规模杀伤性武器以高超音速飞行，45分钟之内就能横跨半个地球，以每小时数千千米的速度砸向地面。如果弹道导弹足够重，光是从天上掉下来造成的杀伤就比弹头上运载的普通炸弹爆炸威力大。

世界上最早的弹道导弹是V-2火箭，由沃纳·冯·布劳恩（Wernher von Braun）领导下的一群德国科学家设计。纳粹在第二次世界大战期间曾使用过它，主要用于攻击英国。作为第一个发射出地球大气层的物体，外形如子弹、装有大型弹翼的V-2［“V”代表Vergeltungswaffen，或“复仇武器”（vengeance weapon）］成为整整一代宇宙飞船的设计蓝本。冯·布劳恩向盟军投降后被转移到美国，并于1958年主持了美国第一颗人造卫星“探险者1号”的发射。之后不久，他调到新成立的美国国家航空航天局。他在那里开发出史上推力最大的土星5号火箭，使美国具备了登月的能力。

129

成百上千颗人造卫星围绕着地球运转，与此同时，地球自己也围绕着太阳运转。在1543年出版的巨著《天体运行论》里，哥白尼把太阳定为宇宙的中心，地球和其他五颗已知行星——水星、金星、火星、木星和土星——在环绕太阳的正圆形轨道上运行。哥白尼不知道，圆形轨道是非常罕见的，太阳系里没有一颗行星的轨道是圆形。德国数学家和天文学家开普勒推导出了实际轨道的形状，他在1609年发表了他的计算结果。他的第一行星运动定律指出行星以椭圆轨道围绕太阳运行。椭圆是压扁了的圆，扁平度用离心率表示，简写为e。如果e等于零，就是正圆。随着e从0增大到1，椭圆会变得越来越扁。

当然，离心率越大，就越有可能和别人的轨道相交。从太阳系外闯入的彗星就是沿大离心率轨道运行，而地球和金星的轨道离心率极小，轨道形状接近正圆。离心率最大的“行星”是冥王星，它每次环绕太阳时都会越过海王星的轨道，表现得像颗彗星。

扁平轨道最极端的例子就是那个人人皆知的挖到中国去的洞[1]。和地理知识一向很差的美国人想象的相反，中国并不是正好在美国的反面。连接地球上相对两地的直线必定通过地心。正对美国的是哪里？印度洋。为了避免出现在水下3000米的地方，我们需要学习一点地理知识，从蒙大拿州的谢尔比开挖，穿过地心，直达孤悬海上的凯尔盖朗群岛。

下面到了有趣的部分。跳进洞里。现在你在失重的自由落体状态下一直加速，直到到达地心——在那里你会在铁核的极度高温下变成蒸汽。不过让我们先忽略这些复杂因素。假设你飞过引力为0的地

1. 在地理上，中国是在美国的另一端（东西半球相对），所以美国人很多时候会说：“在后院挖个洞，你会直达中国”。——译者注

心，然后逐渐减速直至到达另一边，此时你的速度已经减到0。不过，除非凯尔盖朗人把你抓住，否则你会掉回洞里，永无止境地重复刚才的旅程。除了令玩蹦极的人嫉妒以外，你还完成了一次真正的轨道飞行，耗时约一个半小时——就像宇宙飞船一样。

有些轨道离心率非常大，以至于永远不会回头。当离心率正好是1时，轨道是抛物线，当离心率大于1时，轨道变成双曲线。为了形象地描述这些形状，可以把一束手电筒的光照在近处的墙上。光锥会形成一个圆。现在逐渐把光束斜向上，圆变成了椭圆，而且离心率逐渐增大。当光锥竖直向上时，照在墙上的光正好形成抛物线的形状。再稍微倾斜一点手电筒，就成了双曲线。（现在你去露营的时候有点新鲜事可做了。）沿抛物线或双曲线轨道运行的物体运动速度都非常快，所以永远不会再回来。如果天体物理学家发现具有这类轨道的彗星，我们就会知道它来自远处的星际空间，而且它对内太阳系的造访只此一次。

牛顿的引力定律描述了宇宙里任意地方任意两个物体间的吸引力，[131] 不管它们在哪里，不管它们由什么组成，也不管它们有多大多小。例如，你可以用牛顿定律计算地-月系统过去和将来的行为。但是加上第三个物体——第三个引力源——整个系统的运动就变得非常复杂。这种三角关系一般被称为三体问题，其轨道变化极为复杂，通常需要计算机才能计算出来。

有些聪明的解法值得关注。其中一种情况称为限制性三体问题，假设第三个物体的质量与其他两个相比很小，因而在方程中可以忽略不计，从而简化计算。通过这种近似，能够有效地分析系统中三个物体的运动情况。我们并不是在作弊。现实宇宙中存在许多类似的情况，比如太阳、木星和木星的某颗微小卫星。太阳系里的另一个例子是在木星轨道上前后8亿千米处运行的一大群岩石，它们就是第2篇里提到的特洛伊小行星。每一颗特洛伊小行星都被木星和太阳的引力（就像科幻小说里的牵引光束）紧紧锁住。

另一个特殊的三体问题是近年来发现的。三个质量相同的物体，前后相继，在太空中绕8字。和人们看到汽车在两个椭圆交叉点相撞的那些赛道不同，这里的设置对参与者的保护更多。引力要求在任何时刻系统在交叉点上是“平衡”的，而且，和一般复杂的三体问题不同，所有运动处于一个平面内。唉，这种特殊情况太特殊了，银河系里数千亿颗恒星之中可能也找不出一例来，说不定整个宇宙里才有几例，令这种8字形三体轨道成了与天体物理无关的数学假想。

132 除一两种有规律的情况外，三体或多体间的引力相互作用最终都会使得它们的轨道乱成一团。要想知道这一切如何发生，可以用计算机计算每个物体在与其他所有物体间引力驱动下的运动，借此模拟牛顿运动定律和引力定律。然后重新计算所有的力，不断重复。这可不仅仅是学术研究。整个太阳系是一个多体问题，其中包括一直处于相互吸引状态下的小行星、卫星、行星和太阳。牛顿很担心这个他依靠纸笔无法解决的问题。由于担心整个太阳系不够稳定，行星最终可能会撞入太阳里，或是冲入星际空间，我们在第9篇里会看到，牛顿假设上帝会时常插手让一切保持正常。

一个多世纪之后，皮埃尔－西蒙·拉普拉斯（Pierre-Simon Laplace）

在其巨著《天体力学》里提出了太阳系多体问题的解。但是为了解这个问题，他不得不发展了一种新式数学，称为摄动理论。分析中首先假设只有一个主要的引力源，其他的力都较小且恒定不变——正如太阳系里的情况一样。拉普拉斯随后分析证明太阳系是稳定的，而且用现有理论就可以证明，无须补充新的物理定律。

是这样吗？我们在第6篇会看到，现代分析证明在数亿年的时间尺度上——比拉普拉斯考虑的时间长得多——行星的轨道是无序的。水星可能会撞上太阳，冥王星可能会飞出太阳系。更糟的是，太阳系诞生时可能还有数十颗其他行星，现在它们大部分早已消失在星际空间里了。这一切都源于哥白尼的简单圆轨道。

133

你无论何时做弹道运动，都会自由落下。牛顿的所有石头都会自由落向地球。进入轨道的那颗石头也在向地球自由落体，但是地表弯曲的速率和它下落的速率正好相当——这是石头特殊的横向运动所产生的结果。国际空间站也在向地球自由落体。月亮也是。而且和牛顿的石头一样，它们都在做高速横向运动，所以不会撞到地球上。这些物体，以及宇宙飞船、太空行走的航天员难以控制的扳手，还有低地球轨道上的其他物体，绕地球一圈的时间都约为90分钟。

然而，你飞得越高，轨道周期越长。前面曾经提到，35 900千米高处的轨道周期和地球自转周期相同。发射至此处的人造卫星相对地球是静止的，它们“悬”在地球上空的某一点，让各大洲间可以进行迅捷持续的通信。月球轨道要高得多，距地面390 000千米，它的轨道周期长达27.3天。

自由落体的一大迷人特点是，在此类轨道上飞行的飞船上一直保持着失重状态。自由下落时，你和你身边的一切以完全相同的速率下落。放在你的脚和地板间的秤也在自由下落，由于没有什么给秤施加压力，所以它的读数为0。因此，航天员在太空中是失重的。

但是，当飞船加速、开始旋转或是受地球大气层阻挡而减速时，自由落体状态就此结束，航天员的体重不再为0。每个科幻小说爱好者都知道，如果宇宙飞船以合适的速率旋转，或是以与物体落地时相同的速率加速，你的体重会和在医院称的一样。所以如果你的宇航工程师觉得有必要，可以改进宇宙飞船的设计，使其能在漫长枯燥的太空旅行中模拟地球引力。

牛顿轨道力学的另一个巧妙应用是弹弓效应。空间研究机构经常从地球发射探测器，而它们的能量根本不够飞到远在其他行星的目的地。所以轨道工程师让这些探测器的轨道靠近如木星那样强大的移动引力源。探测器顺着木星的移动方向落向木星，这样经过木星身旁时可以从木星那里偷来一些能量，然后就像回力球一样被抛向前方。如果行星排列得当，探测器经过土星、天王星或海王星时也可以故技重施，从它们那里偷来更多能量。偷来的能量可不是一点，而是非常多。经过木星一次可以令探测器穿越太阳系的速度翻倍。

134

银河系里移动速度最快的恒星，也就是口语中所说“发狂”的那些，是飞经银河系中心超重黑洞附近的那些恒星。落向这个黑洞（或任何黑洞）的过程能把恒星的速度加速到接近光速。没有其他物体有这样的能力。如果恒星的轨道刚好经过黑洞的边缘，与黑洞擦身而过，它就不会被黑洞吞噬，但它的速度会急剧增大。现在想象一下数百或数千颗恒星参加这项疯狂活动的场景。天体物理学家把这种恒星运动——在大多数星系中心都可以观察到——当作黑洞存在的确凿证据。

肉眼能看到的最远天体是美丽的仙女座星系，它是离我们最近的螺旋星系。以上是好消息。坏消息是，获得的所有数据都显示它将会和银河系发生碰撞。当我们越来越深入对方的引力场时，将会变成支离破碎的恒星残骸和碰撞中的气体云。这一切六七十亿年后就会发生。

无论如何，或许你可以卖卖门票，让人来观看仙女座超重黑洞和银河系超重黑洞的大碰撞，还有整个星系发狂的场景。

14.关于密度

135

我上五年级时，有个淘气的同学问我："1吨羽毛和1吨铅，哪个更重？"我没上当，不过我当时并不了解密度在生活和宇宙中的重要意义。计算密度的常用方法当然是用物体的质量除以体积。不过还有其他类型的密度，比如某人的大脑了解常识的能力，或是如曼哈顿岛那样的某个岛屿上每平方千米的人口数。

宇宙里测量到的密度范围大得惊人。我们发现的最高密度是在脉冲星里，那里的中子非常紧密地靠在一起，一丁点大的一块就有5000万头大象那么重。在魔术表演中，当兔子凭空消失的时候，没人会告诉你，每立方米空气里已经含有10 000 000 000 000 000 000 000

000（10^{25}）个原子。最好的实验用真空腔能抽空到每立方米10 000 000 000（100亿）个原子。行星际空间里的原子数更少，为每立方米10 000 000（1000万）个原子，而恒星际空间里的原子数则低至每立方米500 000个。然而，要说空无一物，那得数星系之间的太空了，那里每十立方米只有几个原子。

136

宇宙里的密度差达到了10^{44}倍。如果仅以密度来给宇宙里的物体分类，明显的特征将会把它们分得特别清楚。例如，高密度物体，如黑洞、脉冲星和白矮星等的表面都有强引力场，很容易把物质积聚成漏斗状的盘子。另一个例子是恒星际气体的性质。我们往银河系或其他星系里看，不管在哪里，密度最大的气体云一定就是新恒星诞生的地方。我们尚不完全了解恒星形成过程的细节，但是可以理解的是，几乎所有的恒星形成理论都清楚地指出，当气体云坍缩形成恒星时，气体密度会变化。

在天体物理学里，尤其是在行星学里，我们通常可以仅凭密度就推断出小行星或卫星的主要成分。怎么做？太阳系里的许多常见成分的密度明显区别于其他成分。以液态水的密度作为标准，冰、氨、甲烷和二氧化碳（彗星的常见成分）的密度小于1；常见于内行星和小行星的岩石的密度介于2到5之间；行星核和小行星中常见的铁、镍以及其他几种金属的密度大于8。平均密度介于这几大类之间的天体通常由这些常见成分混合而成。对于地球，我们可以做的更好些：地震后在地球内部传播的声波的速度与从地心到地表的密度分布直接相关。根据可获得的最好的地震数据得出，地核的密度约为12，外层地壳的密度降至3左右。整个地球的平均密度约为5.5。

密度、质量和体积（尺寸）组成了密度方程，所以如果测量到或是推出任意两个量，就可以计算出第三个。飞马座51是一颗肉眼可见的类似太阳的恒星，环绕它的行星的质量和轨道可以直接根据数据计算得到。随后根据这颗行星是气态（很可能）还是固态（不太可能）的假设，就可以估计出它的尺寸。

137

通常，当人们说一种物质比另一种重时，其实比较的是密度，而不是重量。例如，“铅比羽毛重”这句简单但学术上含糊的话，几乎所有人都会把它理解为密度问题。但这种默认的理解在某些特殊情况下并不管用。鲜奶油比脱脂奶轻（密度低），而所有远洋轮船，包括150 000吨的玛丽女王2号，也比水轻（密度低）。如果这些描述是错误的，那么奶油和远洋轮都会沉入水底。

其他关于密度的趣闻：

在引力的影响下，热空气上升不是简单地因为温度高，而是因为它的密度比周围空气低。我们也可以简单地说，密度高的冷空气会下沉。这两者都必须成立，这样宇宙里才会有对流。

固态水（通常称为冰）比液态水密度低。如果反过来成立，那么在冬天，大的湖和河流会从下至上完全冰冻，所有鱼都会被杀死。保护鱼的正是密度较低、浮在水上的冰层，它把下面温暖的水和冷空气隔开了。

说到死鱼，当被发现在鱼塘里翻着肚皮时，它们的密度当然是暂时比活鱼小了。

和其他已知行星不同，土星的平均密度小于水。换句话说，1勺土
138 星物质会浮在浴缸里。知道这件事后，我总希望我的浴缸玩具是1块土星物质，而不是橡皮鸭。

如果你往黑洞里塞东西，它的事件视界（光无法逃逸的边界）随着质量成正比增大，这意味着当黑洞质量增加时，其事件视界内的平均密度却下降了。同时，目前从我们的方程可以判断，黑洞内的物质都坍缩到黑洞中心的奇点处，该点的密度近乎无穷大。

请注意最不可思议的事情：未开封的百事轻怡可乐能浮在水上，而未开封的普通百事可乐却会沉入水底。

如果把盒子里的弹珠数目增加1倍，它们的密度当然不会变化，因为质量和体积都翻倍了，所以对密度没有影响。但是宇宙里有些物体的密度与质量和体积的关系却会产生不一般的结果。如果盒子里装的是柔软蓬松的绒毛，你把绒毛的数量增加1倍，底部的那些毛会被压平。这时质量增加了1倍，但体积没变，那么密度就会增加。所有可压扁的东西在自重的作用下都会表现出同样的性质。地球的大气也不例外：我们发现，大气中半数的分子都被压缩在地表上最下层的5千米里。对天体物理学家而言，地球大气对数据质量会产生不利影响，这就是为什么你经常听说要到山顶去做研究，尽量跑到大气上层的原因。

当大气和行星际空间的极稀薄气体混在一起无法区分的时候，那里就是地球大气的边缘。这个混合区域通常位于地表上空数千千米处。

我们要注意，航天飞机、哈勃望远镜以及那些轨道高度只有数百千米的卫星，如果不定期推动的话，都会因为残余大气的阻力而最终偏离轨道。然而，在太阳活动的高峰期，（每11年）地球的上层大气会吸收 139 更多的太阳辐射，温度升高，体积扩大。在此期间，大气层会向太空额外扩展上千千米，对卫星轨道的阻滞也比平时大得多。

在人类能在实验室里制造真空之前，空气是人们能够想到的最接近虚无的东西。和土、火、水一样，空气是组成已知世界的四种原始亚里士多德元素之一。事实上，还有第五种元素，名为“第五元素”。稀薄纯净的“第五元素”属于另一个世界，比空气更轻，比火更无形。人们认为天堂由它组成，多么离奇啊！

我们不需要到天堂那么远的地方去找稀薄的环境。我们的上层大气就足够了。在海平面上，每平方厘米上的空气重约1千克。所以如果你从数千千米高的大气顶端一直到海平面，切下一块1平方厘米见方的大气并放到秤上称，它的重量会是1千克。作为比较，1平方厘米见方的水柱只需10米高就有1千克重。在山顶和飞机上，你上方的空气切块比较短，所以也比较轻。在4 200米高的夏威夷莫纳克亚山山顶（那里有世界上最强大的望远镜），大气压降至约每平方厘米0.67千克。在那里观测时，天体物理学家需要间或借助氧气瓶来呼吸，才能保持大脑清醒。

在160千米以上的地方（那里没有天体物理学家），空气非常稀薄，气体分子可以在相互碰撞前运动相对较长的时间。如果在两次碰撞期间，分子被外来粒子撞击，那它们会被短暂激发，在下次碰撞前会发射出独特的光谱。如果外来粒子来自太阳风，例如质子和电子，辐射出的光仿佛波动的光幕，我们通常称之为极光。当人们第一次测量到
140 极光的光谱时，在实验室里找不到与之相应的物质。发光分子的身份一直未知，后来我们才知道那是被激发的普通氮分子和氧分子。在海平面上，它们之间的快速碰撞在它们有机会发光之前就把额外的能量吸收了。

会神秘发光的地方可不止地球上层大气一处。日冕的光谱特征长久以来一直困扰着天体物理学家。日冕是极端稀薄的地方，它是太阳美丽炽热的外层，只有在日全食的时候才能看见。日冕谱线的新特征被认为来自一种名为"氪"的未知元素。直到发现日冕的温度高达数百万度后，我们这才明白这种神秘的元素其实是高度离子化的铁。铁离子处于一种我们之前并不熟悉的状态下，它失去了大部分外层电子，自由飘浮在气体中。

"稀薄"一词通常专用于描述气体，但我打算冒昧地用它来形容太阳系著名的小行星带。从电影和其他描述中，你或许会认为那是一个危险的地方，时刻存在被房屋大小的巨石迎头撞击的威胁。小行星带的实际配方是什么样的？把只有月球2.5%的质量（月球自己的质量只有地球的1/81），分散到数千个碎片里，而且要保证其中四个小行星要占去总质量的3/4。再把这么多碎片散布到一个围绕太阳、1.6亿千米宽24亿千米长的环带上。

细长而稀薄的彗尾的密度比它周围的行星际空间大1000倍。由
141 于反射阳光，又重新辐射了吸收的太阳能量，彗尾的可见度比起它的

稀薄程度来要大得多。哈佛-史密松天体物理中心的弗雷德·惠普尔（Fred Whipple）被公认为是现代彗星概念之父。他曾经很简短地形容彗尾是最少（物质）组成的最大（物体）。事实上，如果把一条8 000万千米长的彗尾里的所有物质压缩到普通空气的密度，整个彗尾里的气体只能充满一个半英里见方的空间。当人们在彗星里首次发现天文上常见却有着致命毒性的气体氰（CN），后来又听到预报说1910年哈雷彗星访问内太阳系期间地球将穿过它的彗尾时，上当受骗的人们纷纷从江湖游医手中购买解毒药。

太阳中心（所有热核反应能均产自于此）的物质密度很高。但它只占太阳体积的1%。整个太阳的平均密度只有地球的1/4，仅比普通水的密度高40%。换句话说，一匙太阳在浴缸里会沉下去，但不会沉得很快。但是，在未来的50亿年内，太阳里几乎所有的氢将会燃烧殆尽变成氦，之后氦就开始燃烧变成碳。此时，太阳的亮度会增大1 000倍，而表面温度却降至现在的一半。根据物理定律可知，一个物体要在亮度增大的同时降温，唯一的办法就是变得更大。第5篇中将会详细介绍，太阳最终将会膨胀成一个巨大的稀薄气体球，完全占据并超过地球轨道内的所有空间，同时它的平均密度降至小于现在密度的100亿分之一。当然，地球上的海洋和大气到时都会变成蒸汽消散在太空里，所有的生命也都会消失，但这些在这儿与我们无关。尽管届时太阳的外层大气会变得非常稀薄，但仍然会阻碍地球的轨道运动，迫使地球沿着内收的螺旋轨道，朝着热核毁灭之地飞去。

142

我们的探险已经到达太阳系之外的恒星际空间。人类迄今为止发射过四艘速度能够到达恒星际空间的飞船："先驱者10号"和"先驱者11号”，旅行者1号和旅行者2号。旅行者2号是其中速度最快的一艘，将会在25 000年内到达距太阳最近的恒星。

没错，恒星际空间空无一物。但是，和行星际空间中稀薄而醒目的彗尾一样，恒星际空间的气体云（密度比周围环境高成百上千倍）在附近有明亮恒星的情况下也相当显眼。同样，当人们第一次分析这些多彩星云发出的光时，它们的光谱也显得陌生。于是人们提出一种假设的元素“云”（nebulium）作为代替。到19世纪末，元素周期表里显然没有位置有可能属于云元素。随着实验室真空技术的进步，以及陌生的光谱特征被逐渐与熟悉的元素联系起来，人们渐渐怀疑——后来被证实——云元素只是特殊状态下的普通氧原子。那是什么状态呢？每个原子失去了两个电子，并且处于恒星际空间近乎完全真空的环境里。

当你离开星系时，留在你身后的是几乎所有的气体、灰尘、恒星、行星和碎片。你进入了一个无法想象的宇宙虚无。说到那里的空虚，200 000千米见方的星系际空间里的原子和冰箱可用容积那么大体积的空气里的原子几乎一样多。在那里，宇宙不仅仅是喜欢真空吸尘器，它简直就是用真空吸尘器雕刻出来的。

唉，绝对、完全的真空可能是无法获得或找到的。如我们在第2篇里所看到的，在关于量子力学的诸多离奇预测中，有一种认为真正的真空里包含一片“虚拟”粒子之海，那些“虚拟”粒子伴随着它们相应的反粒子不断出现和消失。它们的虚拟性来源于寿命极短，短到无法测量它们的直接存在。它们产生反引力压强，更多时候被叫作“真空

143

能”，最终会使得宇宙的膨胀成指数倍加速——让星系际空间变得更为稀薄。

更外面是什么？

有些研究玄学的人假设，在宇宙之外，也就是没有空间的地方，什么也没有。我们或许该把这个假想的零密度区域叫作“虚无”，只是我们一定会在那里发现许多无法回收的兔子而已。

15.彩虹之上

144

漫画家无论何时刻画生物学家、化学家或是工程师，卡通人物总是穿着白大褂，胸前的口袋里插着各色钢笔和铅笔。天体物理学家用许多笔，但除非要造发射到太空里的东西，否则从不穿实验服。我们主要的实验室是宇宙，除非你运气不好被陨石砸到，否则是不会有衣服被烤焦或是被从天上落下的腐蚀性液体弄脏这样的风险的。挑战出现了。如果不能让衣服弄脏，如何开展研究？如果所有要研究的天体都在数光年之外，天体物理学家如何了解有关宇宙及其内容的一切？

幸好，恒星发射的光所透露出的信息远不止它们在天空中的位置和亮度那么简单。发光天体的原子非常忙碌。它们的小电子持续不断地吸收和发射光。如果环境足够热，原子间的高能碰撞会震开部分或全部电子，使得它们可以来回散射光。总之，原子在被研究的光上留下自己的指纹，它明确地暗示我们是哪种化学元素或分子造成的。

早在1666年，牛顿让白光透过棱镜，产生了今天人人熟知的七色光谱：红、橙、黄、绿、蓝、靛、紫，并亲自为这些颜色命名。[叫它们Roy G. Biv（七种颜色的英文单词首字母组成的缩写）也无妨。] 其他人145之前也用过棱镜，但牛顿接下来做的事情却无先例。他让产生的光谱透过第二个棱镜，重新恢复成一开始的白光，展现了画家的色板所不具备的一种独特光性质。绘画上用的同样色彩如果混在一起，会变成一种类似淤泥的颜色。牛顿还试图进一步分解这些色光，但发现它们是单色光。虽然只有七种颜色的名字，但色谱实际上是连续平滑地过渡的。人眼不具备棱镜的这种能力 —— 通往宇宙的另一扇窗就隐藏在我们面前。

利用牛顿时代所不具备的精密光学仪器和技术对太阳光谱进行细致研究，不仅发现Roy G. Biv，还发现光谱中存在缺失的狭窄谱带。太阳光里的这些“线”是英国医药化学家威廉 · 海德 · 渥拉斯顿（William Hyde Wollaston）1802年发现的，他天真（但合理）地提出说它们是颜色之间的天然边界。德国物理学家和光学技师约瑟夫 · 冯 · 夫琅禾费（Joseph von Fraunhofer，1787 — 1826）通过努力给出了更完整的讨论和解释。夫琅禾费毕生致力于光谱的定量分析和光谱仪器的制造，常被人们称为是现代分光镜之父，但我还想称他是天体物理学之父。1814年到1817年，他让特定火焰的光透过棱镜，发现线条的图案和他在太阳光谱中发现的相似，也和许多恒星光谱中的发现相似，包括夜空中最亮的星之一 —— 五车二。

19世纪中叶，化学家古斯塔夫 · 基尔霍夫（Gustav Kirchhoff）和罗伯特 · 本生（Robert Bunsen，化学课上用的本生灯就是以他的名字命

146

名）利用燃烧物质的光透过棱镜进行实验。他们绘制了已知元素的谱线图，还发现了包括铷和铯在内的许多新元素。每一种元素的光谱里都有自己的谱线图——它自己的名片。这项工作的成果非常丰硕，宇宙里第二多的元素氦就是在太阳光谱里发现的，先于它在地球上的发现。氦元素的名字记录了这段历史，其字首就来自Helios一词，意即“太阳”。

尽管原子及其电子产生谱线的原理直到半个世纪后量子物理时代到来之后才得到详尽准确的解释，但概念上的突破却已经实现：正如牛顿引力方程将物理实验和太阳系联系起来，夫琅禾费在化学实验和宇宙之间建立了联系。这为人类第一次鉴别宇宙里有哪些化学元素，以及在何种温度和压力条件下观察光谱谱线提供了条件。

在那些脱离实际的哲学家所发表的愚蠢言论之中，我们发现1835年奥古斯特·孔德（Auguste Comte，1798—1857）在《实证哲学教程》中说过以下的话：

> 关于恒星，所有最终不能简化成简单视觉观察的研究……必定不会被我们所掌握……我们永远不可能以任何方法研究它们的化学成分……我尊敬所有关于恒星真正平均温度的想法，但我们永远不可能了解它。(Comte，1853年，第16页)

类似这样的引用能让你不敢再发表任何书面意见。

仅仅7年之后，即1842年，奥地利物理学家克里斯蒂安·多普勒（Christian Doppler）提出所谓的多普勒效应，即关于运动物体发射的波的频率变化。你可以想象成运动物体会拉长身后的波（降低频率），147 压缩身前的波（增加频率）。物体运动得越快，身前的光压缩得越厉害，身后的光拉长得越厉害。速度与频率之间的简单关系之中隐含着深远的意义。如果你知道发射频率是多少，但你测量到的却是另一个值，两者之间的差异就是物体面向你或背向你运动的直接指示。在1842年的一篇论文中，多普勒预言：

> 几乎可以确信，这个“多普勒效应”在不远的将来会为天文学家提供一种受欢迎的方法，用于确定那些恒星的运动……直到此刻才有希望进行如此的测量与判断。（Schwippel，1992年，第46—第54页）

这个概念对声波和光波有效，事实上，它对任何波都有效。（我敢打赌，如果多普勒知道，他的发现有一天会被用在微波“雷达枪”上，被警察用于从超速行驶的司机身上榨取罚款，一定会很惊讶。）1845年，多普勒进行了一系列实验，让人在平板火车上演奏，同时让音准很好的人记录下火车驶近和远离时听见的音调变化。

19世纪末，随着光谱仪在天文学中的广泛使用，配合新发明的摄影术，天体物理学获得了新生。《天体物理学杂志》是我研究领域中的一本优秀研究期刊，创立于1895年，1962年之前一直有个副标题：148《光谱学和天体物理学国际评论》。即使是今天，几乎每篇报告宇宙观测的论文都会给出光谱分析，要么就是受其他人获得的光谱数据影响。

获取天体光谱所需的光量要多于给它拍照，因此世界上最大的望远镜，例如位于夏威夷的10米凯克望远镜，其主要任务就是获取光谱。简而言之，如果不是我们有分析光谱的能力，我们对宇宙发生的一切将一无所知。

天体物理教育者面临着最严重的教学挑战。天体物理研究者从光谱研究中推导出宇宙中各种事物的结构、形成、演化等几乎所有知识。但是，从光谱分析到研究对象需要经过数层推理。类比和隐喻帮助把复杂、多少有点抽象的概念与更简单、实际的概念相联系。生物学家会把DNA分子的形状形容成双螺旋状，相互间就像梯子中间的横杆那样连接。我能想象出一个螺旋的样子，两个螺旋的样子，梯子上横杆的样子，因此我能想象出分子的形状。这个描述的每一部分都只是分子本身的一层推理，而它们合在一起在脑海里完美地形成了一幅具体的图像。不管主题有多易或多难，现在都可以讨论分子科学了。

但是要解释我们如何知道某颗退行恒星的速度，需要5层嵌套的抽象：

第0层：恒星

第1层：恒星照片

第2层：恒星照片发出的光

第3层：恒星照片发出的光的光谱

第4层：恒星照片发出的光的光谱上的谱线图案

第5层：恒星照片发出的光的光谱上的谱线图案的偏移

149　从第0层到第1层是很细微的一步，每一次我们都会用相机拍摄照片。但是当你解释到第5层时，听众要么已经完全糊涂，要么已经睡着了。这就是大众几乎没听说过光谱在宇宙发现中所扮演的角色的原因——它与天体本身相差太远，无法简单明了地解释清楚。

在自然历史博物馆，或是任何与实物有关的博物馆的布展设计里，你通常寻找的是用于展示的典型物品——岩石、骨头、化石、纪念品等。这些都是“第0层”的样本，在你解释这个物体是什么之前只需要很少或根本不需要动脑筋。然而，对天体物理学展览而言，任何展示恒星或类星体的企图都将会使得整个博物馆蒸发掉。

因此，大多数天体物理学展览都是在第1层上进行构思，主要是展示照片，其中有些还相当震撼和美丽。哈勃太空望远镜是现代最著名的望远镜，它主要因其拍摄的漂亮的全彩色高分辨率天体照片而为大众所知。这里的问题是，看完展览你领略到了宇宙的诗情画意之美，但对宇宙如何运作却没有更多的了解。要想真正了解宇宙，就要深入第3、4、5层。虽然我们借助哈勃望远镜取得了相当出色的科学发现，但你永远也不会从媒体那里了解到，人类宇宙知识的基础一直主要来自光谱分析，而非欣赏美丽的照片。我希望人们不仅被接触到的第0层和第1层打动，也被接触到的第5层所打动，而这需要学生以及（可能尤其是）教育者投入更多的思考。

观看银河系里某个星云的美丽可见光彩色照片是一回事，但从射电光谱中发现其云层中隐藏着新形成的大质量恒星则是另一回事。这个气体云是恒星发育的温床，宇宙之光正在其中重生。

150

知道大质量恒星经常会爆炸是一回事，在照片上就可以看到。但这些垂死恒星的X射线和可见光光谱却显示其中蕴含着比星系中更丰富的重元素，而且这些重元素与地球上的生命有直接关联。不仅是我们生活在恒星之间，恒星也活在我们的身体里。

观看美丽的螺旋星系海报是一回事，但根据它光谱特征的多普勒频移得知星系正以200千米/秒的速度旋转，并由此利用万有引力定律推断出其中有1 000亿颗恒星则是另一回事。另外，作为宇宙膨胀的一部分，螺旋星系还正以1/10光速的速度远离我们。

观察附近光度和温度与太阳相似的恒星是一回事，但用高度敏感的多普勒方法测量恒星的运动以推断其周围是否有行星围绕则是另一回事。到本书出版时止，我们记录了超过200颗太阳系外行星。

观察宇宙边缘类星体发出的光是一回事，而分析它的光谱并推断可见宇宙的结构（光的传播路径上存在气体云和其他障碍物，它们会改变类星体的光谱）则完全是另一回事。

幸运的是，对于我们之中所有的磁流体动力学者而言，原子结构在磁场影响下的变化很小。这种变化通过原子受磁场影响而导致的光谱图样的轻微改变表现出来。

利用结合了爱因斯坦相对论的多普勒公式，我们通过无数远近星系的光谱推断出整个宇宙的膨胀速度，并由此推断出宇宙的年龄和命运。

我们可以令人信服地说，我们对宇宙的了解要比海洋生物学家对海底、地理学家对地心的了解更多。现代天体物理学家远不同于无能的占星术士，他们掌握了各种光谱仪器和技术，使人类可以稳稳地站在地球上，却又能触摸恒星（手指不会被烧）并获得前所未有的知识。

151

152

16.宇宙之窗

如第一篇里提到的，眼睛常常被赞美为人体最重要的器官。它远近聚焦的能力、适应极大范围明暗的能力、分辨颜色的能力是大多数人认为最令人惊异的特征。但是当你注意到有许多频带的光是我们看不到的时候，你就不得不承认人类几乎是盲人。我们的听力有多敏锐？蝙蝠能轻松地绕着我们飞行，它们的听力敏锐程度比人类高一个数量级。而如果人类的嗅觉和狗一样好的话，机场海关搜查违禁品用的就会是人而不是狗了。

人类发现史的特征就是对突破先天限制扩展人类感官的无尽渴望。正是由于这种愿望，我们才打开了通向宇宙的新窗口。例如，从20世纪60年代前苏联和美国国家航空航天局用于月球和行星探测开始，计算机控制的空间探测器（可以称为机器人）已成为（现在仍是）空间探索的标准工具。机器人在太空中比航天员有几个明显的优点：发射它们更便宜；它们可以设计用于进行非常精密的实验，而不受笨重的增压服的影响；而且它们不具备传统意义上的生命，所以不会在太空事故中丧生。但是在计算机能够模仿人类的求知欲和领悟力之前，在计算机能够综合信息并面对信息（或许甚至都没有这样）产生意外 [153] 发现之前，机器人仍然是我们用来探索预期要发现的事物的工具。

不幸的是，意义深远的自然问题可能隐藏在那些尚未提出的问题里。

人类迟钝感官的最为重要的进步就是把视觉拓展到了那些看不见的电磁频谱里。19世纪末，德国物理学家海因里希·赫兹（Heinrich Hertz）开展实验，在概念上统一了原先被认为毫不相关的各种辐射。无线电波、红外线、可见光和紫外线被证明都是光，只是能量不同而已。完整的光谱，包括赫兹之后发现的所有部分，从我们称为无线电波的低能部分开始，随着能量的增大，依次为微波、红外线、可见光（包含“七彩虹”：红、橙、黄、绿、蓝、靛、紫）、紫外线、X射线和γ射线。

拥有X射线视觉的超人并不比当今的科学家有什么特别的优势。没错，他比一般的天体物理学家强壮一些，但是天体物理学家现在可以“看到”电磁频谱上的所有主要频带。当没有这种扩展视觉时，我们不仅盲目，而且无知——许多天体物理现象的存在只有通过某些特定窗口才能看到。

下面我们从无线电波开始逐一简介每一扇通往宇宙的窗口，它们所需的检测器与人类视网膜上的完全不同。

1932年，贝尔电话实验室的卡尔·央斯基（Karl Jansky）利用无线电天线首次“看”到了来自地球以外的无线电信号，他发现了银河系的中心。那里的无线电信号强度相当高，如果人眼只对无线电波敏感的话，银河系中心将是天空中最亮的光源之一。

154

利用一些精心设计的电子设备，你可以传输经特殊编码的无线电波，并将其转换为声音。这种精巧的设备就是“收音机”。所以，通过扩展我们的视觉，我们事实上也设法扩展了我们的听觉。但是任何射电源，或者说是实际上所有的能量源，都能够作为驱动喇叭的信号源，不过记者有时却会误解这个简单的事实。比如，当发现土星的无线电辐射时，天文学家使用带有喇叭的无线电接收机是一件很自然的事情。由于无线电信号被转换为声波，于是有个记者就报道说那个“声音”来自土星，土星上的生命正试图和我们说话。

现在我们拥有比央斯基更灵敏更精密的无线电接收机，探索范围不仅限于银河系，而是整个宇宙。受眼见为实的习惯影响，较早发现的宇宙射电源都是在得到传统望远镜的观测确认后才被承认。还好，大多数辐射无线电的天体同时也辐射一定量的可见光，所以通常是可以得到确认的。最终，射电望远镜获得了许多发现，其中就包括至今依然神秘的类星体[quasar，英文“quasi-stellar radio source”（类恒星射电源）的不规范缩写]，它是已知宇宙中最远的天体。

气体丰富的星系通过其中存在的大量氢原子（宇宙里超过90%的原子是氢原子）向外辐射无线电波。我们利用大型射电望远镜阵可以获得极高分辨率的星系气体图像，显示氢气中的复杂特征，例如扭曲、团聚、孔洞和细丝等。绘制星系的任务在许多方面和15、16世纪制图师的工作没有什么区别，他们对大陆的重现尽管不准确，却代表了人类描绘未知世界的伟大尝试。 155

如果人眼能感知微波，那么透过这扇窗你就可以看到躲在树丛后的公路巡警用雷达枪发射出的雷达波。发射微波的电话中继塔也会变得明亮耀眼。不过，微波炉里面看起来不会有什么不同，因为门上的金属网会把微波反射回腔体里，避免泄露。这样眼球里的玻璃液就不至于和食物一样被煮熟了。

微波望远镜直到1960年代末才被积极地用于宇宙研究。利用它，我们得以观察恒星际气体构成的冰冷致密的云团，这些云团最终会坍缩形成恒星和行星。这些云团里的重元素容易形成复杂分子，其光谱的微波部分绝不会被误认，因为它们和地球上存在的相同分子是相符的。

有些宇宙分子是普通家庭熟悉的：

NH_3（氨）

H_2O（水）

而有些是致命的：

CO（一氧化碳）

HCN（氰化氢）

有些让你想起医院：

156　H_2CO（甲醛）

C_2H_5OH（乙醇）

还有一些是你没什么印象的：

N_2H^+（一氢化二氮离子）

CHC_3CN（氰基丁二炔）

近130种分子是已知的，其中包括甘氨酸，它是一种氨基酸，而我们知道氨基酸是蛋白质的组成成分，因而也是生命的基石。

毫无疑问，微波望远镜创造了天体物理学领域最重要的一个发现。宇宙诞生时大爆炸残留的热现在已经冷却至大约绝对温标的3度。（本篇后面会详细说明，绝对温标非常合理地将可能的最低温度设为零度，所以不会有负温度出现。绝对零度对应于273摄氏度，室温对应于绝对温标的310度。）1965年，贝尔电话实验室的物理学家阿诺·彭齐亚斯（Arno Penzias）和罗伯特·威尔逊（Robert Wilson）偶然测量到了大爆炸的残余，并因此获得诺贝尔奖。大爆炸残余是无所不在的各向均匀的光海，主要由微波组成。

这个发现或许纯属偶然。彭齐亚斯和威尔逊本是要找到干扰微波通信的地面信号源，但他们发现的却是用于解释宇宙起源的大爆炸理论的确凿证据，这就好比想钓小杂鱼却逮到了蓝鲸。

沿着电磁频谱继续向前就是红外线。红外线同样是人类看不见的，但喜欢吃快餐的人却对它再熟悉不过了，他们吃的薯条在卖出去前能用红外线灯保温几个小时。这些灯也发出可见光，但其有效成分是大量食物容易吸收的不可见红外光子。如果人的视网膜能感觉到红外线，那么晚间普通家庭关灯以后，余温比室温高的所有物体都会显现出来，比如熨斗（假设它曾开过）、煤气炉上围绕常燃小火的金属、热水管道以及人的裸露皮肤等。显然这样的图像没有在可见光下看见的清楚，但你或许能想象出一两种特别的用处，比如在冬天观察你的房子看窗玻璃或屋顶哪里漏热。 157

小时候，我知道晚上关灯后，如果躲在卧室壁橱里的怪物是温血的，用红外视觉就能发现它们。不过大家都知道一般的卧室怪物都是爬行类的冷血动物，所以红外视觉完全发现不了卧室怪物，因为它们会和墙壁以及门融合在一起。

在宇宙里，红外窗口最适合用于探测包含恒星发生地的浓密云团。新生恒星常常被残留的气体和灰尘所掩盖。这些云吸收了其中恒星发出的大部分可见光，转换成红外线重新辐射出来，这样就使可见光窗口变得毫无用处。虽然恒星际尘云吸收了大部分可见光，但红外线穿过其中的损耗却很小，这对研究银河系盘尤为重要，因为银河系盘是银河系恒星的可见光被遮蔽最多的地方。回到地球上，地球表面的红外卫星照片显示了大洋暖流的流向，例如围绕不列颠群岛（比整个缅因州[1]还要北）流动、让该群岛无法成为滑雪胜地的北大西洋洋流。

太阳（表面温度约为绝对温标6 000度）辐射的能量中包含了丰富的红外线，但光谱中最多的是可见光部分，也是人眼视网膜最敏感的部分，如果你从未考虑过这一点，这也是为什么我们的视力在白天特别好的原因。如果光谱不是这样匹配，我们就可以正当地抱怨我们视网膜的一部分感光能力被浪费了。我们通常不认为可见光具有穿透能力，但是可见光可以几乎不受阻碍地穿过玻璃和空气。而紫外线却会被普通玻璃迅速吸收，所以如果我们的眼睛只对紫外线敏感的话，那玻璃窗就和砖墙无异。

158

比太阳热三四倍以上的恒星是巨型的紫外线发生器。幸好，这些恒星在光谱的可见光部分也很明亮，所以不用紫外望远镜也能找到它们。地球大气的臭氧层吸收了大部分入射的紫外线、X射线和γ射线，所以对这些最热恒星的详细分析最好是在地球轨道或更高的地方进行。光谱上的这些高能窗口是天体物理学中较为年轻的分支。

似乎是为了宣告视野更为广阔的新世纪的到来，第一个诺贝尔物理学奖于1901年颁给了发现X射线的德国物理学家威廉·康拉德·伦琴（Wilhelm C. Röntgen）。来自宇宙的紫外线和X射线都揭示了宇宙中一种最奇异天体的存在：黑洞。黑洞不辐射光——它们的引力太强，连光都无法逃脱——所以它们的存在必须通过从其伴星上螺旋落向

---

1. 缅因州位于美国本土的东北端，位置相当于我国的黑龙江省。——译者注

黑洞表面的物质所辐射出的能量才能推断出来。这个场景像极了抽水马桶里的水盘旋下泄的情形。由于温度比太阳表面高20倍以上，所以这些物质在落入黑洞之前释放的能量以紫外线和X射线为主。

159

发现本身并不需要你在发现前或是发现后理解你所发现的东西。微波背景辐射的发现就是这样，现在γ射线爆发也是如此。我们将在第6篇看到，透过γ射线窗口会看到高能γ射线穿越天空的神秘爆发。这些爆发是通过太空γ射线望远镜发现的，但其起源和成因至今不明。

如果我们把视觉的概念拓宽到包含亚原子离子的检测，那我们就可以利用中微子。如第2篇所述，不易捕获的中微子是在质子转变为普通中子和正电子（电子的反粒子）过程中形成的亚原子粒子。正如听起来那般含糊，这个过程发生在太阳中心，每秒约为100万亿亿亿亿（10^{38}）次。之后中微子直接穿出太阳，就好像它们从来没出现在过那里一样。中微子“望远镜”可以直接观察到太阳核心以及那里正在进行的热核反应，这是电磁频谱上任何一个频带都无法揭示的。但是中微子极难捕获，因为它们几乎不和物质发生相互作用，所以高效且有用的中微子望远镜即便可能，也仍是一个遥远的梦。

引力波是宇宙里另一个难以捕捉的窗口，它的检测将能揭示灾难性的宇宙事件。但是到本文写作之时，引力波（1916年的爱因斯坦广义相对论预测，引力波是时空中的涟漪。）仍未被检测到。美国加州理工学院的物理学家们正在开发一种特殊的引力波探测器，它是一个L形的真空管，长4千米的两臂用于传播激光束。如果有引力波通过，一个臂中的光程暂时就会和另一个臂中的光程有细微的差别。这个实验称为LIGO，即激光干涉引力波天文台，它的精度足以探测1亿光年远160处恒星碰撞所发出的引力波。你可以想象，未来有一天，宇宙里的引力事件——碰撞、爆炸以及坍缩的恒星——能够通过这种方法进行例行观测。事实上，可能有一天这扇窗开得足够大，让我们可以穿透不透明的微波背景辐射，看到时间自己的开始。

161 17.宇宙的色彩

在地球的夜空里，只有几个天体的亮度能够引起视网膜上对色彩敏感的锥细胞兴奋。红色的火星是其中之一，还有蓝色超巨星参宿七（猎户座的右膝盖骨）和红色超巨星参宿四（猎户座的左腋）。但除了这几个突出的明星之外，就几乎没有其他的了。以裸眼来看，太空是个黑暗无色的地方。

只有借助大型望远镜，宇宙才会显露出它真正的色彩。恒星等发光天体有三种基本颜色：红、白和蓝——一个会让美国开国元勋们感到欣慰的宇宙事实[1]。恒星际气体云几乎可以是任何颜色，取决于它的化学元素组成和你拍照的方法，而恒星的颜色和它的表面温度直接相关：温度低的恒星为红色，温度中等的恒星为白色，温度高的恒星为蓝色，温度非常高的恒星也为蓝色。非常非常热的地方，比如1 500万度高温的太阳中心又是什么颜色？蓝色！对天体物理学家而言，赤热的食物和火辣的情人都还有改进的空间[2]。就是那么简单。

1.美国国旗、国徽的颜色就是红、白、蓝三色。——译者注
2.这里修饰食物和情人的都是“red-hot”，直译为“红热的”。——译者注

就那么简单吗？

天体物理定律和人体生理学都不允许绿色恒星存在。黄色的恒星呢？一些天文学教科书、许多科幻故事，以及大街上几乎所有的人都支持太阳是黄色的。可是专业摄影师会发誓说太阳是蓝色的；“日光型”胶片[1]就是设定为光源（假定为太阳）的蓝光部分较强时达到白平衡。老式的蓝点牌（Blue Dot）闪光灯就是用于日光片室内拍摄时模拟太阳的蓝光。不过阁楼艺术家会争辩说，太阳是纯白色的，在阳光下看到的所选颜料的颜色是最准确的。 162

太阳在日出和日落过程中在满是灰尘的地平线附近无疑泛着橘黄色的光芒。但是在正午的时候，大气散射最小，你脑海里跳出的就不再是黄色了。事实上，纯黄色光源将使得白色物体看上去是黄色的。所以如果太阳是纯黄色的，那么雪看上去将会是黄色的——无论它是不是落在消防栓旁边[2]。

对天体物理学家而言，“低温”天体的表面温度介于1 000至4 000开尔文之间，一般是红色的。而大功率白炽灯的灯丝温度很少超过3 000开（钨的熔点为3 680开），看起来却很白。低于1000开时，物体光谱中的可见光部分急剧减少。这种温度的天体是失败的恒星，我们称之为棕矮星，但实际上它们并非棕色，也几乎不发出任何可见光。

---

1. 彩色摄影胶片分为日光型和灯光型两大类，日光型胶片用于日光照明环境下的拍摄。——译者注
2. 美国消防栓的标准色是黄色。——译者注

谈到颜色，黑洞并不真是黑的。它们实际上会非常缓慢地蒸发，从事件视界的边缘发射出少量的光。这个过程最早是由物理学家斯蒂芬·霍金（Stephen Hawking）提出的。黑洞因质量不同，能够发射出各种形式的光。黑洞越小，蒸发地越快，它们的生命在富含 γ 射线和可见光的能量闪光中终结。

163 电视、杂志和书籍中展现的现代科学图像经常使用伪彩色。电视天气预报也一样，用一种颜色表示雨量大，另一种颜色表示雨量小。当天体物理学家制作宇宙天体的图像时，他们通常把一组任意的色彩序列与图像的亮度相对应。最亮的部分可能是红的，最暗的部分可能是蓝的。所以你看到的颜色与天体的实际颜色毫无关系。正如在气象学里，此类图像的色彩序列还与其他属性相关，例如物体的化学成分或温度。螺旋星系的图像上也常用色彩代表旋转方向：转向你的部分施以蓝色，背离你的部分施以红色。在此例中，选定的颜色让人联想起广为人知的解释天体运动的多普勒蓝移和红移。

在著名的宇宙微波背景辐射图上，一些区域比平均温度高，也必然有些区域比平均温度低。温差范围大约是十万分之一度。你如何显示这种情况？把温度高的点画成蓝色，温度低的点画成红色，或者反过来。在这两种情况下，非常小的温度波动都会在图上形成明显的差异。

有时候人们会看到用不可见光，例如红外线或无线电波拍摄的宇宙天体的全彩图像。在大多数这种情况下，我们用3种颜色，通常是红、绿、蓝（简写为“RGB”），来表示频带上的3个不同区域。利用这种方法能够制作出全彩的图像，就好像我们天生具有感知光谱中其他不可见部分的能力一样。

我们获得的启示是，平常人眼中的普通颜色对科学家来说可能具有极其不同的意义。当天体物理学家想表达清楚时，我们确实有工具和方法能够量化天体发射或反射的确切颜色，能够免受图像制作者的个人喜好或各人色彩感觉差异的影响。但这些方法不是人人都能掌握[164]的。要在按照探测器灵敏度曲线精心调整过的系统中利用多重滤光片测量天体的辐射量，并求其对数比。（看，我说不容易吧。）如果比率下降，不管天体呈现何种颜色，都说明它技术上是变蓝了。

人类色彩感知的异常行为给富有的美国天文学家和狂热的火星爱好者罗威尔带来了不少麻烦。在19世纪末和20世纪初，他非常仔细地绘制了火星表面的图像。这样的观测需要稳定干燥的空气，以减少火星光进入眼睛途中的模糊效应。1894年罗威尔在干燥的美国亚利桑那州玛斯山山顶建立了罗威尔天文台。富含铁的红褐色火星表面在任何放大倍率下看都是红色的，但罗威尔也记录到许多绿色的区域，它们位于罗威尔所认为的运河（人工水道，假定是由真正的火星人建造，目的是把宝贵的水从极地冰冠引到城市、村落和周围的农田。）的交汇处。

在此我们不必担心罗威尔窥视外星人的癖好，只需关注他的运河和绿洲就行了。罗威尔无意中成了两种众所周知的视错觉的受害者。第一种，在几乎所有情况下，大脑都会试图在完全没有顺序的地方建立虚拟顺序。天空中的星座就是最好的例子——它是富有想象力、昏昏欲睡的人们给随机一组星星建立顺序的结果。同样，罗威尔的大脑把火星上无关联的地表和大气特征解释成一幅大的图画。

第二个错觉是当灰色和黄红色放在一起时，看上去像是蓝绿色。这个效应最早是由法国化学家米歇·欧仁·谢弗勒尔（M. E. Chevreul）于1839年指出的。火星表面看起来是暗红色的，有一些区域呈棕灰色。蓝绿色是由生理现象引起的，因为橙黄色围绕的中性色区域在人眼看来显现发蓝的绿色。

165

另一个特殊但影响较小的生理效应是，你的大脑往往会对你所身处的光照环境作色彩平衡。例如，在雨林的遮盖下，几乎所有找到地面的光都（因透过树叶而）被滤成绿色，这时白纸看起来应该是绿色的。但并不是这样。你的大脑会排除光照环境的影响，仍把它当成白色。

另一个更常见的例子是，晚上你走过屋里有人看电视的房子的窗边。如果电视机是屋里唯一的光源，那墙壁会散发出淡淡的蓝光。但身处其中的人的大脑会主动平衡墙壁的色彩，所以不会发现周围的颜色有什么改变。这种生理补偿能力可能会使第一批移居火星的人类注意不到周围的风景都是红色的。事实上，1976年海盗号登陆器发回地球的第一幅图像尽管颜色很淡，但还是故意着成深红色，以满足媒体的视觉期待。

在20世纪中叶，人们在美国加利福尼亚州圣地亚哥市郊外的一处地点对夜空进行了系统的拍照。这个开创性的数据库就是帕洛马天图，它成为后续整整一代有目的宇宙观测的基础。巡天者拍摄了天空两次，两次的曝光参数相同，但用了两种不同的柯达黑白胶卷——一种对蓝光特别敏感，另一种对红光特别敏感。(事实上柯达公司有一个部门的工作就是为有最尖端摄影需求的天文学家服务，他们的需求有助于推进整个柯达公司研发的进步。)如果某个天体引起了你的兴趣，你一定要同时观察红光和蓝光图像，以初步评估它的发光性质。例如，非常红的天体在红光图像上很明亮，但在蓝光图像上几乎看不[166]见。此类信息能够为目标天体的后续观测提供指导。

尽管个头和最大的地面望远镜相比只能算中等，但2.4米的哈勃太空望远镜却拍出了壮观的宇宙彩色照片。这些相片中最令人难忘的是“哈勃遗产”系列的一部分，这一系列作品将使得哈勃望远镜的遗产得以永远留在公众的记忆里。大多数人会对天体物理学家为获得彩色照片而所做的一切感到惊讶。首先，我们使用与家用摄像机同样的数字CCD技术，不过我们早用了10年，而且我们所用检测器的质量要高得多。其次，在光照到CCD上之前，我们在数10种方法之中选择一种进行了滤光。对于普通的彩色相片，我们会通过红色、绿色和蓝色宽带滤波器获得3张连续的图像。尽管名为三色，但其实这些滤波器合在一起覆盖了整个可见光谱。接着，像人脑合成视网膜上红、绿、蓝3种视锥细胞的信号一样，我们用软件把这3张图像合成为一张。这样就生成了一张彩色照片，如果你眼球里的虹膜直径有2.4米的话，你看到的景象就和这张照片非常相似。

不过，假设由于组成原子和分子的量子性质，物体在特定波长发出的光非常强。如果我们事先了解，并使用针对这些辐射调整的滤波器而不是宽带红绿蓝滤波器，就能提高在这些波长上的成像灵敏度。

结果如何？照片上的特征对比鲜明，原本看不到的结构也能显现出来。在离我们不远的宇宙里就有一个很好的例子。我承认，我从没在望远镜里看到过木星大红斑。在它较淡的时候，观察它的最好方法就是通过一个能够分离出气态云里的分子所发射红光的滤光片。

在星系里，恒星形成区域附近稀薄的恒星际物质里所含的氧会167发出纯绿色的光。（这就是之前提到的神秘元素"nebulium"。）用滤光片过滤光线，探测器上接收到的氧元素特征信号就不会被视野中其他波长相近的绿光干扰。许多哈勃望远镜拍摄的图像上都有明亮的绿色，就是来自氧元素在夜间的辐射。滤去其他原子或分子的特征，彩色图像就变成了宇宙的化学探测器。哈勃望远镜极善此道，同一个天体，它所拍摄的彩色图像和其他模拟人眼色彩响应特性的望远镜所拍摄的传统的RGB图像完全不同。

关于哈勃望远镜拍摄的图像是否包含"真正"颜色的争论相当普遍。不过有一件事可以确定，就是这些图像不含"假"彩色。图像上的颜色是实际天体和天文现象发出的真实颜色。纯粹主义者坚持认为我们没有把人眼能够看到的宇宙色彩展现给公众是对公众的伤害。但是我认为，如果视网膜能够调节到只接收某个窄带内的光，那么人眼就能看到哈勃望远镜看到的景象。而且我认为我上一句里所说的"如果"并不比"如果你的眼睛和大型望远镜一样大"里的"如果"更不靠谱。

还有个问题：如果把宇宙里所有发光天体发出的可见光加在一起，会得到什么颜色？换句更简单的话说就是：宇宙是什么颜色的？很巧，有些找不到更好的事做的人还真的计算了这个问题的答案。美国约翰斯·霍普金斯大学的卡尔·格莱兹布鲁克（Karl Glazebrook）和伊凡·巴尔德里（Ivan Baldry）起先错误地报告说宇宙的颜色介于淡绿色和浅青绿色之间，随后又纠正了自己的计算，确定宇宙其实是浅米色，或者称为宇宙拿铁色[1]。格莱兹布鲁克和巴尔德里的发现来自于对超过200 000个星系发出的可见光的调查，这些星系在宇宙中占据了一大块已足具代表性的空间。

19世纪英国天文学家约翰·赫歇耳爵士发明了彩色摄影术。时常令公众不解，但又偶尔会带来惊喜的是，天体物理学家从那时起就一直与彩色摄影联系在一起——而且将会永远联系在一起。

18.宇宙等离子体

168

在医生的词汇里，仅有少数几个词和天体物理学家的词汇重叠。人的头盖骨上有两个“眼眶”（英文为orbit，也有“轨道”之意），眼球就在它形成的圆洞里转动；你的“腹腔神经丛”（英文为solar plexus，又称太阳神经丛）位于胸腔中间；当然，我们的眼球里都有“晶状体”（英文为lens，也有“透镜”之意）；不过我们身体里没有类星体和星系。orbit和lens两个词在医学和天体物理学中的用法非常相似。可是“plasma”一词虽然在两个学科里都很常见，但各自的意思毫不相关。输血浆（blood plasma）能救你的命，但是如果碰上一滴

---

1. 2001年格莱兹布鲁克和巴尔德里报告了他们计算得到的颜色。《华盛顿邮报》报道了他们的发现并且刊登了这种颜色，在报道中格莱兹布鲁克开玩笑说要征集这种颜色的名字。于是，有一些读者给这种颜色起了名字。“宇宙拿铁”的命名人Peter Drum当时正在星巴克喝咖啡，他发现报纸上的颜色和自己喝的拿铁咖啡很像，就给这种颜色起名为“宇宙拿铁”。格莱兹布鲁克和巴尔德里很喜欢这个名字，所以宇宙的颜色就被命名为宇宙拿铁。——译者注

发着白光、温度高达上百万度的宇宙等离子体（plasma），那你立刻就会变成一缕白烟。

宇宙等离子体无处不在，但是基础教科书和科普读物中却很少提及。科普作品里常把等离子体称为物质的第四态，因为它的诸多性质全然不同于人们所熟悉的固、液、气三态。和气体一样，等离子体里的原子和分子能够自由运动，但等离子体能够导电，还会被穿透其中的磁场所束缚。等离子体内的大多数原子因某种机制失去了电子，由于温度高且密度低，电子极少和原子重新结合。作为整体，等离子体仍然呈电中性，因为（带负电的）电子的总数和（带正电的）质子的总数相等。但是在等离子体内部充斥着涌动的电流和磁场，在许多方面和我们在高中化学课上所了解的理想气态完全不同。

169

电场和磁场对物质的作用总是强于引力的作用。质子和电子间的静电力比引力大10^{40}倍。电磁力是如此强大，孩子们玩的磁铁能够轻易地克服强大的地球引力把回形针吸起来。还想看更有趣的例子吗？如果把宇宙飞船顶端1立方毫米内原子的电子都剥离，并把这些电子放到发射台的底部，那么产生的吸引力将会使得飞船无法发射。即使启动所有发动机飞船也不会有丝毫移动。如果阿波罗飞船的航天员把一丁点月尘里的全部电子带回地球（同时把电子所属的原子留在月球上），它们产生的吸引力将会超过地球和月球间的万有引力。

地球上最常见的等离子体有火焰、闪电、流星的尾迹，当然，还有你穿着羊毛袜在起居室地毯上走动后触摸门把手时产生的放电。所谓放电，是指当一定空间内电子积聚到一定程度时穿透空气瞬间移动所产生的电流。地球上每小时都会产生数千次闪电。闪电所经过的、只有几厘米宽的空气柱被流过的电子加热到数百万度，瞬间成为明亮的等离子体。

每颗流星都是行星际碎片的微小颗粒，因速度极快而在空气中燃烧，成为无害的宇宙尘埃落到地球上。宇宙飞船返回大气层的时候170也会产生几乎相同的情形。飞船上的乘客显然不想以29 000千米/时（约合8千米/秒）的轨道速度着陆，所以飞船的动能必须消耗掉。重入大气层时，动能被转化为飞船前缘的热，随后被防热罩迅速带走。这样航天员就不会像流星那样燃烧成灰烬才落地。降落过程中有几分钟，飞船表面的温度非常高，令返回舱附近的分子发生电离，在航天员周围形成临时的等离子屏障，所有通信信号都无法穿透。这就是著名的黑障，其间飞船闪闪发亮，而控制中心则无法获知航天员的任何信息。随着飞船在大气中不断减速，温度下降、空气变密，等离子态无法继续维持下去。电子重新回到原子里，通信也迅速恢复。

尽管等离子体在地球上不多见，但却构成了宇宙里超过99.99%的可见物质，其中包括所有发光的恒星和气体云。哈勃太空望远镜拍摄的银河系星云的美丽图像几乎全都是等离子态的绚丽气体云。有些气体云的形状和密度受到附近其他天体的磁场强烈影响。等离子体能够限制磁场，并把磁场扭曲或塑造成自己的形状。等离子体和磁场的结合是太阳11年活动周期的主要特征。太阳赤道附近的气体比两极附近的气体转得稍微快一点。这个差异对于太阳而言不是好事。由于太阳的磁场被限制在其等离子体内，因而磁场会被拉伸或扭转。随着混乱的磁场裹着太阳等离子体冲出太阳表面，太阳黑子、耀斑、日珥以171

及其他太阳斑点时隐时现。

由于这些纠缠，太阳每秒向太空抛射100万吨带电粒子，包括电子、质子以及氦核。这种粒子流（有时猛烈有时徐缓）通常被称为太阳风。太阳风是最著名的等离子体，也正是因为它，不论彗星面向还是背向太阳飞行，彗尾总是指向背离太阳的方向。太阳风还和地球两极附近的大气分子碰撞，产生极光（南极光和北极光）。不仅地球，所有拥有大气和强磁场的行星都是如此。根据等离子体的温度和所混合原子或分子种类的不同，一些自由电子会和缺少电子的原子重新结合，并在内部能级上跃迁，发出特定波长的光。极光的美丽色彩就是由电子的集体运动造成的，就像氖灯、荧光灯以及俗气的礼品店里摆放在熔岩灯旁边待售的发光等离子球一样。

近些年来，卫星观测给我们提供了前所未有的能力，可以对太阳和太阳风进行日常观测。我第一次接受晚间新闻的电视采访就是因为一则关于太阳向地球抛射等离子体的报道。所有人（至少是记者们）都吓坏了，以为等离子体撞上地球会发生什么灾难。我告诉记者不用担心——有地球磁场保护我们呢——还建议他们利用这个机会去北方欣赏太阳风将要带来的极光。

172

稀薄的日冕（就是日全食期间在月亮轮廓周围看到的光晕）是温度为500万度的等离子体，它是太阳大气的最外层。由于温度如此之高，日冕成为太阳X射线的主要来源，但肉眼却看不见它。如果只计可见光，日冕的亮度则不如太阳表面，湮没在太阳表面的耀眼光芒之中。

地球大气中有一层，那里原子的电子都被太阳风剥离，在地表附近形成一个等离子体层，称为电离层。电离层能反射特定频率的无线电波，包括收音机接收的调幅广播信号。由于电离层的反射，调幅广播信号能够传到数百千米之外，而短波信号更是能传播数千千米。然而，调频广播信号和电视信号的频率要高得多，会穿透电离层，以光速向外太空传播。外星人能看到所有的电视节目（对他们来说或许是坏事），能听到所有的调频音乐节目（或许是好事），但是对调幅广播访谈节目主持人的政治主张却一无所知（这样或许比较安全）。

大多数等离子体对有机质有害。美剧《星际迷航》里工作最危险的就是负责调查未知星球上发光等离子体球的那个人。（我记得他总是穿着红衬衣。）每次遇到等离子体球，他就蒸发了。你或许会认为，作为生于25世纪的人，这些在太空中远航的人们应该早就知道如何小心处理等离子体（或者别穿红衣服）。连我们这些活在21世纪、哪都没去过的人都知道处理等离子体要小心。

在热核反应堆（在那里可以在安全的距离上观察等离子体）的中心，我们试图让氢原子核高速碰撞形成更重的氦原子核。这样可以释放出能量，以满足社会的电力需求。问题是，我们尚无法产生出比消耗掉的能量更多的能量。为了达到如此高的碰撞速度，必须把氢原子团加热到数千万度。在如此高温下，氢原子外的电子不再受原子核的束缚，变成自由电子。如何控制数千万度的氢原子等离子体？放在何种容器里？即使是微波炉用的特百惠保鲜盒也不行啊。你需要一个不会融化、蒸发和分解的瓶子。我们在第2篇中曾提过，可以利用等离子体与磁场之间的关系，设计一种“瓶子”，瓶壁由等离子体无法穿透的强

173

磁场形成。一座成功的核聚变反应堆，其经济效益部分取决于这个磁瓶的设计以及我们对其与等离子体间作用机制的理解水平。

人类所制造的最奇特的物质之一就是由美国布鲁克海文国家实验室（位于纽约长岛的粒子加速器）物理学家们新近创造出的夸克-胶子等离子体。夸克-胶子等离子体并非由失去电子的原子核组成，而是更基本物质——带分数电荷的夸克和将夸克捆绑成质子和中子的胶子——的混合物。这种特殊形态的等离子体很大程度上代表了大爆炸后瞬间整个宇宙的状态。此时整个可见宇宙可以塞进罗斯地球与太空中心的27米直径的球体里。事实上，不管是什么样的形态，大爆炸后近40万年间宇宙一直都处于等离子体态。

大爆炸后40万年，宇宙从数十亿度冷却至几千度。在此期间，光被宇宙里的自由电子四处散射——像极了光穿过磨砂玻璃或太阳内部时的情形。光穿过这两者时必定会散射，使得两者看起来呈半透明状。到了几千度以下，宇宙已经足够冷，电子和原子核重新结合，形成了完整的氢原子和氦原子。

174

当电子找到位置之后，遍布的等离子态便不复存在。这样的状态持续了数亿年，至少直到类星体出现时。类星体中心有一个黑洞，吞噬周围的涡旋气体。气体在落入黑洞之前会释放出紫外线，这些紫外线飞越宇宙，把原子里的电子踢出来。在类星体诞生之前，宇宙经历了唯一一段没有等离子体的时期。我们称之为“黑暗时代”。我们认为在这一时期里，引力悄悄地把物质组合成等离子体球，它们成为第一代恒星。

19.火与冰

当科尔·波特（Cole Porter）为1948年的百老汇音乐剧《刁蛮公主》写出《真的很热》时，他所感叹的温度肯定不超过38摄氏度。根据波特的歌词设定能够令人舒适做爱的温度上限也没什么坏处。再考虑到冷水澡对大多数人性冲动的影响，现在你差不多就可以知道，令[175]裸露人体感到舒适的温度范围有多窄：以室温为中心的大约17摄氏度。

宇宙则完全是另一回事。100000000000000000000000000000000度是不是很刺激？它相当于1亿亿亿亿度，正好是大爆炸后极短一瞬间宇宙的温度，那时，所有将要成为行星、牵牛花及粒子物理学家的能量、物质和空间都还是一个由夸克－胶子等离子体组成的迅速膨胀的火球。直到宇宙降温数十亿倍之后，才有了我们所认识的这些事物。

根据热力学定理，在大爆炸后的1秒之内，宇宙这个膨胀火球的温度降至100亿度，并从不及一个原子的大小膨胀到数千个太阳系那么大。三分钟后，宇宙的温度降至几十亿度，最简单的原子核也正在大量形成。膨胀导致了降温，这两个过程一直持续到现在，毫无减缓的[176]迹象。

当前宇宙的平均温度是2.73开尔文。目前提到的所有温度值，除与人类性欲有关的以外，都是用开氏温标来表示的。开氏温标（简称开）的一度与摄氏温标相同，但开氏温标没有负值，零度就是零度。事实上，为了打消各种疑虑，开氏温标里的零度被称为绝对零度。

苏格兰工程师和物理学家威廉·汤姆森（即后人所熟知的开尔文男爵）在1848年最先提出了可能最低温度的概念。至今，实验尚未能达到这个最低温度。根据理论，绝对零度虽然已经可以十分接近，但却是永远无法达到的。2003年，麻省理工学院的物理学家沃尔夫冈·克特勒（Wolfgang Ketterle）所领导的实验室巧妙地实现了无可争议的0.000 000 000 5开（计量专家称为500皮开[1]）低温。

在实验室之外，宇宙现象所跨越的温度范围极其惊人。如今宇宙里最热的地方是正在坍缩的蓝超巨星的中心。就在它爆炸成为超新星之前，由于发生强烈的临区加热效应，温度可高达1000亿开。相比之下，太阳中心的温度仅有15亿开。

表面要冷得多。蓝超巨星的表面只有约25 000开——当然，已经烫得发蓝了。太阳表面的温度为6 000开——烫得发白，足以融化并蒸发元素周期表上的所有物质。金星表面的温度为740开，热到足以烤焦宇宙探测器上的电子设备。

在温标上更低的地方，水的冰点273.15开是相当重要的一点。不过与距太阳45亿千米远的海王星的表面温度60开相比，还是要温暖得多。海王星的卫星之一——海卫一上更冷。它由氮冰组成的表面只有40开，成为除冥王星以外太阳系里最冷的地方。177

地球生物能适应什么样的环境呢？人的平均体温是略高于310开

1. 皮表示10^{-12}，即一万亿分之一。——译者注

（传统上为37摄氏度）。地表温度的官方记录是从夏季的最高温度331开（58摄氏度，1922年录于利比亚的阿济济耶）到冬季的最低温度184开［零下89摄氏度，1983录于南极东方站（属于俄罗斯）］。但是如果没有辅助设施，人类无法在那样的极端温度下生存。我们在撒哈拉沙漠中如果没有遮阳装备，就会体温过高；在北极如果没有足够的衣物和食物，就会体温过低。地球上还生活着一些嗜极微生物，包括嗜热生物和嗜冷生物，它们能够适应人类无法适应的高温和低温。在有300万年历史的西伯利亚永冻土中曾经发现依然存活的酵母菌。有一种在阿拉斯加永冻土中冰封了32 000年之久的细菌，在周围环境解冻后立刻苏醒并且开始游泳。此刻，各种各样的古菌和细菌正生活在沸腾的泥浆、冒泡的温泉和海底火山里。

即使是复杂生物体也能在类似的苛刻环境下生存。有一类叫作缓步类动物的微小无脊椎动物受到刺激时能够停止新陈代谢。在那种状态下，它们能够在424开（151摄氏度）的温度下生存数分钟，或者在73开（零下200摄氏度）的低温下生存数天，即使困在海王星上也可以忍受。所以下次招聘合适的“太空旅行者”时，或许可以选择酵母菌和缓步类动物，让各国航天员都下岗。

人们常常分不清温度和热。热是物质中所有分子的动能总和。而在这个集合体中，能量的跨度相当大：有些分子运动很快，有些分子运动很慢。温度则衡量的是它们的平均能量。例如，一杯现煮咖啡的温度可能比游泳池里的一池温水高，但这一池水所含的热比这杯咖啡多得多。如果就这么把90度的咖啡倒进38度的池水中，池水也不会立马就变成60度。尽管两个人躺在一张床上发出的热比一个人多一

178

倍，但两人的平均温度（37度和37度）也不会加起来和74度的烤炉一样。

17和18世纪的科学家认为热与燃烧密切相关。按他们的理解，燃烧是热素（一种假想的、像土一样的物质，主要特征是具有可燃性）离开物体的过程。壁炉中的原木燃烧时，空气会带走热素，失去热素的原木则变成灰烬。

18世纪末，法国化学家安托万-洛朗·拉瓦锡（Antoine Laurent Lavoisier）以热质说取代了热素说。拉瓦锡认为热（他称之为热质）是一种化学元素，是一种无色、无味、无嗅、零质量的液体，通过燃烧和摩擦在物体间流动。直到19世纪工业革命达到高潮，广义的能量概念在新物理学分支热力学中逐渐成型时，热的概念才完全被人们所理解。

虽然热的科学概念给科学家们带来了许多挑战，但科学家和普通人在数千年前就已经对温度的概念有了直观认识。热的东西温度高，冷的东西温度低，温度计确认了这样的联系。

虽然通常把温度计的发明归功于伽利略，但最早的此类装置可能 179 是公元一世纪的发明家海伦（Heron of Alexandria）制作的。海伦的著作《气体力学》中描述了一台“温度计”，它能够随着温度的上升或下降显示气体体积的变化。和许多其他古籍一样，《气体力学》在文艺复兴时期被翻译成拉丁文。伽利略在1594年阅读了此书，然后就像他见到新发明的望远镜以后所做的那样，他立刻制作了一台更好的温度计。同一时期还有好几个人也做了同样的事。

对温度计来说，温标是很重要的。从18世纪早期开始，衡量温度的单位就有一个奇怪的传统，就是用可被许多除数整除的数字标记常见现象的温度。牛顿提出了一种从0（融化的雪）到12（人体）的温标；12可被2、3、4和6整除。丹麦天文学家奥列·罗默则提出另一种从0到60（60可被2、3、4、5、6、10、12、15、20和30整除）的温标。在罗默的温标上，零度是他用冰、盐和水的混合物所能达到的最低温度，60度是水的沸点。

1724年德国一位叫作丹尼尔·加布里埃尔·华伦海特（Daniel Gabriel Fahrenheit，水银温度计的发明者）的仪器商提出了一种更精确的温标，他把罗默温标的一度分为四等份。在新的温标上，水在240度沸腾，在30度结冰，人的体温大约是90度。经过进一步的调整，人的体温被定为96度，而96又是一个有很多除数的数字（它的除数有2、3、4、6、8、12、16、24、32和48）。水的冰点变成了32度。之后进一步的微调和标准化令华氏温标的爱好者们失望，因为人的体温不再是整数，水的沸点也成了212度。

1742年，瑞典天文学家安德斯·摄尔修斯（Anders Celsius）另辟蹊径，提出了一种便于十进制计算的温标。他把冰点设为100度，沸点设为零度。天文学家们似乎喜欢把标尺倒着标。某人（很有可能是制造摄氏温度计的人）帮了全世界一个忙，把数字倒了过来，于是便有了今天我们非常熟悉的摄氏温标。数字0似乎会破坏一些人的理解能力。几十年前的一个晚上，正值研究生期间的寒假，我待在纽约城北的父母家里听广播。一股加拿大寒流正向东北袭来，天气预报员在亨德尔《水上音乐组曲》的间隙不断播报室外正在下降的温度：“华氏

180

5度。”“4度。”“3度。”最后，他很紧张地说道：“如果气温继续下降，很快就要没有温度了！”

部分出于避免再次因缺乏科学常识而引发尴尬的原因，国际科学界使用开氏温标。开氏温标的零度处于合理的位置：绝对底部。其他任何零点都是随意决定的，不利于计算。

开尔文之前的几位先驱通过测量气体冷却时的体积变化，确定−273.15摄氏度（−459.67华氏度）是任何物质分子处于最低能态时的温度。另一些实验显示，当常压气体降至−273.15摄氏度时，气体体积将变为零。由于不存在零体积的气体，所以−273.15摄氏度就成为开氏温标不可能达到的最低限。称之为“绝对零度”再合适不过了。

从整体来看，宇宙的性质与气体类似。如果让气体膨胀，它的温度会下降。当宇宙年龄只有50万年时，宇宙的温度大约是3 000开。而今天宇宙的温度低于3开。由于无法阻止的膨胀，今天的宇宙比其幼年时期大了1000倍，温度低了1000倍。

181 在地球上，测量温度通常是把温度计塞到生物身上的某个口里，或者让温度计以非侵入的方式接触某个物体。这种直接接触使温度计里的运动分子可以达到与物体分子相同的平均能量。当温度计平时放在空气里时，则是由与温度计碰撞的空气分子的平均速度决定温度计的读数。

说到空气，在地球上某个地点和时刻，烈日下的空气温度和附近树下的空气温度不会有太大的差别。树荫挡住的是太阳直射在你身上的辐射能。它们几乎无吸收地通过大气，直射到你的皮肤上，令你感觉比空气更热。但是在没有空气的太空里，没有运动分子可以改变温度计的读数。所以“太空中的温度是多少”这个问题没有明显的意义。没有接触物，温度计只会记录来自各种辐射源的所有辐射能。

在月球上的白昼，温度计测得的温度高达400开（127摄氏度）。移到石头的阴影下，或是到了月球的夜晚，温度计的读数立刻降至40开（零下233摄氏度）。如果不穿具有温度调节功能的航天服还想在月球上活一天的话，你必须不停地旋转身体，让身体的各个部位交替升温和冷却，以保持一个舒适的温度。

如果真的很冷，你想多吸收点辐射能，那就最好穿深色衣服而不是反光较强的衣服。温度计也是一样。与其争论在太空中如何包裹温度计，还不如假设温度计能够完全吸收所有辐射。如果把温度计放在空旷地带的中心，比如银河系和仙女座星系的中间，远离所有强辐射源，那温度计的读数将会是2.73开，即宇宙当前的背景温度。

182

最近宇宙学家们一致认为宇宙将会永远膨胀下去。到宇宙尺度再增大一倍的时候，它的温度将降低一半多。经过数万亿年，宇宙里所有的残留气体都已积聚到恒星里，而所有的恒星那时也已耗尽所有的热核燃料。与此同时，膨胀宇宙的温度仍会持续下降，越来越接近绝对零度。

第 4 篇

183

生命的意义——破解生命之谜的挑战与胜利

185

20.尘归尘

用肉眼随意瞥一眼银河，可以看到一条朦胧的光带和暗斑横贯夜空。透过普通双筒望远镜或简易天文望远镜看去，银河里的黑暗区域依然是黑暗一片，但明亮的区域则变成了数不清的恒星和星云。

伽利略于1610年在威尼斯出版了一本名为《恒星使者》的小册子。他在书中描述了望远镜里的天空，并首次描述了银河里的亮斑。伽利略把他还没定名的仪器称作“侦察镜”，文字间难掩自己的激动心情：

> 利用侦察镜可以非常清楚地观察银河。有了这些明显的证据，困扰数代哲学家的所有争论都可以休矣，我们也彻底从无谓的争论中解脱出来。因为银河就是无数恒星的积聚体。无论你把侦察镜指向银河的什么地方，都可以看到难以计数的恒星，其中有很多又大又亮，但更多的小星星却真是深不可测。（Van Helden，1989年，第62页）

186

显然，最激动人心的是“难以计数的恒星”。为什么要对没有恒星的黑暗区域感兴趣呢？那些地方可能只是通往无尽空虚的宇宙洞穴罢了。

3个世纪之后，人们才发现那些黑暗区域是由气体和尘埃组成的浓厚云团，它们遮住了更远处恒星的光，内部深处则孕育着新的恒星。美国天文学家乔治·卡里·康斯托克（George Cary Comstock）曾经质疑，为何远处恒星的亮度不及根据距离推测出的亮度。根据康斯托克的假设，1909年荷兰天文学家雅各布·科尔内留斯·卡普坦（1851—1922）找出了真正的原因。在两篇题目同为《论空间的光吸收》的论文里，卡普坦提出证据，证明云团，即他新发现的“星际物质”，不仅散射恒星的光，而且对恒星光谱中不同波长光的散射强度也不同。对蓝光的衰减要比红光更强烈。这种选择性吸收使得银河里远处的恒星（平均）看起来比近处的更红一些。

普通的氢和氦（宇宙气体云的主要成分）不会使星光红化，但较大的分子会——特别是那些含碳和硅的分子。当分子大到不能再称作分子时，我们就称之为灰尘。

大多数人对家庭里的灰尘都相当熟悉，但却很少有人知道，（封闭房间里的）灰尘主要是人身上脱落的死表皮细胞（如果养宠物的话，还有宠物的皮屑）。我核实过，星际物质里的宇宙尘埃不含任何人的皮屑，但的确包含许多复杂的分子，其辐射主要集中在红外和微波频段。射电望远镜直到20世纪60年代才成为天体物理学家的常用工具，而红外望远镜的普遍应用则更是迟至20世纪70年代后。所以在这之前没有人知道星际物质的化学组成有多丰富。之后数十年，人们才逐渐了解了恒星诞生的绚丽过程。

并非所有银河里的气体云都能随时随地形成恒星。这些气体云通常不知道下面该怎么做。事实上，真正搞不清楚的是天体物理学家。我们知道气体云希望在自身重力的作用下坍缩形成一个或多个恒星，但旋转和内部的骚动却阻止它这么做。同时起反作用的还有高中化学课上讲到的气体压力。银河系的磁场也在阻止坍缩：磁场穿透气体云，作用于其中的每个自由带电粒子，改变它们原本在气体云引力作用下的运动轨迹。可怕的是，如果不是我们事先知道恒星存在的话，第一线的研究能够找出大把极具说服力的理由，解释为什么恒星永远都不会形成。

和银河里数以千亿计的恒星一样，气体云也在环绕银河的中心运动。恒星是浩瀚太空中的小点（几光秒[1]大小），它们就像夜晚的船只一样交错而过。而气体云则非常巨大。它们通常有几百光年宽，包含的质量相当于一百万个太阳。当这些气体云在银河系里迟缓地穿行时，常常相互撞在一起，内部纠缠在一起。有时，因相对速度和碰撞角度的原因，气体云会像软糖一样黏在一起；有时更糟，又撕裂开来。

如果气体云的温度降到足够低（低于100开），它的组成粒子会变得膨大且黏性十足，不像较高温度下那样相互排斥。这种化学变化会影响所有成员。长大的粒子（现在包含数十个原子）开始来回反射可见光，强烈衰减身后恒星发出的光。待到这些粒子变成真正的灰尘颗

1. 1光秒＝299 792.458千米。——译者注

粒时，它们包含的原子可能多达100亿个。在这样的尺寸下，它们不再 [188] 散射来自身后恒星的可见光，而是吸收后再以红外线的形式辐射出来。红外线属于能够自由穿透气体云的电磁波。但是对可见光的吸收作用产生一种压力，向背向光源的方向推动气体云，从而使得气体云与星光耦合在一起。

使气体云越来越密的力量可能最终导致它的引力坍缩，继而诞生恒星。于是我们面对着一种奇怪的情形：为了创造出拥有足以发生热核反应的上千万度高温内核的恒星，气体云里必须先达到极冷。

当气体云处于这一阶段时，天体物理学家对接下来发生的事只能说个大概。要想分析各种内外因素影响下庞大气体云的动态行为，理论学家和计算机模拟必须处理一个涉及所有已知物理和化学定理的多参量问题。更大的挑战来自尴尬的现实：原始的气体云比我们试图创造的恒星大数十亿倍，密度却不到恒星的10^{23}分之一——而一种尺度下重要的事在另一种尺度下却不见得有用。

不过，有一点我们能肯定，就是在星际云里最深最黑最密、温度只有10开左右的区域，一团团气体确实在毫无阻碍地坍缩，将它们的引力能转换为热能。这些区域（很快就会成为新生恒星的核心）的温度迅速上升，分解附近所有的灰尘。最终坍缩的气体温度达到上千万度。在这个神奇的温度下，质子（也就是失去电子的氢原子）的运动快到能够克服相互间的斥力，在一种专业上称作“强核力”的短程强核力作用下结合在一起。这样的热核反应制造出氦，其质量小于组成 [189] 它的两个氢原子。丢失的质量已转换成巨大的能量，正如爱因斯坦著名的质能方程$E=mc^2$所描述的那样。这里E代表能量，m代表质量，c代表光速。随着热向外传递，气体开始发光，由质量转变而来的能量便会散出。尽管这团热气仍然只是更大气体云里的一片沃土，但我们已经可以向银河宣布：一颗恒星诞生了。

我们知道恒星的质量跨度很大：从太阳质量的1/10到100倍。出于尚不清楚的原因，我们的巨大气体云包含了大量冷气团，它们都在几乎同一时期形成，每个都孕育出一颗恒星。每诞生一颗大质量恒星，就有上千颗小质量恒星诞生，但原始气体云里的气体只有大约百分之一参与了恒星的制造。这提出了一个经典的挑战：弄清为什么以及如何会出现这种小人物掌权的情况。

质量的最低限容易确定。如果低于太阳质量的1/10，坍缩气团的引力能不足以将核心温度提高到所需的1000万度。于是产生的不是恒星，而是棕矮星。棕矮星没有自己的能量来源，所以它只会越来越黯淡，靠着最初坍缩时产生的些许热能勉强维持。棕矮星的气态外层温度很低，许多在较热星星的大气中通常会被破坏的大分子仍能在这里存在。棕矮星的亮度很低，极其难以探测，需要动用类似探测行星的手段。事实上，只是近些年才找到足够多的棕矮星，可以对它们作进一步分类。质量的上限也容易判断。如果超过100个太阳质量，恒星会过于明亮，施加在灰尘粒子上的强大光压会把所有想加入恒星的额外质量都推开。这里星光和灰尘的耦合是不可忽视的。辐射压的效应如此强大，仅仅几颗大质量恒星的光就可以驱散晕暗的原始气体云里几乎所有的质量，从而在星系里呈现出几十上百颗全新的恒星（它们是真正的亲兄弟）。

190

猎户座大星云（位于猎户座腰带的正下方、佩剑正中）正是那样的恒星孕育地。星云里有数千颗恒星正在形成，组成一个巨大的星团。其中较大的四颗恒星构成了猎户座四边形，正忙于在孕育它们的气体云中央制造一个巨大的洞。新生的恒星在哈勃望远镜拍摄的图片上清晰可见，每颗星都包裹在由原始气体云里灰尘和其他分子组成的原行星盘中。每个原行星盘里都有一个太阳系正在形成。

新生的恒星有很长一段时间都不会相互打扰。但最终，路过的庞大气体云带来的持久稳定的引力扰动使得星团终于分裂开，成员散落入星系里的恒星之中。小质量恒星几乎能永远生存，它们消耗燃料的效率非常高。类似太阳的中等质量恒星早晚都会变成红巨星，濒临死亡时体积会膨胀上百倍。它们的最外层大气与星体的联系变得非常脆弱，渐渐飘散在太空中，暴露出燃烧了数百亿年后的核废料。回到太空的气体被路过的气体云收归囊中，参加下一轮的恒星形成过程。

尽管超大质量恒星极少，但它们对进化过程却是举足轻重。它们的亮度最高（是太阳的100万倍），因而寿命也最短（只有几百万年）。我们很快就会看到，大质量恒星制造了数十种重元素，一种接一种，从氢开始，接着是氦、碳、氮、氧，等等，直至核心里的铁。它们以超新星爆发的形式壮烈地死去，在爆炸中制造出更多的元素，瞬间亮度[191]超过整个星系。爆炸产生的能量把刚刚制造出来的元素散布到整个星系，同时把周围的气体吹出若干洞来，为附近的气体云补充了制造灰尘的原料。超新星爆发产生的冲击波在气体云里以超音速传播，压缩气体和灰尘，并可能制造出形成恒星所必需的超高密度气团。

在下一章中我们将会看到，超新星带给宇宙的最大礼物是为气体云提供了形成行星、原生生物和人类所需的重元素。于是，在上一代大质量恒星补充了更多的化学元素以后，新的恒星诞生了。

192

21.恒星锻造

并非所有的科学发现都是由孤僻、不善社交的研究人员完成的。也并非所有的发现都被媒体头条和畅销书所追逐。有些发现需要许多人花费数十年的努力，需要完成极其繁复的数学计算才能得到，并非媒体所能轻易概括的。这些发现几乎不会引起大众的瞩目。

我认为20世纪最未得到正确评价的发现就是，超新星（大质量恒星的爆炸式死亡）是宇宙中原始重元素的最初来源。这个突如其来的发现出自埃莉诺·玛格丽特·伯比奇（E. Margaret Burbidge）、杰弗里·罗纳德·伯比奇（Geoffrey R. Burbidge）、威廉·福勒（William Fowler）和弗雷德·霍伊尔（Fred Hoyle）发表在《现代物理评论》杂志上的一篇题为《恒星里的元素合成》的非常详尽的研究论文。文中他们建立了一套理论和计算框架，把40年来其他人对有关热点问题的思考创新性地解释成恒星能量的来源和元素的嬗变过程。

宇宙核化学是一门杂乱的学问，1957年是，现在依然是。相关的问题总是包括：在不同的温度和压力下，元素周期表上的各种元素会如何反应？它们会结合还是分离？这个过程有多简单？这个过程会释放能量还是吸收能量？

元素周期表当然不仅是由一百来个填着符号的格子组成的神秘表格，而且是按照原子核里质子数由少到多的顺序把宇宙里所有的已知元素依次排列。最轻的两个是只有一个质子的氢和有两个质子的氦。在适当的温度、密度和压力下，你可以用氢和氦合成周期表里的所有元素。 193

核化学里的一个永恒问题是精确计算碰撞截面，简单点说，它表示一个粒子需要多么接近另一个粒子两者才会发生明显反应。对于像混凝土搅拌机或装在平板车上沿街拖行的房屋这样的物体来说，碰撞截面很好计算，但对飘忽不定的亚原子粒子来说却是一项挑战。全面理解碰撞截面才能预测核反应的概率和路径。碰撞截面表上的毫厘之差常常会令结论失之千里。由此带来的后果就和你打算坐某个城市的地铁，却拿着另一个城市的地铁线路图当向导一样。

除了这个问题之外，科学家有时还怀疑宇宙里是否存在异乎寻常的核反应，那么恒星的中心或许和其他地方一样也是寻找的好地方。英国理论天体物理学家爱丁顿爵士1920年发表了一篇题为《恒星内部结构》的论文。他在论文里指出，英格兰的卡文迪什实验室（当时世界上最著名的原子和核子物理研究中心）不可能是宇宙里唯一试图把一种元素变成另一种元素的地方：

> 但能否承认这样的转变正在发生？难以断言现在就是这样，但要否认恐怕更难。……卡文迪什实验室里能做到的，在太阳里也许并不难。我想大多数人已经认同，恒星是把星云里丰富的较轻原子组合成更复杂元素的熔炉。(Eddington，1920年，第18页)

194 爱丁顿的论文比量子力学的发现早了数年。如果没有量子力学，人类对原子物理学和核物理学的认识只能算是极度薄弱。具有非凡先知的爱丁顿开始描绘恒星通过从氢到氦，以及更多的热核反应产生能量的设想：

> 我们不必强迫自己把氢合成氦的过程当作供应（恒星）能量的唯一反应，但看起来后续的合成反应释放的能量要少得多，有时甚至要吸收能量。我的态度可以用以下措辞来总结：所有元素的原子都是由结合在一起的氢原子构成，而且想必是由氢原子结合而来；恒星内部似乎和其他地方一样发生过演化。(Eddington，1920年，第18页)

在地球和宇宙其他地方观察到的元素比例是元素嬗变模型需要解释的另一个紧迫问题。但首先需要找到嬗变的机制。1931年，量子物理学出现（但中子尚未被发现），罗伯特·阿特金森（Robert d'Escourt Atkinson）发表了一篇详尽的论文，他在摘要中把论文总结为“恒星能量和元素起源的合成理论……在该理论中，各种化学元素是在恒星内部由较轻的元素一步一步连续搭建而来，每一次只合入一个质子或电子。”（Atkinson，1931年，第250页）。

几乎同时，核化学家威廉·哈金斯（William D. Harkins）发表了一篇论文，指出“原子量小的元素比原子量大的元素更丰富，平均而言，偶数原子量的元素比数值相近的奇数原子量的元素多10倍”（Lang and Gingerich，1979年，第374页）。哈金斯猜测元素的相对丰度取决于核过程，而非传统的化学过程，而且重元素必定是由轻元素合成而来。

恒星内核聚变的具体机制能够最终解释许多元素在宇宙中的存在，[195] 尤其是那些由两个质子的氦核和已有元素合成的元素。这些就是较为丰富的哈金斯所说的“偶数原子量”元素。但其他许多元素的存在和相对比例仍未得到解释。显然还存在另一种元素形成机制。

1932年，其时就职于卡文迪什实验室的英国物理学家詹姆斯·查德威克（James Chadwick）发现了中子。爱丁顿无法预见到，中子在核聚变中扮演着重要角色。由于质子间存在天然的斥力，所以要把它们组合在一起很费劲。必须让它们靠得足够近（通常利用高温、高压和高密度来实现），以使短程的“强”核力克服相互间的斥力将它们捆在一起。然而，不带电的中子不会拒绝其他粒子，所以它可以稳步踏入其他核子，加入到其他组合粒子中间。这个步骤没有制造出另一种元素；增加一个中子，我们只是制造出了该元素的一种“同位素”。但对某些元素而言，新捕获的中子并不稳定，会转化为一个质子（它留在原子核里）和一个电子（它立刻逸出）。就像希腊士兵藏在特洛伊木马里去攻破特洛伊城一样，质子可以伪装成中子潜入原子核里。

如果周围的中子流很强，那一个原子核能够在第一个中子衰变前吸收一列中子。这些迅速吸收的中子能够帮助创造出一堆元素，这些元素与慢速吸收中子所创造的元素的产生过程一样，但种类不同。

整个过程称为中子捕获，许多通过传统热核反应无法形成的元素就是如此产生的。[196] 自然界里剩下的元素可以通过其他方法制造，包括用高能射线（γ射线等）冲击重原子的原子核，使它分裂成较小的原子。

尽管这样可能把大质量恒星的生命看得过于简单，但我们仍有理由认为恒星是在制造和释放能量，以帮助恒星抵抗引力。如不是这样，这个巨大的气体球会在自身重力的作用下坍缩。在把氢转变成氦之后，恒星的核接着会燃烧氦变成碳，然后是碳变氧、氧变氖，这样一直到铁。要按照这个顺序聚合出越来越重的元素，需要越来越高的温度让核子克服它们的天然斥力。幸运的是，这一切会自然发生，因为到了每一中间阶段的尾声，恒星的能源暂时关闭，恒星内部坍缩，温度上升，接着下一阶段的聚变开始。这里只有一个问题。铁原子聚变吸收的能量多于放出的能量。这对恒星来说糟糕透了，因为这样就不再能帮助它对抗引力了。没有了阻力，恒星立刻坍缩，使得温度急剧上升，继而发生剧烈的爆炸，把恒星炸成碎片。在爆炸过程中，恒星的亮度可增加数十亿倍。我们称它们为超新星，但我总觉得用“超级新星”一词可能更合适。

在超新星爆发过程中，丰富的中子、质子以及能量可以以多种不同的方式制造元素。结合了（1）经过反复考验的量子力学原则，（2）有关爆炸的物理学知识，（3）最新的碰撞截面，（4）元素转变的多种途径，以及（5）恒星演化理论的基础，伯比奇夫妇、福勒和霍伊尔明确指出超新星爆发是宇宙中所有比氢和氦重的元素的最初来源。

197

有了超新星这个确凿的证据，另一个问题也就迎刃而解：当你在恒星里锻造重于氢氦的元素时，除非这些元素被以某种方式喷射到星际空间，并被用于制造行星和人类，否则对宇宙的其余部分一点好处也没有。没错，我们就是星尘。

我的意思并不是说所有的宇宙化学问题都已解决了。有一个奇怪的秘密与元素锝有关。1937年，锝成为第一种在实验室里合成的元素。[它的名字锝（technetium）和其他以“tech-”为前缀的词一样，源自希腊单词*technetos*，意即“人造的”。] 尚未在地球上发现天然的锝，却已经在银河系里一小部分红巨星的大气中被发现。如果不是因为锝的半衰期只有两百万年，远远短于发现它的恒星的年龄和寿命，这种独一无二的情况根本不值得恐慌。换句话说，恒星诞生的时候不会有锝，否则现在一点也不会剩下。也没有已知的机制，能在恒星核心制造锝并让它跑到我们发现它的表面上来。这个问题也催生出一些奇异的理论，但都未得到天体物理学界的普遍认可。

尽管拥有独特化学性质的红巨星极为稀少，但仍足以让一群天体物理学家（多数是光谱学家）专门研究这个课题。事实上，我的研究兴趣与这个课题重叠甚多，所以我也会定期收到国际刊物《具有特殊化学性质的红巨星通讯》（报摊上买不到的）。该通讯一般登载会议新闻和研究进展。对感兴趣的科学家来说，这些尚未揭开的化学谜团和有关黑洞、类星体和早期宇宙的问题一样诱人。但是你很少会了解 198 这些。为什么？因为媒体已经预先决定了哪些新闻不值得报道，即便他们报道的新闻和人身体里各种元素的宇宙起源这种话题一样枯燥无味。

199 ## 22.气体云

宇宙诞生后的近40万年，太空都是一个装满快速移动的裸露原子核的高压锅。最简单的化学反应只是一个遥远的梦，地球上出现最早的生命活动也还远在100亿年之后。

大爆炸产生的核子90%是氢，其余大部分是氦，还有极少量的锂：制造的都是最简单的元素。直到膨胀的宇宙从上万亿度冷却至大约3 000度时，核子才能束缚住电子。这样，它们才成为真正的原子，才有可能参与化学反应。随着宇宙不断变大和降温，原子聚成更大的结构——气体云，其中的最原始的分子（氢（H_2）和氢化锂（LiH））都是由宇宙最初的成分组合而来。这些气体云孕育了最初的恒星，这些恒星的质量差不多每个都是太阳质量的上百倍。每颗恒星的中心都有一个热核反应的大熔炉，拼命制造比氢、氦、锂重得多的元素。

一旦这些巨大的第一代恒星耗尽了燃料，就爆成碎片，将它们内部的元素散布在宇宙里。在爆炸释放的能量驱动下，它们还制造出更重的元素。于是，富含各种原子的气体在太空中聚集，在其中可发生诸多复杂的化学反应。

200

快进到星系（宇宙中可见物质的主要拥有者）及其内部，气体云因获得早期爆炸恒星的残余物而更加丰富。不久之后这些星系里就会出现一代又一代的爆炸恒星，其化学成分也一代比一代丰富——它们就是元素周期表里那些神秘格子的源泉。

如果没有这宏伟壮丽的场景，地球上或其他任何地方的生命就不会出现。生命的化学组成，其实是任何一切的化学组成，需要元素来搭建分子。问题是，在热核反应的熔炉或恒星爆炸里，分子不可能合成，也无法生存。它们需要更冷、更安静的环境。那么，究竟宇宙是如何变成我们今天所居住的这个充满了各种分子的地方的呢？

我们不妨暂时回到第一代大质量恒星深处的元素工厂去看看。

我们刚才了解到，在恒星核内高达1000万度的高温下，迅速移动的氢原子核（即单个质子）随机地撞入另一个氢核。这个活动引发了一系列核反应，最后的产物大部分是氦，还有大量能量。只要恒星“开着”，核反应释放的能量就能产生足够大的向外压力，保证恒星的巨大质量不在自身重力的作用下坍缩。但是，恒星的氢燃料最终总要烧完，剩下的是一团没什么用的氦。可怜的氦啊。它需要高10倍的温度才能聚变成更重的元素。

没了能源，恒星核坍缩，于是温度升高。到了大约1亿度，粒子的速度增加，氦核终于有足够的速度撞在一起聚合成更重的元素。聚变反应释放的能量足以阻止更大的坍缩——至少可以抵挡一会。聚合在一起的氦核有一小段时间是中间产物（例如铍），但最后3个氦核变成了1个碳核。（很久之后，当碳核和电子结合成为完整的碳原子时，它成了元素周期表上化学成就最大的原子。）

201

回到恒星内部，聚变正快速进行。最终热区的氦消耗殆尽，留下1个氦壳包裹着的碳球，氦壳外包围着恒星的其余部分。这时恒星核再次坍缩。当温度升至大约6亿度时，碳核也开始撞入附近的邻居家里——经由越来越复杂的核路径聚合成更重的元素，始终释放出足够的能量以抵挡进一步的坍缩。工厂现在开足了马力，制造出氮、氧、钠、镁和硅。

按照元素周期表的顺序可以一直进行下去，直到铁为止。铁是第一代恒星核中聚变产生的最后一种元素。如果让铁或更重的元素聚合，反应不再释放能量，反而要吸收能量。但恒星是要制造能量的，所以如果恒星发现自己的核是个铁球，那就糟透了。没有能源来平衡无情的引力，恒星核便迅速坍缩。几秒钟内，坍缩区和在场的一切迅速升温，引发一场大爆炸：超新星。现在有足够的能量来制造比铁更重的元素。爆炸之后，由恒星继承和制造出的各种元素组成一团巨大的云，飘散在周围的星际空间。这团云的主要成分有：氢、氦、氧、碳和氮。听着耳熟？除了化学惰性的氦，这些元素都是已知生命体的主要成分。由于这些原子能够自己或与其他元素构成种类极其繁多的分子，所以它们也可能是未知生命体的组成成分。

202　现在宇宙已经准备就绪，它愿意并有能力制造太空中的第一个分子，并构建下一代恒星。

如果气体云打算制造能持久的分子，那它们不但得选对成分，还得是冷的。在温度高于数千度的气体云里，粒子的运动太快，原子的碰撞能量太大，所以无法黏在一起并维持分子的结构。即使几个原子设法凑到一起组成分子，很快另一个原子也会带着足够的能量撞进来把它们分开。对聚变极为有利的高温高速现在却成了化学反应的绊脚石。

只要其内部气团的骚动能够支撑，气体云就能一直安然存在。但有时气体云某些区域内的骚动会变慢，温度下降，让引力占了上风，导致气体云坍缩。事实上，分子形成的过程也会降低气体云的温度：当两个原子相撞并黏在一起时，驱动它们结合的部分能量被新形成的化学键吸收，或是以辐射的形式被发射出去。

冷却对气体云的组成有显著影响。现在原子像缓慢行驶的船一样碰撞，黏在一起构成分子，而不再是破坏对方。由于碳原子间能稳定结合，所以碳基分子可以变得很大很复杂。有些分子纠缠在一起，就像床下结成团的灰尘一样。如果成分允许，同样的事也会发生在硅基分子身上。不管是碳还是硅，每粒灰尘都是一个热闹的地方，其上遍布好客的缝隙和沟壑，原子可以在那里会面，制造更多的分子。温度越低，分子就能变得越大越复杂。

203

在最早形成也是最普通的化合物中（一旦温度降至几千度以下），有几种常见的双原子和三原子分子。例如，一氧化碳（CO）在碳浓缩成灰尘前早就稳定了，氢分子（H_2）成为冷却气体云（现在准确的叫法应该是分子云）的主要成分。随后形成的三原子分子包括水（H_2O）、二氧化碳（CO_2）、氰化氢（HCN）、硫化氢（H_2S）以及二氧化硫（SO_2）。另外还有活性很强的三原子分子H_3^+，它非常渴望把自己的第三个质子送给饥饿的邻居，从而引发更多的化学反应。

随着气体云继续冷却到100开以下，更大的分子出现了，其中有些说不定正躺在你家的车库或厨房里：乙炔（C_2H_2）、氨（NH_3）、甲醛（H_2CO）和甲烷（CH_4）。在温度更低的气体云里还能找到其他重要混合物的主要成分：防冻剂（用乙二醇制成）、酒（乙醇）、香水（苯）和糖（乙醇醛），还有结构类似氨基酸（蛋白质的基础成分）的甲酸。

目前在星际空间飘浮的分子种类已经接近130种。最大、结构最复杂的是蒽（$C_{14}H_{10}$）和芘（$C_{16}H_{10}$），它们是美国俄亥俄州托莱多大学的阿道夫·维特（Adolf N. Witt）及其同事于2003年在距地球2 300光年的红矩形星云里发现的。蒽和芘由稳定的碳环相互连接而成，属于一类叫作多环芳烃的分子家族。太空里复杂的分子大多以碳为基础，当然，我们人类也是一样。

太空里存在分子在现在看来是理所当然，但在1963年以前，天体物理学家们却多数不知道——与其他科学的发展相比，这算是相当后知后觉了。那时DNA分子的结构已经清楚，原子弹、氢弹和弹道导弹都已经很"完美"，阿波罗登月计划也正在进行，连比铀重的元素也已经在实验室里造出了11种。

204

天体物理学之所以在这方面落后，是因为整个电磁频谱——微波——的窗口尚未被打开。如我们在第3篇里看到的，分子吸收和辐射的光主要落在频谱上的微波段，所以直到20世纪60年代微波望远镜得到应用之后，宇宙分子的复杂性才显露出它全部的光辉。不久，人们就发现银河的暗区是庞大的化学工厂。1963年发现羟基（OH），1968年发现氨，1969年发现水，1970年发现一氧化碳，1975年发现乙醇——全部混在星际空间的气态鸡尾酒里。到20世纪70年代中期，人们已发现近40种分子的微波信号。

分子有明确的结构，但连接原子的电子键并不是刚性的：它们会上下左右振动、扭转和伸展。微波的能量范围碰巧正可以激励这样的运动。（这就是微波炉的工作原理：能量合适的微波振动食物里的水分子。振动粒子间的摩擦产生热，迅速从内部加热食物。）

和原子一样，宇宙里的每种分子都可以通过频谱上的独特谱线来分辨。这些谱线可以和地球上实验室里归好类的谱线对比；有了谱线，常常还辅以理论计算的结果，我们就知道我们看到的是什么。分子越大，连接它的电子键就越多，电子键振动和扭转的方式也更多。每种振动和扭动有一个特征波长，或者叫“颜色”；有些分子在微波频谱上占据数百甚至数千种“颜色”。当它们的电子伸展时，它们会吸收或发射对应波长的光。从全部信号中找出某种分子的信号是件困难的事，[205] 有点像在游戏时间从一屋子尖叫的孩子中分辨出自己孩子的声音一样。这很难，但你能做到。你只需准确地知道自己孩子声音的种类就可以了。你的实验室模板也是一样。

分子形成后不一定能稳定存在。在炽热恒星诞生的区域，星光中包含大量紫外线（UV）。紫外线对分子有害，因为它的高能量会破坏分子组成原子间的电子键。这也是紫外线对人体有害的原因：最好远离会分解你血肉分子的东西。所以还是忘记庞大气体云可以冷到让分子在其内部形成的话吧；如果周遭都被紫外线笼罩的话，云里的分子早被烤熟了。而且分子越大，就越受不了这样的攻击。

不过，有些星际气体云很大很密，它们的外层能够保护内层。外层分子牺牲自己挡住紫外线，保护了内层的兄弟，因此云内依然可以发生复杂的化学反应。

但分子的狂欢最终还是要结束。一旦气体云中心（或任何其他气团）的密度够高、温度够冷，运动粒子的平均能量就会太小以至于无法支撑结构，无法避免它在自身重力作用下坍缩。这种自发的引力收缩会令温度回升，把原本的气体云变成热核反应发生的炙热之地。

现在，又一颗恒星诞生了。

206 必然地、无可避免地，甚至可以说是悲剧地，现在化学键（包括气体云在孕育恒星过程中努力制造的所有有机分子）都在炽热下断裂开。不过气体云较分散的区域可以逃脱这样的命运。于是有些气体，离恒星近到能够受恒星逐渐增长的引力影响，但又没近到被恒星拉进去。在这团满是尘埃的气体里，冷凝物质组成的厚盘在环绕恒星的安全轨道上运行。在这些圆盘里，旧分子得以生存，新分子可以尽情地产生。

我们现在所拥有的是一个正在形成的太阳系，很快就会出现富含各种分子的行星和彗星。一旦固态物质出现，就没什么不可能了。分子想变多大就变多大。在这种情况下释放碳，你甚至可能获得已知最复杂的化学反应。有多复杂？它有另外一个名字：生物学。

23.金发女孩和三颗行星[1]

207

从前，大约40亿年以前，太阳系的形成接近完成。金星已在离太阳很近的地方形成，强烈的太阳能把上面的水全部蒸发。火星在很远的地方形成，上面的水永远冰冻着。只有一个行星，地球，它的距离“刚刚好”让水保持液态，因此它的表面可以成为生命的安息所。这片围绕太阳的区域就是所谓的宜居带。

（童话里的）金发女孩也喜欢“刚刚好”的东西。三只熊的小屋里，一碗粥太烫，另一碗太凉。第三碗刚刚好，所以她吃了。还是在三只熊的小屋里，一张床太硬，另一张太软。第三张刚刚好，所以她睡在上面。当三只熊回到家，它们不仅发现粥没了，还发现金发女孩睡在床上。（我忘了故事的结局是什么，但如果我是那三只熊——位于食物链顶端的杂食性动物——我会吃了金发女孩。）

金星、地球和火星的相对宜居性也会激起金发女孩的兴趣，但关于这些行星的实际故事多少要比三碗粥来得更复杂。40亿年前，富含水分的彗星和富含矿物的小行星仍一直在撞击行星的表面，但速度比以前慢得多。在这场宇宙台球游戏期间，有些行星从当初形成的地方移到更里面的地方，而有些则被踢到更大的轨道上。在已经形成的数十颗行星中，有些的轨道不稳定，撞入了太阳和木星，有些被抛出了 208

---

1. 这里借用英国童话《金发女孩和三只熊》（*Goldilocks and the Three Bears*）来讲故事。——译者注

太阳系。最后，剩下的几颗都是轨道“刚刚好”能维持几十亿年的。

地球轨道与太阳的平均距离为1.5亿千米。在这个距离上，地球接收到的能量是太阳总辐射能的20亿分之一。如果假设地球吸收了所有入射的太阳能，那地球的平均温度为280开（7摄氏度），正好是冬夏温度的中间。常压下，水在273开凝固，在373开沸腾，所以说我们的位置很好，地球上几乎所有的水都处于宜人的液态。

别那么快下结论。在科学上有时你能根据错误的原因得到正确的结果。地球实际上只吸收了到达地球太阳能的2/3，其余部分被地表（特别是海洋）和云层反射回太空。如果在方程中引入反射率因子，地球的平均温度就会降至约255开，远低于水的凝固点。现代必然有某种因素在发挥作用，使得地球的平均温度恢复到较为舒适的温度。

但是再等等。所有恒星演化理论都告诉我们，40亿年之前，当生命在众所周知的原始汤里形成时，太阳的亮度比现在低1/3，这将会使得地球的平均温度更低。

或许地球过去更接近太阳。但是在重轰炸期的早期之后，没有已知的机制可以在太阳系里前后改变轨道。也许过去的温室效应更强。209 我们不确定，我们只是知道，按照最初的设想，宜居带和其中的行星上是否可能存在生命并无太大关系。

著名的德雷克方程运用于地外文明搜寻，用它可以简单估算银河系里可能发现的文明的数量。当20世纪60年代美国天文学家弗兰克·德雷克(Frank Drake)提出该方程的设想时，宜居带的概念尚未突破某些行星与其宿主星距离“刚刚好”的想法。德雷克方程的一个版本是：从银河系中恒星的数量(数千亿颗)开始，乘以拥有行星的恒星所占比例，乘以位于宜居带的行星所占比例，乘以演化出生命的行星所占比例，乘以进化成智慧生命的比例，乘以这些生命发展出星际通信技术的比例。最后，再考虑恒星形成的速度和高科技文明的预期寿命，就能计算出那些可能正在等待人类电话的地外高级文明的数量。

小而冷的黯淡恒星有数千亿甚至数万亿年的寿命，应该有足够时间让周围的行星演化出一两种生命。但是它们的宜居带距离寄主星非常近。在那里形成的行星很快就会被潮汐力控制，总是以相同的一面对着恒星(就像月亮总是以同一面对着地球一样)，使行星的受热极度不均衡——行星“正”面的水会完全蒸发，而行星“背”面的水会完全冰冻。如果金发女孩住在那里，我们会看到她站在日夜分界线上，一边转圈一边吃燕麦粥(像串在架子上的烤鸡)。这些长寿恒星周围的宜居带还有另一个问题，就是它们非常窄，行星很难处于“刚刚好”的距离上。

相反，大而热的明亮恒星拥有广阔的宜居带。可惜这种恒星很稀少，而且只能生存几百万年就会剧烈地爆炸，因此它们的行星很难成为生命搜寻计划的候选对象——当然，除非出现一些快速的演化。但是会做高等微积分的动物恐怕不会是第一个从原始汤里孕育出来的东西。 210

我们可以把德雷克方程作是金发女孩的数学——一种寻找刚刚

好机会的方法。但德雷克方程刚开始遗漏了位于太阳宜居带之外的火星。火星上有无数蜿蜒的干涸河床、三角洲和洪泛平原，这些都是火星上曾经存在水的确凿证据。

地球的姐妹星——金星又如何呢？它恰好在太阳的宜居带里。金星表面完全被厚厚的云层所笼罩，它的反射率是太阳系行星中最高的。没有什么明显的理由阻止金星成为一个宜居的地方，但它却不巧受到温室效应的严重影响。厚重的二氧化碳大气把到达表面的少量辐射几乎100%锁住。750开（477摄氏度）的金星是太阳系里最热的行星，但其轨道距太阳的距离几乎是水星的2倍。

如果地球能够在数十亿年的风雨中维持演化不间断，或许生命自己能够提供一种反馈机制来维持液态水。这个概念由生物学家詹姆斯·洛夫洛克（James Lovelock）和琳·马古利斯（Lynn Margulis）于20世纪70年代提出，称为盖亚假说。这个集影响力和争议于一身的概念需要地球上的各个物种在任何时候都像一个整体一样行动，坚持不懈地（却是无意地）调节大气成分和气候，以维持生命的存在——也意味着液态水的存在。我对这个观点颇有兴趣。它甚至成为新时代运动的宠儿。但我敢打赌，10亿年前有些火星人和金星人曾提出自己星球上的相同理论，可是现在他们都死了。211

如果放宽条件，宜居带的概念只需要一个让水处于液态的能源，它可以是任何形式的。木星的卫星，冰冷的木卫二，被木星引力场产生的潮汐力加热。就像橡皮球受到反复击打变形后升温一样，由于木星对木卫二两侧的引力不同而产生变化的压力，使木卫二升温。后果怎样？目前的观测和理论证据显示，在木卫二上千米厚的表面冰层下有一片液态的海洋，或是泥浆。既然地球海洋里存在丰富的生命，木卫二应该是太阳系里最有可能存在地外生命的地方。

宜居带概念最近的另一个突破是新分为一类的嗜极生物，它们是那些喜欢在极热极冷条件下生存的生命形式。如果嗜极生物中有生物学家，它们一定会把自己当成正常生物，而把所有喜欢在室温下生活的生物定义为嗜极生物。嗜极生物中有一类嗜热生物，它们常见于大洋中脊，那里有温度远高于常规沸点的高压水从地壳深处涌出，流进冰冷的海盆。那种情况就像家用高压锅里的情形，坚固的密封锅产生锅内的高压，水温已超过常规沸点却尚未沸腾。

在冰冷的海底，溶解在水中的矿物质出了热水口就迅速析出，形成十几层楼高的巨大多孔烟囱。它们里面很热，边缘由于接触海水所以温度较低。就在这样一个温度变化的区域里生存着无数种生物，它们从没见过太阳，也从不在乎。这些坚强的小虫靠地热能生活。地热能一部分来自地球形成时期的余热，另一部分来自一些常见元素的自然存在但却不稳定的同位素衰变所产生的热，例如铝26，它的衰变可持续数百万年，又如钾40，它的衰变可持续数十亿年。

212

大洋底部的生态系统可能是地球上最稳定的。万一一颗巨大的小行星撞入地球，灭绝了地表所有的生物，那会怎样？海洋里的嗜热生物一定安然无恙，甚至可能在大灭绝之后进化到占领地球表面。如果太阳从太阳系中心神秘消失，地球偏出轨道在太空飘浮呢？显然也不会对嗜热生物有什么影响。但是，太阳将在50亿年内变成一颗红巨星，膨胀并占满整个内太阳系。与此同时，地球上的海洋将会蒸发殆尽，连地球本身都会蒸发。这下嗜热生物要当心了。

如果嗜热生物在地球上很普遍，那我们就得面对一个意义深远的问题：在太阳系形成时期被弹出去的那些流浪行星内部会不会有生命？这些“地热”贮存器可以维持数十亿年。在被所有曾经出现过的太阳系弹出去的那些行星上，情况又如何？星际空间是否充满生命，在这些流浪行星深处演化？宜居带远不只是恒星周围一片只能接受适量阳光的规定区域，事实上到处都是宜居带。所以或许三只熊的小屋并不是童话里的什么特别地方，任何人，甚至是三只小猪的家，都可能有一碗温度刚刚好的食物。我们已经明白，德雷克方程里表示位于宜居带里的恒星的比例的那一项，可以是100%。

这是多么充满希望的童话啊。生命一点也不稀有珍贵，也许和行星本身一样多呢。

从此嗜热细菌过着幸福的生活，即使是在50亿年之后。

213 24.水

看到太阳系里一些干旱严酷的环境，你或许会认为地球上丰富的水在银河系里其他地方是稀有品。但是在所有三原子分子里，到目前为止水是最多的。在元素的宇宙储量排行榜上，水的组成氢和氧分别排第一和第三。所以与其问为什么有些地方有水，还不如问为什么不是所有的地方都有水，这样或许学到的更多。

从太阳系开始，如果你想探访无水、无空气的地方，无须走得太远，月球就是。在月球几乎为零的气压和长达两周、90摄氏度高温的白天里，水蒸发的速度极快。在两周长的黑夜里，温度可降至零下160摄氏度，几乎可以把所有东西都冻住。

"阿波罗号"的航天员随身带着往返月球所需的空气和水（以及空气调节系统）。但是未来的任务或许不用再带着水和相关物品了。来自克莱门汀号环月轨道探测器的证据强烈支持长久以来的一种论点，即月球南北极附近的陨石坑底部可能埋藏着冰冻的湖泊。假设每年月球遭到平均数量的行星际飘浮物的撞击，那么这些种类繁多的撞击物中应该有相当大的含水彗星。有多大？太阳系里有很多彗星融化时能形成伊利湖那么大的湖泊。 214

尽管新形成的湖泊不可能在90摄氏度下维持太多天，但撞上月球并蒸发掉的彗星还是会把一些水分子溅到两极附近的陨石坑底部。这些分子会渗入月壤，永远留在那里，因为那里是月球上唯一"照不到太阳"的地方。（如果你以为月球有一面永远是黑夜，那你是被许多资料严重误导了，显然这其中包括平克·弗洛伊德乐队的1973年度最畅销摇滚专辑《月之暗面》。）

居住在南极和北极地区的人知道，任何时候太阳都不会到天空中很高的地方。现在再想象一下住在坑底部的情景，坑的边缘比太阳的最高位置还高。在月球上这样的坑里，没有空气把阳光散射到阴影里，你会永远生活在黑暗之中。

虽然冰在冷暗的冰箱里时间久了也会蒸发（可以在度完长假以后看看冰箱冰格里的冰块），但这些陨石坑的底部实在是太冷了，蒸发几乎完全停止。毋庸置疑，如果我们有机会在月球上建立基地，建在这些陨石坑附近肯定方便不少。就不说有冰可以融化过滤后拿来饮用这么明显的好处，还可以用水分解出氢和氧。氢和部分氧可以用作火箭的主要燃料，剩下的氧还可供呼吸使用。在执行太空任务的闲暇时光，还可以随时在分离出来的水结成冰的湖上溜冰。

既然月球上清晰的陨石坑证明月亮曾经遭受过撞击，有人会以为地球也被撞击过。由于地球的个头更大、引力更强，有人可能会以为地球被撞击的次数更多。是的——从诞生至今一直都有。刚开始，地球不单只是从空旷的星际空间变成一个大体成型的球体而已。地球与其他行星以及太阳都来源于浓密的原太阳气体云。它不断收集微小的固体颗粒，后来又靠频繁接受富含矿物的小行星以及富含水的彗星撞击而慢慢长大。有多频繁？早期的彗星碰撞频率据信高到足以供应了地球上所有海洋里的水。但这点仍不确定（仍有争论）。和地球海洋里的水相比，如今观测到的彗星里的水含有异常多的氘（原子核里多一个中子的氢）。如果海水来自彗星，那在太阳系早期撞上地球的彗星必定具备与现在有些许不同的化学成分。

就在你认为室外很安全的时候，最近一项关于地球高层大气水含量的研究指出地球经常被房屋大小的冰块撞击。这些行星际雪球与空气摩擦后迅速蒸发掉了，但它们仍对地球的水储量有贡献。如果观测到的概率在地球46亿年的历史中没有改变过的话，那海洋也可能来自这些雪球。加上我们所知道的火山喷发所带出的水汽，地表水的水源还真不少。

浩瀚的海洋现在覆盖了2/3的地球表面，但仅占地球总质量的5‰。虽然只是很小的一部分，但海水的质量也达到了1.5×10^{18}吨，其中2%是永冻冰。一旦地球遇上失控的温室效应（就像金星那样），地球大气会吸收更多的太阳能，气温上升，海洋迅速蒸发到大气中。这会非常糟糕。地球上的动植物除了会因那些明显的原因而死亡外，一个特别重要的死因是充满水蒸气的地球大气会比原来重300倍。我们都会被压死。

216

金星与太阳系其他行星有许多不同，包括它厚重浓密的二氧化碳大气，其产生的压力是地球大气的100倍。在那里我们也都会被压扁。但我认为金星最特别的特征就是其表面上均匀遍布、相对年轻的陨石坑。这种听起来不出奇的特征暗示金星上曾发生过一次全球性的大灾难，这次灾难把之前所有被陨石撞击的证据全部抹掉了。例如全球性大洪水这样严重的侵蚀性气候现象能够产生这样的效果。不过大规模的地质活动，例如熔岩流，也能把整个金星表面变成美国人的汽车梦——一颗完全铺平的星球。无论是什么原因引起的，这次灾难一定突然终止了。但仍有问题。如果金星上确实发生过全球性的洪水，那所有的水现在到哪去了？它们是不是渗透到地表以下去了？还是蒸发到大气中了？又或是这洪水不是由水，而是由其他常见物质组成的？

我们对行星的兴趣（和无知）不仅限于金星。火星也一度充满了水，上面遍布蜿蜒的河床、洪泛平原、冲击三角洲、支流河网，以及河水侵蚀的峡谷。证据足以证明，如果太阳系里有除地球以外的地方曾经拥有充沛水源的话，那就是火星。由于未知的原因，火星表面如今极其干燥。每当我看到金星和火星这两颗地球的兄弟姐妹时，都会重新审视地球，不禁怀疑我们的地表水供应有多么脆弱。

我们已经知道，罗威尔对火星充满想象力的观察令他以为聪明的 217 火星人建立了一套精密的运河网络，把火星极地冰冠的水引到人口众多的中纬度地区。罗威尔为了解释他自认为所看到的一切，想象出一个不知因何故而缺水的凋亡文明。在他1909年发表的全面详尽但却荒诞至极的论文《火星作为生命的住所》里，罗威尔为他想象中所看到的火星文明临近终结而哀叹：

> 这行星的死亡必将持续到它的表面再也无法维持任何生命。它将缓慢而不可阻挡地死去。当最后一丝余烬熄灭时，这行星便成为太空中的死地，它的演化使命永远终结了。(Lowell，1909年，第216页)

罗威尔碰巧撞对了一件事情。如果火星上曾经存在过依赖水的文明（或任何形式的生命），那在火星历史上的某个未知时候，出于某种未知原因，所有的地表水确实干涸了，就导致了罗威尔所形容的命运。火星上消失的水可能到了地下，存储在火星上的永冻土里。证据呢？火星表面的大陨石坑比小陨石坑更可能在边缘显示出干结的泥浆痕迹。假设永冻土层很深，那只有大的撞击才能达到。冲击带来的能量会融化地下的冰，并让其飞溅出来。这类陨石坑在寒冷的两极地区更为普遍，那也正是人们认为永冻土层比较接近表面的地方。据估计，如果所有假设中藏在火星永冻土和冻在极地冰冠里的水全部融化并布满地表，整个火星将会被深达数十米的海洋包裹。详尽研究火星上的现代（或古代）生命，必须调查许多地方，尤其是火星地表之下。

当思索哪里可能发现液态水（以及相关联的生命）时，天体物理学家最初都倾向于那些与宿主星距离既不太近也不太远、刚刚合适的行星，以保持水处于液态。如我们所知，金发女孩喜欢的宜居带是个不错的起点。但这也忽略了某些地方因存在其他能源，令原本会结冰的水保持液态，从而存在生命的可能性。轻微的温室效应就可以实现这样的效果。行星内部的能源也可以，如从行星形成时期残留的热能或是不稳定重元素衰变产生的能量（它们都对地球余热及其引发的地质运动有贡献）。

218

另一个能量来源是行星引潮力，这是比月球与海洋涨落间的简单关系更为广义的概念。如前所见，木卫一在近圆轨道上时而离木星稍近、时而稍远，始终受到来自变化潮汐的压力。尽管它与太阳的距离本该让它永远冰冻，但木卫一的压力水平使其成为整个太阳系中地质运动最活跃的地方——喷发的火山、地表裂缝、板块运动等一应俱全。有些人把木卫一比作早期的地球，当时地球仍处于滚烫的形成期。

另一颗同样有趣的木星卫星是木卫二，它也恰好被引潮力加热。之前人们一直猜测木卫二上覆盖着厚厚的移动冰层，冰层下是半融冰或液态水的海洋。最近这一猜测已被“伽利略号”探测器拍摄的图像所证实。水的海洋！想象一下到那里冰钓的感觉吧。事实上，美国喷气推进实验室的科学家和工程师正在考虑一个任务，让空间探测器登陆，在冰面上寻找到（或切割、融化出）一个洞，然后伸一台水下摄影机下去看一看。由于海洋很可能是地球生命的发源地，所以木卫二的海洋里存在生命也就不是不着边际的幻想。

我认为，水最显著的特点不是我们在化学课上学到的其“万能溶剂”的称号，也不是其保持液态的温度范围特别宽。如我们已经看到的，水最显著的特点是：大多数物质（包括水）在冷却时会收缩且密度变大，而水在4摄氏度以下却会随着温度下降而膨胀，密度越来越小。当水在零度结冰时，它甚至变得比液态下任何温度时都要轻。这对排水管不利，对鱼来说却是极好的消息。当冬天室外温度降至零度以下时，4摄氏度的水沉到底部并留在那里，而表面则慢慢结起一层浮冰，把较温暖的水隔绝在下面。

219

如果没有4度以下的密度翻转，当外界气温低于冰点时，水体的上层会变冷，然后沉到水底，较暖的水则浮到上层。这种强制对流会使水温很快下降至零度，让表面结冰。较重的固态冰会沉到水底，迫使整个水体从下至上凝固。在那样的世界里不会有冰钓，因为鱼都冻死了。冰钓的人会发现他们坐在一层冰上，要么所有的液态水都在上面，要么下面是一整块冰。经过冰冻的北极再也不需要破冰船了——要么整个北冰洋都冻成了冰，要么结冰的部分都沉到了水底，可以放心行船。你可以四处走走，不用担心掉下水。在这改变了的世界里，冰块和冰山会下沉，1912年泰坦尼克号就能安全到达纽约港了。

银河系里不只行星和它们的卫星上有水。水分子，以及其他几种常见的化学物质，如氨、甲烷、乙醇等，也常见于寒冷的星际气体云里。在低温和高密度的特殊条件下，一群水分子受到附近恒星能量激发时，会将能量转换为一束放大的高强度微波。这个现象所蕴含的原子物理学原理与用可见光产生极光的原理极为相似。这种情况被简称为MASER，即受激辐射引起的微波放大。水不仅几乎遍布银河系，还偶尔拿波束照着你。 220

既然我们知道水是地球生命的基本要素，那我们只能假设它也是银河系里其他地方生命的先决条件。然而对于化学盲来说，水是碰不得的死亡物质。1997年，美国爱达荷州鹰岩初级中学的14岁学生内森·佐纳（Nathan Zohner）做了一个现在很有名的科学实验，测试人们的反科技情绪以及相关联的化学恐惧症。他邀请人们签署一份请愿书，要求严格控制或完全禁止一氧化二氢的使用。他列出了这种无色无味物质的一些可怕性质：

- 它是酸雨的主要组成部分；
- 它最终能溶解几乎所有与之接触的东西；
- 突然吸入也有可能致命；
- 处在气态时，它能引起严重灼伤；
- 晚期癌症病人的肿瘤中已经发现该物质。

佐纳接触的50人中有43人签署了这份请愿书，6个人不确定；有1个人是一氧化二氢的坚定支持者，拒绝签署。没错，86%的行人选择在环境中禁用水（H_2O，就是一氧化二氢）。

也许这就是火星上水的真正命运。

221

25.生存空间

如果你问人们从哪里来，他们通常会说自己出生的城市名，或者是他们成长阶段所住的地球上某个地方。这一点没错。但更有天体化学内涵的回答或许是："我来自50亿年前死亡的众多大质量恒星的爆炸残留。"

太空是终极的化学工厂。大爆炸开始了一切，并赋予宇宙氢、氦以及少量的锂这三个最轻的元素。恒星制造出其他所有的92种自然存在的元素，包括地球上各种生物（人或其他）体内的全部碳、钙和磷。这么多种类的原始材料封闭在恒星内时一点用也没有。但当恒星死后，它们的大部分质量又回归宇宙，把各种各样的原子撒播到附近的气体云里，丰富了下一代恒星的组成元素。

在合适的温度和压力下，许多原子结合成简单的分子。随后，经过复杂新颖的途径，许多分子变得更大更复杂。最终，在宇宙里的无数地方，复杂分子组合成各种形式的生命。至少在宇宙的某个角落，那些分子变得非常复杂，具备了意识并有能力表述并交流这页纸上的诸多符号所表达的含义。

222

是的，如果没有这些逝去恒星的残骸，不仅人类，还有其他所有生物体以及他们所生存的行星和卫星都不会出现。所以说我们都是碎片构成的。接受这个现实吧，能为此庆祝那更好。毕竟，比起宇宙存在于我们体内的想法，还有什么更崇高的呢？

构造生命不需要稀有元素。按照丰度排序，宇宙里最丰富的5种元素是：氢、氦、氧、碳和氮。除了化学惰性的氦（尚未发现它和任何元素构成分子）以外，其他4种就是地球生命最重要的组成成分。这些元素在潜伏于恒星间的庞大气体云里等待着，一旦温度低于数千开就开始制造分子。

一氧化碳和氢分子（结合成对的氢原子）等双原子分子形成得较早。当温度进一步下降时，水（H_2O）、二氧化碳（CO_2）和氨（NH_3）等稳定的三原子和四原子分子开始形成，它们很简单，但对生命而言却极其重要。温度再低一些，大群5原子和6原子分子也出现了。由于碳不仅数量丰富，而且化学性质活泼，所以大部分分子里都有它的身影；事实上，在星际空间里观测到的各种分子中，有3/4的分子至少含有一个碳原子。

听上去好像大有希望，但其实对分子而言太空也是个危险的地方。它们即使不被恒星爆炸释放的能量破坏，也难以逃过附近超高光度恒星辐射出来的紫外线。分子越大，就越容易被破坏。那些位于安全或隐蔽地带的分子足够幸运，能够维持足够长的时间，结合在一起形成宇宙尘埃颗粒，并最终成为小行星、彗星、行星，还有人类。就算最初的分子都经不住恒星的破坏，大量的原子和充足的时间仍可以制造出复杂分子。不仅在特定行星形成期间可以制造，之后在该行星的表面上下依然可以。几个值得关注的复杂分子包括腺嘌呤（一种核苷酸，DNA的基本成分）、甘氨酸（蛋白质前体）和乙醇醛（糖类）。这些分子及其他功能相似的分子是已知生命的重要成分，而且绝非地球所独有。

223

但有机分子的狂欢并非就是生命体，就像面粉、水、酵母和盐不等于面包一样。尽管从原始成分到独立生命体的跨越过程依然是个谜，但有些必要条件已经清楚。环境必须鼓励分子间相互尝试反应，并在此期间保护它们免受大的伤害。液体是特别有利的环境，因为它们既能让分子紧密接触，又能保证分子的流动性。环境所提供的化学机会越多，分子在其中的反应形式就越丰富。根据物理定律得知，还有一个必要因素，那就是必须有充足的能量供应来驱动化学反应。

我们知道地球生物所生存的温度、压力、酸度与辐射范围很宽，而且一种微生物的适宜环境对另一种微生物而言可能却很严酷，所以科学家们目前不清楚其他地方的生命体需要哪些额外的必要条件。作为展示这类尝试局限的一个例子，17世纪荷兰天文学家惠更斯在其有趣的小册子《被发现的天上世界》中推测其他星球上的生命体必定种植大麻，否则他们拿什么来编织绳子来操控船只在海洋上航行？

3个世纪之后，仅仅是一些分子就能让我们满足。摇晃并烘烤它们，几千万年以后说不定就能得到各种各样的有机体。

224

毋庸置疑，地球上的物种极其丰富多样。但宇宙里其他地方呢？如果存在其他与地球相似的天体，上面相似的化学成分可能会进行相似的反应尝试，而且这些实验应该会被通行整个宇宙的物理定律所控制。

以碳为例。碳具有与自己以及其他元素以多种方式结合的能力，因此在元素周期表中有着无可比拟的化学活性。碳构成的分子数量

(1000万种够不够多？)比其他所有元素还多。通常原子通过共用一个或多个最外层电子来构成分子，形成的化学键形似货车车厢间的拳状连接器。这样每个碳原子可以与一至四个原子结合，而氢原子只能与一个原子结合，氧原子只能与一至两个原子结合，氮原子三个。

碳原子相互结合，能够形成无数种长链、多支链或环状分子。这些复杂有机分子具有小分子无法想象的功能。比如，它们能够在一端完成某种工作，在另一端完成另一种任务；它们能和其他分子缠绕在一起，创造出无数特性。最终极的碳基分子或许就是DNA：一种记录所有生物特征的双链分子。

那水呢？在孕育生命方面，水有一个很有用的特性，就是能在大多数生物学家认为相当大的温度范围内保持液态。问题是大多数生物学家只看到地球上的情况，这里水保持液态的温度范围达到100摄氏度。但是在火星上某些地方，气压很低，水永远都不会是液态：刚倒出的一杯水会同时沸腾和结冰！尽管火星现在的状况不妙，但它的大气也曾经拥有过丰富的液态水。如果这颗红色星球表面出现过生命，应该就是在那个时期。

当然，地球表面恰好有适量(偶尔不适量)的水。水从哪里来？之前我们看到，彗星是一个合乎逻辑的来源：它们充满了(冰冻的)水。太阳系里有无数彗星，有些相当大，在太阳系形成时，它们经常会撞上早期的地球。另一个水源可能是早期地球上常见的火山脱气现象。火山爆发不仅是因为岩浆很热，还因为炽热的上升岩浆把地下水变成了蒸汽，继而急速膨胀。地下空间无法容纳这些蒸汽，于是火山

225

开始喷发，把水从地下带到地球表面。因此，考虑到各种因素，地球表面有水也就不足为奇了。

虽然地球生命的形式多种多样，但它们拥有相似的DNA结构。关心地球的生物学家可能着迷于生命的多样性，但宇宙生物学家心目中的多样性则更为广泛：基于外星DNA或某些完全不同的东西的生命。遗憾的是，地球是一个孤立的生物学样本。然而，宇宙生物学家可借以研究在地球极端环境下生存的生命体，来获取宇宙其他地方生命形式的信息。

只要你寻找这些嗜极生物，就会发现它们无处不在：核废料场、酸性温泉、铁饱和酸性河、海底的化学物喷口、海底火山、永冻土、矿渣场、盐池，还有一堆你不会去度蜜月、但在其他行星和卫星上非常典型的地点。生物学家一度认为生命开始于"某些温暖的小池塘"（Darwin，1959年，第202页）。不过，近些年来，证据更倾向于支持嗜极生物是最早的生命形式。

226 在下一篇中我们将看到，最初的5亿年中，内太阳系就像一个射击场。地球不断地被大大小小、表面凹凸不平的巨石撞击。任何创造生命的尝试都会被迅速终结。然而到了约40亿年前，撞击的频率变缓，地表温度开始下降，使得复杂的化学实验得以延续。老旧的教科书从太阳系诞生开始讲起，一般认为地球生命的形成需要7亿至8亿年。但这并不合理：地球上的化学实验应该在来自空中的撞击减缓后才会开始。减掉6亿年的撞击期，单细胞生命从原始汤中形成仅需要2亿年。虽然科学家一直弄不明白生命的起源，但显然大自然在造物时毫无困难。

仅花了几十年时间，天体化学家就从对太空中的分子一无所知，进展到在各处都发现了许多分子。此外，天体物理学家在过去十年间已经证实，其他恒星也有行星环绕，而且每个日外恒星系统都充满了和太阳系一样的生命四大元素。虽然没有人指望在恒星上找到生命，哪怕是在那些只有几千度的“冷”恒星上，但是地球上有许多生活在数百度下的生命。综合来看，这些发现显示，把宇宙看作根本上相似而非全然相异是合理的。

但有多相似？所有生命形式都和地球上一样——以碳为基础、与水相亲吗？

以硅为例，它是宇宙中最丰富的10种元素之一。在元素周期表上，硅在碳的正下方，说明它们有相同的外层电子结构。和碳一样，硅能与1至4个其他原子结合。在一定的条件下，它也能形成长链分子。既然硅和碳的化学性质相似，为何生命不能以硅为基础？ 227

不考虑其丰度只有碳的1/10，硅的问题在于它形成的化学键太强。比如，硅和氧相连，得到的不是有机反应的种子，而是岩石。那在地球上是长期的化学过程。作为有利于有机体的化学反应，化学键既要强到足以在环境里的各种威胁下生存下来，又不能太强，以至于下一步的化学反应无法进行。

液态水又有多重要？它是唯一适于化学实验——能够在有机体中传递营养的媒质吗？或许生命需要的只是一种液体而已。氨和乙醇都很常见，都是由宇宙中最丰富的元素所构成。氨和水的混合物的冰点（大约零下70摄氏度）比水（0摄氏度）低得多，这使得发现亲液生命的条件宽了许多。还有另一种可能：在远离宿主星又缺少内热源的极冷之地，通常甲烷可能会是主要的液体。

2005年，欧洲航天局的“惠更斯号”探测器在土星最大的卫星土卫六上登陆。土卫六上存在多种有机物，还拥有比地球厚10倍的大气层。太阳系里的木星、土星、天王星和海王星是气态行星，没有明确的表面，除此之外，只有4个天体有大气层：金星、地球、火星和土卫六。

选择土卫六并非偶然。它拥有许多诱人的分子，包括水、氨、甲烷和乙烷，以及名为多环芳烃的化合物。其上的水冰温度极低，硬如水泥。但温度和气压的共同作用令甲烷液化。惠更斯号发回的第一批图像上似乎有甲烷的河流湖泊。土卫六表面的化学成分某种程度上反映了地球早期的情况，这也正是为何如此众多的宇宙生物学家把土卫六当成研究远古地球的“活”实验室的原因。事实上，20年前进行的实验证明，把水和一点点酸加入土卫六的朦胧大气所产生的有机泥浆，就可以产生16种氨基酸。

228

最近，生物学家发现地球地表下储藏的生物质量可能比地表上还多。对那些适应极端环境的生物所做的研究一再证明，生命无处不在。探寻生命界限的研究人员过去给人的一贯印象是在附近行星上寻找小绿人的奇怪科学家，如今则是掌握高深复杂知识的复合型科学家，他们四处搜寻生命的时候，不仅运用天体物理学、生物学和化学工具，还会运用地质学和古生物学的工具。

26.宇宙里的生命

229

在太阳之外的恒星周围发现了数百颗行星，这引起了公众极大的兴趣。人们关注的重点并非系外行星，而是这些行星上可能存在智慧生命。无论如何，媒体对此的持续关注都显得有些过度激动。为什么？因为如果太阳这样一颗普通恒星都有至少8颗行星的话，宇宙里的行星一定不会少。而且，新发现的行星都是类似木星的巨型气态行星，这意味着它们没有适合生命生存的表面。即使有飘浮着的外星物种，它们成为高智商生命的概率也微乎其微。

通常情况下，最危险的是科学家（或任何一个人）仅由个例就推出概括性的结论。目前，地球生命是宇宙中唯一已知的生命，但有明显的证据证明我们并不孤独。事实上，大多数天体物理学家认为地球以外存在生命。原因很简单：如果太阳系并不特殊，那宇宙中就会有很多行星，数目或许比所有地球人发出的所有音节的总和还多。宣称地球是宇宙中唯一存在生命的行星将会是极端自负的表现。

宗教界与科学界的历代思想家都曾经被人类是世界中心的假设所误导，另一些人则仅仅是因为无知。在缺少信条和数据的情况下，还是遵循“我们并不特别”的观念更为安全，这也就是通常所说的哥白尼原理。该原理以尼科劳斯·哥白尼之名命名。公元16世纪中期，哥白尼把太阳放回它控制下的太阳系的中心位置。虽然公元前3世纪希腊哲学家阿里斯塔克斯已经提出日心宇宙模型，但地心宇宙论却是过去近2 000年间最为流行的观点。人们遵循亚里士多德和托勒密的教诲，后来又在罗马天主教廷的影响下，多数接受了地球是所有运动和

230

已知宇宙的中心。这个事实不证自明。宇宙不仅看来如此，上帝也一定是如此安排的。

虽然无法保证哥白尼原理永远正确，但到目前为止它都是正确的：不仅地球不是太阳系的中心，而且太阳系也不是银河系的中心，银河系同样不在宇宙的中心，也许将来还会发现我们的宇宙只是多重宇宙中的一个而已。如果不巧你和某些人一样认为边缘可能是特别的地方，可是我们也不在任何东西的边缘上。

作为与时俱进的聪明人，一定会承认地球生命也不违背哥白尼原理。因此我们便可思考，如何从地球生命的形态和化学组成上发现端倪，看出宇宙里其他地方生命的可能模样。

我不知道生物学家是否时刻都对生命的多样充满敬畏，但我是这样的。在这颗叫作地球的行星上，藻类、甲虫、海绵、水母、蛇、秃鹫、巨杉等与无数其他生命形式共存在一起。想象这七种生物按大小顺序排列在一起的情形，如果你不是那么清楚的话，你根本难以相信它们来自同一个宇宙，更遑论同一个星球了。试着对从未见过蛇的人描述它："你一定要相信我，地球上有一种动物：它（1）能用红外探测器追踪猎物，（2）能囫囵吞下比它脑袋大五倍的活动物，（3）没有前肢、腿或其他附肢，（4）还能在平地上以1米1秒的速度滑行！"

231

既然地球上的物种如此丰富，人们可能会期望好莱坞也创造出形形色色的外星人来。但电影业界想象力的缺乏一直令我惊诧。除了有限的几个特例，如《变形怪体》（1958年）、《2001太空漫游》（1968年）

和《超时空接触》(1997年),好莱坞的外星人都像极了人类。不管它们有多丑(或可爱),几乎都有一双眼睛、一个鼻子、一张嘴、两只耳朵、一颗脑袋、一个脖子、肩膀、胳臂、手、手指、躯干、两条腿、两只脚,而且都会走路。这些生物虽然来自其他星球,但从解剖学的角度来看,它们与人类没有明显区别。如果有什么可以肯定的话,那就是宇宙其他地方的生命,不管智慧与否,与人类的外形差别至少和地球上某些生命形式一样大。

地球生命的化学组成主要源于有限的几种成分。人体和所有已知生命体内95%的原子是氢、氧、碳三种元素。其中,碳的化学结构使之可以相互或者与许多其他元素以多种方式形成稳定的化学键;正因为如此,我们被认为是碳基生命;也正因为如此,关于含碳分子的研究通常称为"有机化学"。奇怪的是,关于宇宙其他地方生命的研究却叫做外空生物学,它是为数不多的几个试图完全不靠第一手数据开展研究的学科。

生命的化学成分与众不同吗?哥白尼原理认为可能并非如此。外星人和我们本质相通并不代表外表也要一样。宇宙里最常见的四种元素是氢、氦、碳和氧。氦是惰性元素,因此其余三种宇宙里数量最多、化学性质活泼的元素也是地球生命的最主要成分。因此,可以肯定,[232] 如果在其他行星上发现生命,它们的成分也不会改变。相反,如果地球生命主要是由钼、铋、钚等元素构成,那我们就有充分理由怀疑我们在宇宙中与众不同了。

还是根据哥白尼原理,我们可以假设外星生命的个头不可能比已知生命大很多。有充分的结构性原因能够说明为什么不可能有帝国大厦那么庞大的生物在行星上活动。但如果我们忽略这些生物材料在工程上的限制，那么就会碰到另一个更加基本的限制。如果假设一个外星人能控制它的附肢，或者更一般地，假设生物像系统一样协调运作，那么它的尺寸将最终受制于其在体内以光速（宇宙中最快的速度）传送信号的能力。就一个比较极端的例子来说，如果一个生物有整个太阳系那么大（直径大约10光时[1]），如果它想抓自己的头，那这个简单的动作至少要花10个小时才能完成。这类缓慢的动作在进化中会自我限制，因为从宇宙诞生起的时间可能不足以让它从较小的生命形态通过很多代进化到这种状态。

智慧生命又是怎么回事呢？当好莱坞电影里的外星人计划造访地球的时候，有人也许期望它们非常聪明。但我却知道有些外星人应该为它们的愚蠢感到羞愧。有一次我从波士顿开了4个小时车到纽约，在车上搜索调频广播，调到一个台正在播广播剧，据我判断，大概是讲邪恶的外星人威胁地球的故事。显然，外星人需要靠氢原子才能生存，所以他们不断地袭击地球，吸光海水，从水分子中分解出氢。

233

这些就是愚蠢的外星人。

他们在来地球的路上一定没有看看别的行星，比如木星，它包含的纯氢的质量是地球总质量的200多倍。我猜也从来没人告诉他们，宇宙里超过90%的原子是氢原子。

1. 1光时=299 792千米/秒 × 3600秒=1 079 251 200千米。——译者注

还有所有那些在星际空间里旅行了数千光年，却一头撞毁在地球上的外星人，算不算愚蠢呢？

再有1977年的电影《第三类接触》里的外星人，在来地球之前，发来一串神秘的重复数字，最后被密码专家解读出是他们着陆点的经纬度。但地球上经度的起点（本初子午线）完全是随意确定的，国际上一致认定它经过英格兰的格林威治。而且经度和纬度都是用特殊的非自然单位“度”来衡量的，360度为1圈。既然了解这么多人类文化，在我看来这些外星人只需要学习英语，然后发来消息：“我们将要在美国怀俄明州魔鬼塔国家纪念碑旁着陆，由于我们乘坐的是飞碟，所以不需要跑道灯。”

史上最笨生物一定是1979年[1]第一部《星际迷航》系列电影《星舰迷航记》里的外星人威者（V-ger）。它是一个古老的机械太空探测器，正执行探索和发现任务，并将它的发现回报。这个探测器被一个外星机械文明从深空中“拯救”出来，并重新配置，使之可以完成整个宇宙的探索任务。最后，这个探测器获得了所有知识，因此有了思想。当企业号偶然发现这个正在扩展的巨大宇宙信息库时，它正在寻找最初制造它的人，以及生命的意义。探测器侧面刻着字符，可以看清“V”和“ger”的字样。很快柯克船长就发现这个探测器是旅行者6号（Voyager 6），人类20世纪末从地球上发射的探测器。显然，“V”和“ger”间的“oya”三个字母因严重锈蚀而无法看清。但我始终不明白，威者既然获得了宇宙里的所有知识并且产生了意识，却为什么不

234

1. 原文误作1983年。—— 译者注

知道自己的真名叫旅行者呢？

另外，千万别和我提1996年的暑期大片《独立日》。我并不特别憎恨邪恶的外星人，没有他们就不会有科幻电影业。《独立日》里的外星人的确邪恶，看上去像僧帽水母、双髻鲨和人类的基因混种。尽管他们比多数好莱坞电影里的外星人更有创意，但他们的飞碟还是装着舒适的高背椅和扶手。

我很高兴人类最后取得了胜利。我们通过一台苹果笔记本电脑把病毒植入外星人的母船（它的质量刚好是月球质量的1/5），解除它的防护场，最终战胜外星人。我不知道你行不行，可我就连上传文件到部门里的其他电脑都做不到，特别是当操作系统不同时。只有一种可能，就是外星人母船的整个防御系统必定使用了与上传病毒所用的笔记本电脑相同版本的苹果计算机操作系统。

感谢您的耐心，我实在是不吐不快。

为了便于讨论，我们假设人类是地球历史上唯一进化到高级智慧的物种。（我无意轻视其他聪明的哺乳动物。不过它们多数不懂天体235物理、不会写诗，就算你要算上它们，我的结论也不会有实质性的改变。）如果地球生命可以作为宇宙里其他地方生命的参考，那智慧生命一定不多。据估计，地球历史上存在超过100亿种生物。由此可以推断，在所有地外生命中，和人类一样聪明的应该不到百亿分之一，更别提同时具备跨越太空进行星际交流的发达科技和强烈意愿的智慧生命了。

万一真有这样的文明存在，无线电波将会成为通信的首选频带，因为它们能够不受星际气体和尘埃云的阻碍穿越星系。但是地球人类对电磁频谱的认识还不到一个世纪。更令人沮丧的是，在人类历史上，即便曾有外星人试图向我们发送无线电信号，我们也一直没有能力接收。我们只知道外星人已经尝试过，并且无意中认为地球上没有智慧生命。它们现在可能正在别处搜寻。另一种更丢人的可能是，外星人已经知道地球上有掌握高科技的生物存在，但它们还是得出了同样的结论。

我们对地球生命（智慧生命以及其他）的偏好令我们把液态水的存在视为其他地方存在生命的必要条件。如前面所讨论的，行星的轨道不能太靠近宿主星，否则温度太高，行星上的水会蒸发。轨道同样也不能太远，否则温度过低，行星上的水会结冰。换句话说，行星的条件必须使温度保持在水维持液态的那100摄氏度之内。正如童话《金发女孩与三只熊》里的三碗粥一样，温度必须刚刚好。最近我参加一个有关此话题的电台访谈节目时，主持人评论说："显然，你应该找的是用粥做成的行星！"

虽然我们知道到宿主星的距离是生命存在的一个重要因素，但其他因素同样重要，例如行星吸收恒星辐射的能力。金星就是这种"温室效应"的例证。太阳光穿透它厚厚的二氧化碳大气层，被金星表面吸收，然后以红外线的形式再发射出去。接着红外线被大气吸收，结果导致气温高达480摄氏度，比我们根据金星到太阳的距离估算出的温度高得多。在这样的温度下，连铅都会很快变成液体。 236

在宇宙里其他地方发现低智慧的简单生命体（或是它们曾经存在的证据）的可能性要大得多，于我而言，这几乎和发现智慧生命一样令人振奋。两个较近的绝佳搜索地点是火星上干涸的河床（那里可能存在过去有水时留下的生物化石）和木卫二冰层下可能存在的地下海洋。看，我们又拿是否存在液态水作为确定搜索目标的标准了。

其他关于宇宙生命演化的常见必要条件还包括一颗在围绕单一恒星的稳定近圆形轨道上运行的行星。星系中差不多一半的“恒星”都是双星或聚星系统，其行星的轨道多为极度扁长形且混乱不堪，导致温度变化极大，不利于稳定生命体的演化。生命演化还需要足够的时间。大质量恒星的寿命太短（仅有几百万年），围绕它们运行的类地行星永远不会有生命演化的机会。

以美国天文学家弗兰克·德雷克命名的德雷克方程大致量化了已知的那些支持生命存在的条件。德雷克方程更应被看作一个有创造力的想法，而不是对物质世界运作方式的严谨描述。它把在星系中找到生命的总体概率分解成一套较简单的概率组合，分别对应于我们先前所提的那些适合生命存在的宇宙条件。最后，当你和同事争论完方程中每一项概率的大小之后，就可以估算出星系中拥有高级智慧和发达科技的文明总数。根据个人偏好以及生物学、化学、天体力学以及天体物理学方面的知识水平，可能估算出银河系中有少至一个（地球人）、多至数百万个的文明存在。

237

如果考虑到我们可能在宇宙高科技生命形式（不管他们有多么稀少）中处于低级水平的可能性，那么我们所能做的最多只是留心别人发来的信号，因为发送信号比接收信号的花费大得多。据猜测，发达文明能够从宿主星等处很容易地获取丰富的能源，所以他们更愿意发送信号而不是接收信号。地外文明探索采取了很多手段。当前最先进的方法是用一台设计精巧的电子检测仪，其最新型号能够监测数十亿个无线电信道，从宇宙噪声中找出随时可能出现的信号。

如果真的找到了地外文明，将会对人类的自我认识产生难以预估的影响。我只希望其他文明不都是在做和我们一样的事情，那样的话大家都在接收，没有人能收到信号，我们就都会以为宇宙里没有其他智慧生命存在。

27.我们的无线电泡泡

238

电影《超时空接触》开场的前3分钟，虚拟摄影机的镜头从地球一直拉伸到宇宙的边缘，而你刚好为这次旅行配备了接收机，能够解码传到太空中的地球电视和广播信号。一开始听到的是摇滚乐、新闻广播和噪声信号混杂在一起的刺耳声音，就像同时在收听数十个广播电台一样。随着旅程逐渐深入太空，收听到传播得更远的广播信号时，声音就不那么刺耳了，内容也明显陈旧，包含了现代文明时期整个广播时代所发生的历史事件。夹杂着噪声，你听到的新闻越来越久远，包括1986年1月挑战者号爆炸、1969年7月20日登月、1963年8月28日马丁·路德·金（Martin Luther King）发表著名演说《我有一个梦想》、1961年1月20日肯尼迪总统（John F. Kennedy）发表就职演说、1941年12月8日罗斯福总统（Roosevelt）对国会发表宣战演说，以及1936年希特勒（Adolf Hitler）在纳粹德国掌权期间发表的演说。最终，人类对无线电信号的贡献完全消失，只剩下来自宇宙自身的嘈杂噪声。

多么鲜活生动的画面啊！但是这段声音绘成的历史画卷并不会完全如影片里那样呈现。如果你设法破坏几个物理定律，飞得比电波还快，那还是听不明白，因为你听到的都是倒着播放的。而且，影片里我们是在飞过木星的时候听到马丁·路德·金的著名演说，说明木星到地球的距离与广播传播的距离相当。而事实上，金博士的演说在发表后39分钟就经过了木星。

239

忽略这些推翻上述镜头的事实，《超时空接触》的开场画面充分描绘了人类所展现给银河系的文明形象，既充满了浪漫色彩，又兼具强烈的视觉冲击力。这个所谓的无线电泡泡以地球为中心，持续不断地以光速向各个方向膨胀，它的中心总是不停地被现代广播填充。如今我们的泡泡已经向太空中膨胀了近100光年，它的边缘是地球人制造出的第一个人工无线电信号。当前的泡泡里包含了大约1000颗恒星，其中包括离太阳最近的恒星系统——半人马座α星（距地球4.3光年），夜空中最亮的恒星——天狼星（距地球10光年），以及目前已发现拥有行星的所有恒星。

不是所有无线电信号都能穿透地球大气层。地表80千米以上的电离层具有等离子体性质，可把频率低于20兆赫的无线电波反射回地面，这使得某些形式的无线电通信（例如“火腿”族所熟知的“短波”频率）能够跨越数千千米的距离。所有调幅广播也被反射回地面，所以这些电台的覆盖范围较广。

如果广播频率不在地球电离层反射的频带内，或者地球没有电离层，那电波信号只能被那些位于“视线”内的接收机接收。高层建筑顶部的无线电发射台具有很大的优势。一个1.73米高的人视线所及范围大约是5千米，而当金刚[1]（King Kong）爬上纽约帝国大厦的屋顶时，它的视野能超过80千米。当这部1933年的经典电影上映之后，一具广播天线就架在了帝国大厦顶上。理论上可以在距视野边缘80千米外架设一具同样高度的接收天线，这样信号可以跨越两具天线的视野，传播距离达到160千米。 240

电离层不反射调频广播和电视信号（属于无线电频谱的一部分），它们在地球上的传播距离只能达到它们能看到的最远接收器，所以相邻的城市才能分别广播自己的电视节目。鉴于此，本地电视节目和调频广播不可能有调幅广播那样大的覆盖范围，这可能正是调幅广播的政治批评节目影响特别大的原因。但调频广播和电视的影响力或许并不在地球上。虽然有意将信号向着地平面的方向发送，但有部分还是会朝上跑，穿透电离层向太空深处传播。对它们来说，地球的天空不能让它们止步。和电磁频谱里其他波段不同，无线电波对星际空间里的气体和尘埃云有着极好的穿透性，所以恒星也不是它们的尽头。

如果把所有对地球无线电信号强度有贡献的因素，例如发射台总数、地表的发射台分布、每个发射台的发射功率、能量分布带宽等都叠加起来，你会发现来自地球的连续可测信号主要是电视信号。一路信号还可进一步分成一个窄带部分和一个宽带部分。窄带部分是视

1. 美国经典电影《金刚》中的主角，一只大猩猩。—— 译者注

频载波信号，过半的信号总能量分布在这个频带里。虽然其频宽仅有0.10赫兹，但足以让选台器发现信号的存在并确定信号的位置（熟知的2到13频道）。低功率的宽频信号占据了载波频率上下5兆赫兹宽的频带，该频道节目的所有信息就调制在这个频带上。

241

或许你能猜到，美国是对地球电视信号贡献最多的国家，监听地球的外星文明首先会检测到来自美国的强大载波信号。如果它们继续关注，会发现这些信号存在24小时周期性的多普勒频移（从低频向高频变化），接着它们还会发现信号强弱也是以相同的周期变化。外星人一开始也许会推论有个神秘的自然电波辐射源正时而出现在它们的视野里，时而从它们的视野里消失。不过当它们设法对邻近频率的宽带信号进行解调后，就立刻能了解我们的文化了。

包括可见光和无线电波在内的电磁波都不需要传播媒介。事实上，它们在真空里时传播得最快，所以播音室里的红色警示灯上一直以来写着的“正在播音”应该写成“正在穿越宇宙”才好，尤其是对那些跑出地球之外的电视和调频广播信号来说更加合适。

当信号向外太空传播时，随着它们分布的空间越来越大，强度也逐渐变弱，最终湮没在宇宙噪声中。这些噪声来自射电星系、宇宙微波背景辐射、银河系中的恒星形成区域以及宇宙射线，它们限制了遥远文明解读人类生活的可能性。

以地球当前的发射强度，100光年以外的外星人需要反射面比直径305米[1]的阿雷西博射电望远镜（世界上最大的射电望远镜）大15倍的天线才能检测到一路电视载波信号。如果他们想解码节目信息并由此了解人类文化，则需要补偿由地球自转和公转引起的多普勒频移（以便锁定某个电视频道），还必须再把监测灵敏度提高1000倍。对于射电望远镜来说，相当于这台望远镜的直径要比阿雷西博射电望远镜大100倍，也就是口径差不多30千米宽。 242

如果技术发达的外星人真能接收到我们的信号（利用足够大而灵敏的望远镜），如果他们还设法解调了调制信号，那人类文化的特点一定会让外星上的人类学家困惑不解。当他们把地球看作一个发射无线电波的星球，或许首先注意到的是早期节目《你好杜迪》。当他们能听懂人类语言后，很快就会从杰克·格里森主演的《蜜月中人》和《我爱露西》里的露西和里基那里学到男女之间如何交往。接下来他们可能会根据《傻子派尔》《豪门新人类》，或许还有《驴叫》等节目评估人类的智商。如果到此外星人还没放弃，而且如果他们再等几年，就能从《全家福》里面的阿奇·邦克（Archie Bunker）以及《杰弗逊一家》里面的乔治·杰弗逊（George Jefferson）身上了解到更多的人类交往方式。经过几年的研究，他们会从《宋飞正传》和热播动画《辛普森一家》里的古怪角色身上得到更多了解。（他们看不到风靡一时的《瘪四与大头蛋》，因为它只在MTV有线频道播放。）这些都是人类各时期最流行的电视节目，每个节目都不断重播，影响到数代人。

夹杂在深受欢迎的电视剧之间的是有关越南战争、海湾战争以及

1. 原文误作300英尺。——译者注

世界其他军事热点的长达数十年的流血新闻。看完50年的电视，外星人唯一会得出的结论是：大部分人类是神经质、渴望死亡、不正常的白痴。

243 在如今有线电视的时代，连原本可能逃出大气层的广播信号现在都通过电缆被直接送到你家。将来电视有可能不再是一种广播媒体，令窥视我们的外星人怀疑人类是不是灭绝了。

不管怎样，电视可能不是外星人解码的唯一地球信号。每次我们和航天员或宇宙探测器通信时，所有没被飞船接收的信号都永久地遗落在太空里。现代信号压缩方法已经大幅改善这种通信方式的效率。在数字时代，效率就意味着比特率。如果你设计出一种聪明的算法能以10倍的比例压缩信号，只要信号另一头的人或机器知道如何解压缩信号，就能把通信效率提高10倍。计算机中MP3格式的录音、JPEG格式的图片和MPEG格式的电影都是现代应用压缩工具的例子，它们使你可以快速传输文件并减小在硬盘上的存储空间。

唯一无法压缩的无线电信号是包含完全随机信息的信号，它和无线电噪声没什么区别。信号压缩得越厉害，在截听者看来就越随机。事实上，对经过完美压缩的信号而言，除了事先掌握相关信息并有资源解码的人，没有人能把它和噪声区分开。这意味着什么？如果一个文明很发达高效，那他们的信号（即便不通过有线传输）也可能在宇宙中完全隐形。

自从电灯发明并广泛应用以来，人类文明创造了一个可见光的泡泡。这种夜色中的标志已经逐渐从钨丝白炽灯变为霓虹灯所用的氖灯和目前路灯所广泛使用的蒸汽钠灯。但除了船甲板上闪烁信号灯所发出的摩斯码以外，我们通常不会经空气传输可见光来发送信号，所以人类的可见光泡泡没什么意思。而且，它完全被太阳的耀眼光芒所掩盖了。

244

与其让外星人看令我们尴尬的电视节目，何不给他们发送经过选择的信号，向他们展现人类的智慧与热爱和平呢？人类第一次这样做，是把镀金刻板装在“先驱者10号”和“先驱者11号”、旅行者1号和2号四艘无人探测器的侧面。每块金属板上都刻着描述人类科学基础以及人类在银河系中位置的图案，另外，“旅行者”所带的金属板上还刻有传达人类友好问候的声音信息。这些探测器以80 000千米/时的速度穿越星际空间，这个速度大于太阳系逃逸速度却远慢于光速，再过十万年也到不了附近的恒星。它们代表着我们的“宇宙探测器”泡泡，别寄希望于它们了。

更好的沟通办法是向星团等星系中热闹的地方发送高强度的无线电信号。第一次这样做是在1976年，当时用阿雷西博射电望远镜作为发射天线，向太空发射了第一个人类自己选定的无线电信号。在写本篇时，这个信号到地球的距离是30光年，正向着武仙座M13球状星团的方向前进。这条信息中包含一些“先驱者号”和“旅行者号”探测器上携带的信息。不过这里有两个问题：球状星团里恒星非常密集（至少有50万颗），因此行星的轨道不太稳定，每次经过星团中央时宿主星对它们的引力束缚都会受到影响。而且，星团里的重元素（行星的组成成分）非常稀少，所以行星可能原本就很少。不过在发出信号的时候，我们还不太清楚或了解这些科学知识。

245 无论如何，我们“特意”发射的无线电信号的前锋（形成一个定向的无线电波锥体，而非泡泡）正在30光年远处，如果它被外星人截听到，或许能改变他们根据电视节目的无线电泡泡而对人类产生的印象。不过，只有当外星人能够判断，哪种信号更能反映人类的本来面目，以及人类在宇宙中的地位时，他们才会改变想法。

第 5 篇
当宇宙变糟时——宇宙欲毁灭我们的种种方法

247

28.太阳系里的混沌

249

科学与人类其他所有努力不同的地方，在于它能够精确地预测未来事件。报纸上经常登着近期的月相或是第二天的日出时间，但通常不会报道“未来的新闻”，比如纽约股市下周一的收市指数，或下周二的飞机失事等。一般大众即便不是特别清楚，也能凭直觉想到科学可以预测，但如果他们知道科学还能预见到什么是不可预估的，也许会很惊讶。这就是混沌的基础，也是太阳系未来的演化方向。

混沌的太阳系无疑令德国天文学家开普勒感到心烦意乱。通常人们认为他于1609年和1619年发表的理论是第一个可以预测的物理定律。他根据行星在天空中的位置推导出一个经验公式，用此公式，只要知道在某颗行星上一年时间的长短，就可以估算出该行星与太阳之间的平均距离。在1687年出版的《自然哲学的数学原理》里，牛顿的万有引力定律可以让你从头推导出所有开普勒定律。

尽管牛顿的新引力定律立刻取得了成功，但他还是担心太阳系有朝一日会陷入混乱。牛顿凭借独有的先见，在1730年版《光学》第三册中指出：

> 行星就像在同心球上移动，有极少数不规则的例外，可能是由于行星间的相互作用而引起的，这种例外将会越来越多，直至整个体系需要重构。（Newton，1730年，第402页）

250

在第七篇里我们将会详细讨论，牛顿暗示上帝可能偶尔需要介入并调整某些事情。著名法国数学家和力学家拉普拉斯的世界观与之相反，他在1799年至1825年所著的五卷巨著《天体力学》中指出，宇宙是稳定且完全可以预测的。拉普拉斯之后在《概率的哲学导论》（1814年）中写道：

> 驱动自然的所有力量……没有什么是不确定的，未来就像过去一样，将会呈现在人的眼前。（Laplace，1995年，第2章，第3页）

如果你只有纸笔，太阳系看起来一定是稳定的。但在超级计算机每秒钟轻轻松松就能进行数十亿次计算的时代里，太阳系模型可以被演算数亿年。我们能从对宇宙的深入研究中收获什么？

混沌。

我们用久经考验的物理定律构建描述太阳系未来演化的计算机模型，得到的却是混沌。其他学科里也有混沌，比如气象学、捕食-被捕食生态学，以及几乎所有涉及复杂相互作用系统的领域。

想要理解太阳系的混沌，首先必须认识到，两个天体间的位置差异，亦即通常所谓的距离，只是众多可计差异中的一种。两天体还可能在能量、轨道大小、轨道形状和轨道倾角等方面存在差异。因此我们可以拓展距离的概念，以包含天体间的其他差异。例如，（某个时刻）邻近的两个天体可能有着完全不同的轨道形状。经过改进的“距离”将能说明这两个天体间有很大的差异。[251]

检验混沌的常用方法是计算两个各方面均完全相同、仅在某处有很小改变的计算机模型。在其中一个太阳系模型中，你或许允许地球被小流星撞击后有轻微的后座。现在我们可以问一个简单的问题：经过一段时间以后，这两个近乎相同的模型间有多大“距离”？这个距离可能是稳定的、波动的、甚至发散的。当两个模型以指数发散时，之间的小差异随时间放大，使你完全不能预测未来。在某些情况下，天体可能会被从太阳系中发射出去。

这就是混沌的特征。

当混沌存在时，实际上不可能可靠地预测系统演化的远期未来。我们对混沌的最初认识归功于俄国数学家及机械工程师亚历山大·李雅普诺夫（Alexander Mikhailovich Lyapunov，1857—1918）。他于1892年发表的博士论文《运动稳定性的一般问题》至今仍被奉为经典。（顺便提一句，李雅普诺夫在俄国十月革命引发的政治动乱中死于非命。）

从牛顿时代起，人们就知道可以计算互耦轨道上两个独立天体（例如双星系统）所有时刻的精确轨迹。这时不存在不稳定性。可当你向系统中加入更多的天体时，轨道就会变得越来越复杂，对初始条件也越来越敏感。太阳系里有太阳、九大行星、行星的70多颗卫星、小行星和彗星。这听起来够复杂的了，但是还没完。太阳系中的轨道还受到日核因热核反应而每秒钟损失400万吨物质的影响。物质转化为252能量，继而以光的形式从太阳表面逸出。太阳还不断发射带电粒子流，也就是所谓太阳风，因而也会损失质量。另外有些恒星围绕银河系中心运转时偶尔经过太阳系附近，额外的引力也会对太阳系产生影响。

为了体验太阳系动力学家的工作，假定运动方程可以根据太阳系内外所有其他已知天体，计算任何给定时刻作用于某个天体上的净引力。只要知道每个天体上的作用力，就可以（在电脑上）把它们向应该运动的方向推动。但现在每个天体都移动过了，作用在它们之上的力都有微小改变。因此必须重新计算所有的力并再次推动天体。仿真计算不断重复这个过程，有时候要重复数十亿次移动。当你做这些计算或类似计算时，太阳系的行为就是混沌的。经过内层类地行星（水星、金星、地球和火星）上的约500万年、外层气态巨星（木星、土星、天王星和海王星）上的约两千万年，初始条件间的任意微小“距离”都产生了显著的偏离。如果计算达到一两亿年，我们就完全不能预测行星的轨道了。

没错，糟糕透顶。比如说下面的例子：发射一个宇宙探测器的反作用力能够影响地球的未来，大约两亿年后，地球的绕日轨道会偏转将近60度。在遥远的将来，如果我们不知道地球轨道在哪里倒也罢了，如果我们发现在某系列轨道上的小行星能够混乱地移动到另一系列轨道上，难免令人紧张。如果小行星能迁徙，而地球的轨道又无法预测，那么我们就无法可靠地计算远期小行星撞击地球继而引发全球性灭绝的风险。

我们是不是该用轻质材料制造探测器？是不是该放弃太空计划？要不要担心太阳的质量损失？要不要考虑地球每天从行星际空间扫来的数千吨流星尘？要不要集中到地球的一侧然后一起跳进太空？一个都不用。这些小变动的长期作用都被混沌所掩盖。在少数情况下，不了解混沌反而对我们有利。

253

怀疑论者可能会担心，复杂动态系统长期的不可预测性源于计算中的舍入误差，或是计算机芯片或程序的某些特殊性质。但如果这种怀疑是真的话，双体系统的计算机模型最终也会呈现出混沌，可现实并非如此。如果把天王星从太阳系的模型中排除重新计算那些气态巨行星的轨道，混沌也不见了。对冥工星的计算机模拟也说明了这一点，它的轨道偏心率和倾斜角都很大。实际上冥王星的轨道并没那么乱，初始条件的小“距离”虽然使得结果不可预测，但轨道偏差并不大。而且更重要的是，不同的研究者用不同的模型在不同的计算机上计算太阳系长期演化中混沌开始显现的时间，得到了相近的时间间隔。

除了我们想避免灭绝的自私欲望以外，研究太阳系的长期行为还有更多的原因。利用完整的演化模型，动力学家得以窥视太阳系的历史，以前的行星运动可能和现在全然不同。比如，有些太阳系诞生时（50亿年前）存在的行星可能被抛出系外。事实上太阳系刚开始可能有数十颗行星，而不是现在的8颗，大多数神秘地消失在星际空间之中了。

过去4个世纪以来，我们从不了解行星运动，到知道无法无限期地预测太阳系未来的演化，在我们探索宇宙知识的无尽过程中，这也算是一份苦乐参半的收获吧。

254 **29.即将上映**

“杀手小行星”制造全球毁灭的恐怖预言一直喧嚣于世。很好，因为大多数你看到、读过或听说过的都是真的。

你我墓碑上刻着“殁于小行星”的概率大约和“殁于空难”的概率差不多。过去400年，约有20人死于坠落的小行星，而在相对较短的航空史上，已有数以千计的人死于空难。这种比较统计又怎么会是真的呢？答案很简单。根据小行星的撞击记录，1000万年后，当飞机失事造成10亿人死亡时（假设每年有100人死于空难），就可能有一次足以造成10亿人死亡的小行星撞击。不大容易理解的是，空难是每次造成一些人死亡，而小行星可能几百万年也不会造成死亡。但一旦发生撞击，就会立刻令上亿人丧生，并使更多人陷入全球气候剧变之中。

太阳系形成初期，小行星和彗星的撞击率高得惊人。有关行星形成的理论与模型显示，富含各种元素的气体聚合成分子，然后成为尘粒，再变成岩石和冰。从那以后，那里就成了射击场。碰撞成为化学力与引力将小天体结合成更大天体的方法。恰好，质量较大的天体具有更大的引力，更容易吸引其他天体。随着吸积的不断继续，引力最终把一团团物质塑造成球体，行星就此诞生。质量最大的那些行星有 255 足够引力维持气态的包裹。所有行星在剩下的生命期里会不断吸积，不过吸积速度较形成时要慢得多。

不过，仍有数十亿（可能是数万亿）的彗星待在太阳系的最外层，比冥王星的轨道远上千倍。它们对经过的恒星和星际云团的引力作用非常敏感，由此踏上向着太阳前进的漫长旅程。太阳系的残留物还包括短周期彗星，其中已知有数十颗的轨道与地球轨道相交，另有数千颗小行星也是如此。

“吸积”一词没有“灭绝物种、摧毁生态系统的撞击”那么刺激神经。但从太阳系历史的角度来看，这两个词的意义是一样的。我们不能同时庆幸生活在行星上，庆幸我们的星球富含各种元素，庆幸我们不是恐龙，但又不愿承担全球大灾难的风险。小行星与地球撞击的部分能量通过摩擦和爆炸产生的冲击波释放到大气中。音爆也是冲击波，但它们通常是由飞机产生的，速度为一至三倍音速。音爆可能产生的最大损害就是让碗橱里的碗碟震动。但小行星与地球的一般碰撞所产生的速度高达72 000千米/时（接近70倍音速）的冲击波将会是毁灭性的。

如果小行星或彗星大到足以在自己产生的冲击波中生存下来，它的剩余能量将会在地表以爆炸的形式释放。那爆炸足以令地表熔化，撞出一个比原天体直径大20倍的坑。如果撞击次数很多，每次撞击间的间隔都很短，地表就没有足够的时间冷却。我们从月球（我们太空中最近的邻居）表面的原始陨石坑记录推断，地球在46至40亿年前[256]曾经过一段猛烈撞击时代。地球上最古老的生物化石证据是38亿年以前的，在那之前不久，地球的表面还是不毛之地，复杂分子以及后续的生命形成都被抑制。尽管有这些不利因素，但还是获得了各种基本的组成成分。

生命还要多久才出现？一般认为是8亿年（46亿年－38亿年＝8亿年）。但是考虑到有机化学反应的要求，必须先减掉地表温度过高的时间，这样留给生命从富含各种元素的原始汤（就像所有美味的汤一样，其中也包含水）中出现的时间就只剩下2亿年了。

没错，你每天喝的水有部分是40亿年前彗星带到地球上来的。但不是所有太空碎片都是从太阳系早期那会留下来的。地球至少被火星抛出的石头撞击了十几次，被月球抛出的石头撞击的次数更是数不胜数。如果撞击者的能量很大，使撞击区域附近的较小石头以足够的速度朝上抛射，脱离行星的引力束缚，就会发生抛射现象。之后石头就沿着自己的绕日轨道飞行，直到撞上别的东西。最著名的火星岩石是1984年在南极艾伦山（Alan Hills）附近发现的第一块陨石，所以它的正式编号为ALH-84001。这块陨石偶然间包含的证据显示，10亿年前火星上曾经繁衍过大量简单生命体。火星上有许多流水的地质证据，包括干涸的河床、三角洲和洪泛平原等。最近，火星探测器勇气号和机遇号发现了只有在长期有水的地方才能形成的岩石和矿物。

由于液态水是我们所知生命生存的必要条件，所以火星上存在生命的可能性是合理的。有趣的是，有人怀疑生命最先出现在火星上，之后离开火星表面，成为太阳系里的第一个细菌航天员，抵达地球开启了地球的生命演化进程。关于这个过程，甚至出现了一个专有名词：257 胚种论。说不定我们都是火星人的后代呢。

物质从火星飞到地球的可能性比相反的路径大得多。脱离地球引力需要比脱离火星多2.5倍的能量。而且地球大气比火星大气致密一百倍，地球上的空气阻力（相比于火星）也大得可怕。无论如何，细菌都必须非常顽强才能熬过降落地球前长达数百万年的太空漫步。幸运的是，地球上不缺液态水和丰富的化学元素，所以尽管我们尚无法解释地球上的生命起源，但也不需要胚种论。

颇为讽刺的是，我们可以（也的确）把化石记录上的几次大的物种灭绝归罪于小行星撞击，但是对生命和社会来说，当前面临的风险有哪些？下表列出了地球平均撞击率与碰撞体大小和等效能量（TNT当量）的关系。作为比较，我加入了一列，以美国1945年在广岛投下的原子弹的能量为单位表示碰撞能量。这些数据摘自美国国家航空航天局的戴维·莫里森（David Morrison）1992年发表的一张图表。

/次	小行星直径（米）	碰撞能量（百万吨TNT当量）	碰撞能量（颗原子弹）
1月	3	0.001	0.05
1年	6	0.01	0.5
10年	15	0.2	10
100年	30	2	100
1000年	100	50	2500
1万年	200	1000	50000
100万年	2000	1000000	50000000
1亿年	10000	100000000	5000000000

该表是基于对地球陨石坑历史、月球表面未受侵蚀的陨石坑，以及已258知轨道与地球轨道相交的小行星和彗星的数量等进行详尽分析后得出的。

在表中可以找到一些著名撞击事件的能量关系。比如，1908年西伯利亚通古斯河畔的爆炸摧毁了数千平方千米的森林，把撞击点周边方圆300平方千米的树木焚为灰烬。撞击物据信是一颗直径60米的石质陨石（大约20层楼那么高），它凌空爆炸，所以没有留下陨石坑。上表预计这种量级的撞击平均几百年发生一次。直径达200千米的墨西哥尤卡坦半岛希克苏鲁伯陨石坑被认为是一颗直径10千米的小行星所造成的。这次撞击的能量是二战中使用的原子弹能量的50亿倍，估计每1亿年才发生一次。这个陨石坑的年龄是6 500万年，从那以后再也没有发生过如此规模的撞击。巧合的是，霸王龙等恐龙几乎与此同时灭绝了，使哺乳动物得以进化得比树鼩更为发达。

对于那些仍否定因宇宙撞击导致地球物种灭绝的古生物学家和地质学家来说，他们必须想出从太空进入地球累积的能量还能做些什么。能量的变化范围极大。美国国家航空航天局艾姆斯研究中心的戴维 · 莫里森、美国行星科学研究所的克拉克 · 查普曼（Clark R. Chapman）和俄勒冈大学的保罗 · 斯洛维奇（Paul Slovic）为一本名为《彗星与小行星的灾难》的大部头写了一篇关于地球撞击灾难的综述，文中简要描述了外来有害能量积累给地球生态系统造成的后果。下面摘编其中的一部分。

大多数冲击能量小于1000万吨的撞击体会在大气中爆炸，不会产生陨石坑。少数有残余物的多为铁质陨石。

冲击能量介于1000万到1亿吨间的铁质小行星将会产生陨石坑，[259] 而石质小行星则会解体，大部分在空气中燃烧掉。撞击陆地能摧毁美国华盛顿特区那么大的面积。

冲击能量介于10亿到100亿吨之间的小行星会产生陨石坑，落在大洋上则会引发海啸。撞击陆地能摧毁美国特拉华州那么大的面积。

冲击能量介于1000亿至1万亿吨之间的撞击会破坏全球臭氧层，撞击海洋引发的海啸能淹没半个地球。撞击陆地掀起的灰尘能冲到平流层，足以改变地球气候，破坏整个农业，摧毁的面积相当于整个法国。

冲击能量介于10万亿吨至100万亿吨之间的撞击会导致像6 500万年前希克苏鲁伯撞击那种规模的大灭绝，地球上近70%的物种都被瞬间消灭。

幸好，对于这些会与地球碰撞的小行星，我们能够记录其中所有大于1000米（大小足以引发全球性灾难）的个体。如美国国家航空航天局《太空防护观测报告》所建议，建立保护人类免受撞击的早期预警和防御系统是切实可行的目标，而且，不管你是否相信，这个计划一直在美国国会的关注之下。不幸的是，小于1000米的天体反射的光量不足以对其实施可靠稳定的观测跟踪。它们能够毫无声息地撞上地球，或者虽然能让我们发现，但时间太短不足以令我们作出任何反应。

稍令人们宽心的是，虽然它们有足够能量摧毁整个国家，却不足以让人类灭绝。

地球显然不是唯一处于撞击危险中的石质行星。水星表面布满陨石坑，一般观察者看上去就像月球表面一样。最近对云雾笼罩下的金星进行的雷达地形观测也发现许多陨石坑。而在历史上地质活动频繁的火星表面也可以看到近期形成的巨大陨石坑。

260

木星的质量是地球的300倍以上，直径是地球的10倍以上，它吸引撞击体的能力在太阳系诸行星中是最大的。1994年，就在“阿波罗11号”登月二十五周年之际，苏梅克-列维9号彗星（上次接近木星时已经被撕裂为二十多块）的碎片，一一撞进火星大气。在地球上用家用望远镜就能轻易观察到气态痕迹。由于木星旋转得很快（每10小时自转一圈），随着大气的转动，彗星碎片也落在不同的位置。

如果你感兴趣，还会发现每块碎片的冲击能量都和希克苏鲁伯大撞击差不多。所以，不管木星上有哪些事情属实，恐龙肯定是不会有了。

地球上的化石记录了许多已经灭绝的物种，有些生命形态的繁盛期比现在人类在地球上存在的时间还久，恐龙就是其中之一。面对如此可怕的撞击能量，我们如何抵御？没有核战争可打的人叫嚷着要“用核武器在空中摧毁”。没错，人类有史以来发明的最强大的毁灭力量就是核武器。用核武器直接攻击入侵的小行星，可以把它炸成足够小的碎片，把撞击的危害减小为无害的壮观流星雨。需要注意的是，在没有空气的太空里无法形成冲击波，所以核弹头必须直接命中小行星才能将其摧毁。

另一种方法是使用强辐射的中子弹（记住，这种炸弹能杀死人却不会破坏建筑物），让高能中子流加热小行星的一侧，令温度高到足以使其向前喷出物质，从而使小行星弹出碰撞轨道。还有一种比较温和的方法，是用较慢但稳定的火箭固定在小行星的一侧，把小行星推离危险的轨道。如果行动足够早，你只要用传统化学燃料火箭轻轻推一把就行了。如果我们记录每个轨道和地球轨道相交的、直径大于1千米的天体，通过详细的电脑计算就可以预测数百圈甚至数千圈轨道运行后将要发生的灾难性撞击，让地球人有充足的时间作出适当防御。但是我们的潜在杀手级撞击体名单极不完整，而混沌也严重影响我们预测天体在轨道上运行数百万至数十亿圈后的行为。

261

在这场引力的游戏里，到目前为止最可怕的撞击体就是长周期彗星。根据惯例，长周期彗星是指周期大于200年的彗星，约占地球撞击威胁总数的四分之一。它们从非常远的地方落向内太阳系，到达地球之时速度超过160 000千米/时。因此，长周期彗星的撞击能量比同等质量的小行星更大。更重要的是，它们在轨道上的大部分时候都太暗，难以跟踪。等发现长周期彗星向地球飞来时，我们可能只剩几个月至两年的时间去筹款、设计、制造并发射武器进行拦截。例如，1996年百武彗星被发现时距其到达近日点只剩4个月，那是因为它的轨道与太阳系平面的夹角很大，正好处于没人关注的区域。途中它接近到离地球不到1600万千米的地方（差点撞上），成为夜空中一道特殊的景观。

这里有个日期可以记在日历上：2029年4月13日，星期五。当天一颗大小足以填满玫瑰碗体育场的小行星将会飞临地球，距离地面的高度比通信卫星还低。我们没把这颗小行星命名为班比，而是以埃及神话中黑暗和破坏之神的名字将它命名为阿波菲斯。如果阿波菲斯的轨道接近地球的高度属于名为“钥匙孔”的特定高度区，地球引力对其轨道的影响会使其在7年之后，即2036年的下一个周期直接撞上地球，扎进介于美国加利福尼亚州和夏威夷之间的太平洋里。它激起的海啸将会席卷整个北美洲西海岸，淹没夏威夷，摧毁太平洋沿岸的所有陆地。如果阿波菲斯2029年没有经过“钥匙孔”，那2036年我们就不必担心。

262

我们是否应该制造高科技的导弹，放在某地的发射井里等待保护人类的使命？我们首先需要对所有威胁地球生命的天体轨道做详细调查，可全世界参与这项研究的人数仅有几十人，你指望能保护多久？如果有一天人类在大碰撞中灭绝了，那将是宇宙生命史上最大的悲剧。因为，不是我们没有能力保护自己，而是我们缺乏远见。浩劫后取代人类主宰地球的物种在它们的自然历史博物馆里看到人类骨骼标本时，或许会想，为什么脑子那么聪明的人类活得也不比低智商的恐龙好多少。

263

30.世界末日

似乎总有人在议论世界末日将在何时到来、如何到来。其中有些场景我们已经相当熟悉，比如媒体上经常谈论到的瘟疫爆发、核战争、小行星或彗星撞击，以及环境破坏。尽管这些场景各不相同，但它们都能让地球上的人类（也许还包括其他特定种类的生物）灭绝。那些陈词滥调式的口号，比如“拯救地球”，其实是呼吁拯救地球上的生命，而非地球本身。事实上，人类无法真正毁灭地球。不管人类因任何原因而灭绝，地球还是会和其他兄弟行星一样环绕太阳运行。

那些破坏地球稳定的环日轨道、真正危及地球上温和气候的世界末日场景则几乎没人谈论。我提出这些预言并不是因为人类能够活着看到那一天，而是因为我能够用天体物理学工具来计算它们。我能想到的三种场景是太阳之死、银河系与仙女座星系将要发生的碰撞和宇宙之死。最近天体物理学界已经就此达成了共识。

恒星演化的电脑模型类似于保险精算表。它们预测太阳有100亿年的健康寿命。现在太阳的年龄差不多是50亿岁，还能相对稳定地输出能量50亿年。到那时，如果还没找到离开地球的办法，我们将亲历太阳耗尽燃料的过程，见证恒星生命中一个特别而又致命的篇章。 264

太阳之所以稳定是因为1500万度高温的核心里发生着氢聚变为氦的反应，核聚变所维持的向外的气压正好与试图压缩太阳的引力所平衡。太阳所含原子中90%以上是氢，它们大部分位于日核里。当日核中的氢耗尽时，就只剩下一团氦原子，需要在更高的温度下才能聚变成更重的元素。一旦太阳的核心发动机短暂停止，太阳的平衡就会被打破，占据优势的引力令太阳内部坍缩，核心温度升至1亿度以上，从而引发氦聚变成碳的反应。

随着时间的推移，太阳的亮度不断增加，迫使外层不断膨胀，达到水星和金星轨道那般大小。最终，太阳膨胀到比地球轨道还大，笼罩了整个天空。地球表面温度将会上升至3 000度，和太阳稀薄的外层一样热。地球上的海洋沸腾起来，直到完全蒸发到太空中。与此同时，高热的地球大气层也会蒸发，地球变成在太阳外层大气里环绕的红热余烬。随着地球越来越接近太阳中心，迅速升高的温度令地球上的一切全部蒸发。此后不久太阳的核反应就会停止，混杂着地球原子的气态外层随之散失，露出死寂的日核。

不过别担心，在这种场景出现之前，人类一定早就因为某些其他原因而灭绝了。

265　太阳威胁地球后不久，银河系自己也会出现问题。在测量过相对速度的数十万个星系之中，只有几个是朝向我们移动的，其余都在远离我们，它们的相对速度都和与我们的距离成比例。哈勃（哈勃天文望远镜就是以他的名字命名的）在20世纪20年代发现星系的退行，这直接在观测上证明了宇宙在膨胀。银河系和数千亿颗恒星组成的仙女座星系相距很近，所以宇宙膨胀对它们相对运动的影响可以忽略不计。仙女座星系和银河系以大约100千米/秒的速度接近，如果我们的（未知的）侧向移动很小，那么以这样的速度，我们之间240万光年的距离在70亿年后就会完全消失。

星际空间如此广阔空旷，所以不必担心仙女座星系里的恒星会意外地与太阳相撞。在安全的距离上远观，星系与星系相遇的场景蔚为壮观。在这期间，星星可能会彼此擦身而过。但也不是全然不用担心，有些仙女座星系的星星可能非常接近太阳系，以至于影响到太阳系行星和外太阳系里数千亿颗彗星的轨道。例如，恒星从近处飞越会带来引力问题。计算机模拟通常显示，闯入者会在“飞掠劫持”过程中偷走行星，或是使行星摆脱束缚而被甩入星际空间。

回顾一下第4篇，还记得金发女孩对别人的粥是多么挑剔吗？如果地球被其他恒星的引力“偷”走，我们的新轨道就不一定处于能够维持地表水处于液态的合适距离上，而液态水是公认的维持已知生命存在的前提条件。如果地球的轨道太近，水会蒸发；如果轨道太远，水则会凝结成冰。

如果借助于未来科技的神奇力量，地球居民设法延长了太阳的寿命，可当地球被甩入冰冷的太空深处时，这些努力都将白费。由于缺少邻近的能源，地表温度将急降至零下几百度。我们宝贵的大气由氮、氧以及其他气体组成，这时首先会液化，继而落到地面并冰冻起来，包裹在地球表面，仿佛球形蛋糕上的糖霜。而我们人类等不到饿死就被冻死了。地球上最后幸存的生命将是那些不依赖于太阳能量，而是靠微弱的地热和地球化学能源维持，位于地下深处地壳裂缝里的特殊生物。而那时，人类已经灭绝。

266

摆脱这种命运的方法之一是启动形似寄居蟹和蜗牛壳的曲速发动机[1]，在星系中寻找另一个行星为家。

不管有没有曲速发动机，宇宙的长期命运都无法延迟或避免。不

---

1. 曲速发动机是科幻影片《星舰迷航记》中企业号飞船使用的一种超光速的推进装置。—— 译者注

管躲在哪里，你都是宇宙的一部分，而宇宙将无可改变地向着特别的终点前进。关于空间质能密度和宇宙膨胀率的最新、最有力的证据显示，我们的旅程是单向的：宇宙里所有物质的引力加在一起也不足以停止和反转宇宙的膨胀。

大爆炸理论和对引力的现代理解（源自爱因斯坦的广义相对论）结合在一起，构成了对宇宙及其起源最成功的描述。我们将在第7篇中看到，极早期宇宙是温度高达万亿度、混杂着能量的物质漩涡。在其后140亿年的膨胀过程中，宇宙背景温度降至仅有绝对温度2.7度。随着宇宙继续膨胀，这个温度将会逐渐接近零度。

267

如此低的背景温度不会直接影响地球上的我们，因为太阳（正常情况下）会给我们提供温暖的生活环境。但是随着一代代恒星从星际云团中产生，给下一代恒星留下的气体越来越少。宇宙里近半数的星系已经耗尽了气体，而最终宝贵的气体全部都会耗尽。少数质量最大的恒星将会完全坍缩，再也看不见。有些恒星随着超新星爆发消散在星系里，从而结束它们的生命。这些重新回归的气体之后可供制造下一代恒星使用。但是包括太阳在内的大多数恒星最终会耗尽核心的燃料，经过巨星阶段后，坍缩形成致密的物质球，在冰冷的宇宙里散发着微弱的余热。

简短的残迹名单听起来似乎很熟悉：黑洞、中子星（脉冲星）、白矮星，都是恒星演化路径的终点。它们的共通点是：宇宙组成物质的永久固定。换句话说，如果恒星烧尽了又没有新的恒星形成来替代它们，宇宙里就永远没有活的恒星了。

地球会怎样呢？我们依赖太阳获取维持生命的能量，如果来自太阳和其他恒星的能量中断，地球表面和内部的物理和化学过程（包括生命在内）都会逐渐停止。最终所有运动的能量都在摩擦中消耗掉，整个系统的温度变得一致。地球嵌在没有恒星的天空上，裸露在膨胀宇宙的冰冷背景中。地球上的温度会迅速下降，就像把刚烤好的苹果派放到窗台上那样。当然，命运如此的不止地球一个，数万亿年之后，当所有恒星都已消亡，宇宙里每个角落的各种活动都已停止，宇宙各部分都会降至同一温度，成为永远冰冷的背景。到那时，太空旅行就找不到避难所了，因为连地狱都已变得冰冷。

届时我们可以宣布宇宙已经死亡——不是砰的一声轰然而逝，而是呜咽着慢慢死去。

31.星系发动机

268

星系的各方面都不同一般。它们是宇宙中可见物质的基本组织，宇宙里有数千亿个星系，每个通常都包含数千亿颗恒星。它们可以是螺旋状、椭圆状或不规则状，大多会发光。它们多数在太空中单独飞行，其他则由引力束缚形成星系对、星系群、星系团乃至超星系团。

星系多样的形态催生了多种分类体系，从而创造出丰富的天体物理学词汇。有一种星系叫活动星系，星系中心有异常强的单谱线或多谱线光辐射。那个中心就是星系发动机的所在，就是超大质量黑洞的所在。

活动星系的名单就像个大杂烩：星爆星系、蝎虎座BL型天体、赛弗特星系（Ⅰ型和Ⅱ型）、耀变体、N星系、低电离核发射线区星系、红外星系、射电星系，当然还有活动星系里的贵族——类星体。这些星系精英的极高亮度来源于星系核深处狭小区域里的神秘活动。

最早发现类星体是在20世纪60年代初。它是所有活动星系中最特别的。有些类星体的亮度是银河系的1000倍，但它们的能量却来自[269]于比太阳系还小的区域。奇怪的是，没有一个类星体在地球附近，最近的一个在15亿光年以外——它发出的光要走15亿年才能到达地球。大多数的类星体在100亿光年以外。它们个头小又离得极远，在照片上很难把它们和银河系里恒星的点状影像区分开，可见光望远镜对它们也无能为力。事实上，类星体最先是用射电望远镜发现的。由于恒星不会发射较强的无线电波，这些看似恒星却有着强烈射电特征的天体一定是某种新的类型。以天体物理学家们按外观命名的传统，这类天体被命名为“类恒星射电源”，简称“类星体”。

它们是什么？

人类描述和了解新现象的能力总是受到现有科学和技术手段的限制。18世纪的人若无意间短暂闯入20世纪又回到过去，会把汽车描绘成没有马的马车，把电灯描绘成没有火的蜡烛。在不知道内燃机和电是什么的情况下，他们不可能正确理解汽车和电灯。有了这样的免责声明，请允许我宣布我们认为我们了解类星体的运行原理。在所谓“标准模型”里，黑洞被认为是类星体和所有活动星系的发动机。在黑洞的时空边界（它的事件视界）里，物质极为致密，逃逸速度超过了光速。由于光速是宇宙里速度的极限，所以如果你掉入黑洞，就永远不可能出来，哪怕你是光做的。

你或许会问，不发光的东西怎么给宇宙里发光最厉害的东西提供能量？从20世纪60年代后期到20世纪70年代，天文学家发现了黑洞的一系列奇特属性，极大地丰富了宇宙学理论的内容。根据著名的万有引力定律，气态物质在落入黑洞的过程中，其重力势能转化为热能，因此在越过事件视界之前必定会急剧升温并产生强烈的辐射。

270

尽管重力势能转换不是家喻户晓的概念，但我们在日常生活中都曾经见过此类情形。如果你曾经把盘子掉在地上摔破，或者曾经把某些东西扔出窗外摔在地上，你就明白重力势能的作用了。简单来说，重力势能就是一个物体从远处掉落到某处所能获得的潜在能量。物体落下时通常会获得一定的速度。但是如果某些东西阻止了它的下落，物体获得的全部能量会转化为使它破碎和飞溅的能量，这也是为什么从高楼跳下比从较矮的楼跳下更容易摔死的原因。

如果物体下落过程中受到某些东西阻碍，影响速度的增加，那么势能就会转化成别的形式——通常是热。宇宙飞船和流星就是典型的例子：它们坠落穿越大气层的时候温度会上升，因为它们想加速，却受到空气的阻碍。19世纪英国物理学家焦耳（James Joule）做了个著名的实验，他设计了一个用重物下落带动叶片搅动水的装置，重物的势能被转换到水中，成功使水温上升。焦耳这样解释他的实验：

> 叶片在水罐中转动时遇到很大的阻力，因此重物（每个重4磅）以大约每秒一英尺的速度缓慢下落。滑轮距离地面的高度为12码，重物从那么高的地方落下之后，必须重新拉上去才能使叶片继续转动。这样重复16次之后，用高灵敏度的温度计可以确认水温上升了。…… 因此我可以推断，热能和一般形式的机械能之间存在对等的关系。…… 如果我的观点正确，河水从160英尺高的尼亚加拉瀑布落下后温度会升高约1/15度。（Shamos，1959年，第170页）

271

焦耳的假想实验当然是指著名的尼亚加拉大瀑布，不过如果他那时知道黑洞的话，他也许会这么说："如果我的观点正确，落入黑洞的气体会因为10亿英里的下落而升温100万度。"

你可能会猜到，黑洞会对过于接近的恒星产生强大的吞噬力。星系发动机的悖论在于，它们的黑洞必须吞噬才能辐射。驱动星系发动机的秘密在于恒星穿过事件视界前，黑洞撕裂它的能力。黑洞的引潮力会把原本球形的恒星拉长，就像月球的潮汐力拉长地球的海洋，产生高潮和低潮一样。原本属于恒星（也可能是普通的气体云）的气体无法简单地加速、落入黑洞，因为属于之前被撕裂的恒星的气体会阻碍它们直接落入黑洞。结果呢？恒星的重力势能转化为大量的热和辐射。目标的引力越强，可转化的重力势能就越多。

面对描述各种古怪星系的词层出不穷的情况，已故的杰出形态学家热拉尔·德·佛科留斯（Gerard de Vaucouleurs，1918—1995[1]）立即提醒天文学界，事故中损毁的车辆不会就此突然变成另一种车。这 272 个车祸哲学催生了活动星系的标准模型，极大规范了活动星系这个群体。这个模型有足够的调节项，可以解释多数基本的、已知的特征。例如，落入黑洞的气体在穿过事件视界之前常会形成不透明的圆盘。如果向外的辐射流不能穿透气体积聚的圆盘，辐射就会从圆盘的上方和下方飞出，形成巨大的物质和能量喷流。如果喷流刚好正对你或侧向对着你，抑或是喷出的物质移动缓慢或速度接近光速，观察到的星系特征就会不同。气体盘的厚度和化学成分也会影响其外观以及恒星的消耗率。

要维持一个健康的类星体，它的黑洞每年需要吞噬10颗恒星。其他较不活跃的星系每年吞噬的恒星则少得多。许多类星体的亮度经过数天甚至数小时就会变化。请允许我说明这有多么不同寻常。假设类星体的活动部分有银河系那么大（10万光年宽），如果它决定同时发光，那么你会先从它靠近你的那一侧观察到，10万年后才会看到最后一部分光线。换句话说，你要花10万年才能观察到类星体的整个发光过程。对于仅变亮数小时的类星体，说明其发动机的宽度不会超过数个光小时。那是多大？差不多和太阳系一般大小。

经过细致的全波段亮度波动分析，可以推算出周围物质的三维结构。结构简单原始，却很有用。例如，X射线波段的亮度可能经过数小时就会变化，而红光波段的亮度可能经过数周才变化。通过比较可以

1. 原书将其逝世年份误作1983年。——译者注

推断活动星系中辐射红光的部分比辐射X射线的部分大得多。这样的对比分析可以用在许多波段上，借此获得该系统的全面信息。

273　如果这种活动大多发生在宇宙早期的遥远类星体里，那为什么它不再发生了？我们附近为什么没有类星体？我们附近隐藏着死亡的类星体吗？

这些问题都得到了很好的解答。最明显的就是本地星系中心的恒星都已被星系发动机耗尽，星系发动机吞噬了所有轨道接近黑洞的恒星。没有燃料，自然没有动力。

另一个更有趣的停止机制源自黑洞质量（以及事件视界）增长对引潮力产生的影响。在这节的后面我们会看到，引潮力与物体受到的总引力无关，而是与它身上的引力差有关，而引力差在接近物体中心时会急剧增大。因此大个头、大质量的黑洞产生的引潮力实际上比小个头、小质量的黑洞还要小。这没什么神秘的。太阳对地球的引力比月球对地球的引力大得多，但月球因为离地球更近，只有38万千米，因此产生的引潮力比太阳大很多。

所以，黑洞可能因为吞噬了太多东西，事件视界扩大以致引潮力不足以撕裂恒星。这时，恒星的所有重力势能都转化为恒星的速度，整个穿过事件视界被黑洞吞噬，不会再转化为热和辐射。当黑洞的质量达到十亿个太阳时，这个停机开关就会开启。

这些都是支持全面解释的有力观点。标准模型认为，类星体和其他活动星系只是星系核心的早期阶段。如果这个推断正确的话，利用特殊曝光技术拍摄的类星体照片就应该显现包围着类星体的宿主星系的朦胧影像。这样的观测难度很高，就像观测恒星周围被掩盖在恒星光芒下的行星一样困难。类星体的亮度比周围的星系高太多，必须用特殊遮盖技术才能拍摄到类星体以外的部分。果然不出所料，几乎所有的高分辨率类星体图像上都能看到周围朦胧的星系。也有几个与标[274]准模型相冲突的例外，在那几个类星体周围没有观测到包围着它的星系。会不会是宿主星系太暗，超过了探测器的极限？

标准模型还预测类星体最终会自己停止活动。事实上，标准模型必须这样预测，因为我们附近没有类星体。但这也说明不管星系有没有活动核，星系核心的黑洞都是很常见的。事实上，我们附近的星系中，核心里存在休眠超大质量黑洞的越来越多，包括我们的银河系。从恒星飞经黑洞附近（但不是非常近）时速度的变化就能发现黑洞的存在。

强大的科学模型总是充满魅力，但我们应该偶尔自问，模型强大到底是因为它体现了宇宙的基本原理，还是因为它包含了足够多的变量，让你可以解释一切。我们现在已经够聪明了吗？还是我们未来会发明或发现更好的工具？英国物理学家丹尼斯·夏玛（Dennis Sciama）很清楚我们的困境，他是这么说的：

> 因为我们觉得很难得到某种合适的模型，大自然也必须感到困难。这个论断忽略了一种可能性：大自然可能比我们更聪明。甚至还忽略了另一种可能性：我们未来可能

比今天更聪明。(Sciama，1971年，第80页)

275 **32.摧毁他们**

自从发现恐龙化石之后，科学家们就不停地提出各种理由来解释这些可怜的动物是如何消失的。有人说，或许是炎热的气候令水源干涸；或许是火山喷发令大地被岩浆覆盖，大气被污染；或许是地球轨道和地轴偏转导致持续的冰期；或许是早期哺乳动物过多，吃掉了太多的恐龙蛋；或许是食肉恐龙吃光了所有的食草恐龙；或许是找水导致的大规模迁徙使得疾病迅速蔓延；亦或许真正的原因是板块运动引起的大陆重构。

所有这些危机都有一个共同点：提出这些观点的科学家都喜欢向下看。

然而，其他喜欢向上看的科学家们则试图把地貌特征与来自外太空的造访者联系在一起。其中的某些地貌特征可能是由陨石撞击造成的，例如美国亚利桑那沙漠里著名的巴林杰陨石坑——一个直径达1000米的碗底状大坑。20世纪50年代，美国地质学家舒梅克和他的同事们发现了一种只在短暂的极高压情况下形成的岩石，而这种条件正是快速飞行的陨石能够造成的情况。地质学家们最终认同，是一次276 撞击形成了那个碗（现在称为陨石坑），而舒梅克的发现也让19世纪的灾变说再度复活。灾变说认为短暂而强烈的破坏事件能够改变地表的面貌。

一旦推测之门开启，人们就开始怀疑恐龙可能是因为一次类似但规模更大的撞击而消失。铱本是一种地球上稀有而金属质陨星中常见的元素，但是在全球几十个地方6 500万年前的黏土层里，铱的含量都明显高得多。这些年代和恐龙灭绝差不多同时期的黏土记录了犯罪现场：白垩纪的终结。再来看看位于墨西哥犹加敦半岛边缘、直径达200千米的希克苏鲁伯陨石坑。它的年龄差不多也是6 500万年。气候变化的计算机模拟清晰地显示，任何能造成那样陨石坑的撞击会把足够多的灰尘带入平流层，造成全球气候灾难。谁还要更多的证据？罪犯、凶器和供词都已经齐全了。

结案！

是这样吗？

科学调查不能仅仅因为找到一种合理解释就停止。一些古生物学家和地质学家对把恐龙灭绝的责任主要——甚至完全——归咎于希克苏鲁伯陨石仍持怀疑态度。有些人认为希克苏鲁伯陨石的撞击比大灭绝早得多，而且那时地球处于火山活动的活跃期。再者，其他灭绝潮席卷地球时也没有留下陨石坑和稀有的宇宙金属等证据。而且不是所有来自太空的危险物都会留下陨石坑，某些在空中就爆炸，一点都不会落到地面。

因此，除了撞击之外，宇宙里还有什么在等着我们？宇宙还会带给我们什么可以迅速解开地球生命的秘密？

277　过去5亿年间，地球上发生过数次大规模灭绝事件。最大的几次分别是大约44 000万年前的奥陶纪、大约37 000万年前的泥盆纪、大约25 000万年前的二叠纪、大约21 000万年前的三叠纪，以及6 500万年前的白垩纪。较小的灭绝事件大约每几千万年就会发生。

有些研究人员指出，平均大约每2 500万年就会发生一次大事件。天体物理学家们见惯了各种周期很长的现象，所以便决定这次亲自来找凶手。

20世纪80年代，几位天体物理学家说，我们给太阳一个黯淡且遥远的伴星吧，它的公转周期就设成2 500万年左右，而且轨道极为扁长，这样它大部分的时间才会远离地球，所以无法探测到。这颗伴星每次经过太阳系远处的彗星群时，就会扰乱它们，于是大批彗星从原本位于外太阳系的轨道上挣脱，冲击地球表面的概率会大幅增加。

这就是假想中的恒星杀手——复仇女神——的由来。对灭绝事件的后续分析已经让多数专家认为，大灾难之间的平均间隔差异太大，所以并没有真正的周期性，但这个概念还是被炒作了好几年。

周期性不是唯一和太空杀手有关的有趣概念。流行病也是。已故英国天体物理学家弗雷德·霍伊尔勋爵和目前在威尔士卡迪夫大学任职的长期合作伙伴钱德拉·维克拉玛辛赫（Chandra Wickramasinghe），想到地球会不会偶然穿过布满微生物的星际云团，或从过路彗星的尾巴里沾染到带菌的灰尘。他们认为这样的接触可能引起迅速散播的疾病。更糟的是，有些巨大的云团或尘埃尾迹可能是真正的杀手——

携带着可以感染并杀死许多物种的病毒。这个想法面临着诸多质疑，[278]其中有一条是，没人知道星际云团如何制造并携带像病毒那般复杂的东西。

还想知道更多吗？天体物理学家已想象过数不清的可怕灾难。例如，现在银河系和仙女座星系（离我们240万光年的“双胞胎”）正彼此靠近。正如之前所说，再过70亿年，它们可能会发生碰撞，在宇宙中引发类似火车失事的意外。气云会彼此冲撞，恒星会到处乱飞。如果有颗恒星靠得太近，扰乱了地球和太阳间的引力平衡，地球就可能会被抛出太阳系外，让我们在黑暗中无家可归。

那会很惨。

不过，在这一切发生的20亿年前，太阳就会膨胀并自然死去，吞噬掉内行星（包括地球），令它们所有的物质都蒸发殆尽。

那会更惨。

如果有黑洞闯入并靠我们太近，就会吞掉整个地球，先以强劲的引潮力把地球粉碎成碎石堆，剩下的残骸会穿越时空，排成一长串原子越过黑洞的事件视界，进入奇点。

但地球的地质记录中并未出现任何早期与黑洞密切接触的迹象——没有破碎、没有吞噬。再加上我们预期附近黑洞的数目微乎其微，我不得不说，眼前其他生存议题更加迫切。

会不会是爆炸的恒星在太空中散布的高能电磁辐射和粒子把地球烤熟的？

多数恒星死得很平静，其外层气体缓慢地散失到太空中。但有千分之一的恒星（质量比太阳大七八倍）会以激烈、耀眼的爆炸结束生命，我们称之为超新星。如果我们距这类恒星的距离小于30光年，朝我们射来的宇宙射线（以近乎光速的速度穿梭太空的高能粒子）将足以致命。

279

最先被破坏的会是臭氧分子。平流层的臭氧（O_3）通常会吸收太阳发出的有害紫外线，这样，辐射便把臭氧分子分解成氧原子（O）和氧分子（O_2）。新释放出来的氧原子可以和其他氧分子结合，再形成臭氧。在正常的时候，太阳紫外线破坏地球臭氧层的速度与臭氧再生的速度一样。但是过量高能粒子冲击平流层，会使得臭氧层被迅速破坏，令我们暴露在危险的境地里。

一旦第一波宇宙射线破坏了我们的臭氧层，太阳的紫外线就能直达地球表面，分解氧分子与氮分子。对鸟类、哺乳类以及地球表面和空中的其他生物来说，这是个坏消息。自由的氧原子与氮原子极易结合在一起，其中一种化合物是二氧化氮，它是烟雾的成分之一，会使大气变暗，气温下降。随着紫外线慢慢让地表变成不毛之地，新的冰河时期可能就此开始。

但超新星发射的紫外线和极超新星发射的 γ 射线相比，简直是小巫见大巫。

每天至少会有一次，宇宙某处会发生短暂的γ射线（能量最高的射线）爆发，释放出来的能量相当于1000颗超新星。γ射线爆发是20世纪60年代由美国空军的卫星意外发现的。这颗卫星原本是用来 280 侦察苏联可能违反1963年签署的《部分禁止核试验条约》所开展的秘密核试验，结果却发现了来自宇宙的信号。

最初没人知道这些爆发是什么、有多远，它们并非聚集在恒星与气体构成的银河系盘上，而是来自天空的四面八方——换句话说，是来自整个宇宙。但它们一定是发生在附近，至少在离我们一个星系直径的范围内，否则怎么解释它们辐射到地球的巨大能量？

1997年，正在轨工作的意大利X射线天文卫星[1]所做的观测揭开了谜底：γ射线爆发发生在银河系外极远的地方，或许代表某颗超大恒星爆炸和黑洞伴随而生的过程。卫星接收到了这次著名爆发（GRB 970228）的X射线余晖。但X射线发生了“红移”，结果多普勒效应和宇宙膨胀的特征让天体物理学家得以准确地判断距离。GRB 970228的余晖于1997年2月28日到达地球，显然是飞越了半个宇宙。第二年，美国普林斯顿大学天体物理学家玻丹·帕琴斯基（Bohdan Paczynski）创造了“极超新星”一词，来形容这类爆发的源头。我个人则更倾向于使用“超超新星”一词。

10万颗超新星中有一颗是制造γ射线爆的极超新星，它瞬间产生的能量大约相当于太阳以目前的状态辐射 1 万亿年。先不管一些未

1. BeppoSAX卫星。——译者注

知物理定律的影响，达到如此超强能量的唯一方式，就是把爆炸的所有能量用一束狭窄的光线发射出去——就好像手电筒灯泡的光经过手电筒的抛物面镜反射形成一束强光一样。把超新星的能量汇聚成一道狭窄的光束，光路上的一切都会接收到全部的爆炸能量。与此同时，281 不在光路上的一切则对此一无所知。光束愈窄，能流的强度越高，宇宙中越少人会看到。

是什么制造了这种类似激光的γ射线？想想原始的超大质量恒星吧。在因燃料耗尽而死亡之前，它不断抛出外层物质，形成庞大的包覆云团，还可能吸收当初孕育恒星的云团里残存的气体而变得更大。当它最终坍缩并发生爆炸时，便释放出大量的物质与惊人的能量。物质与能量首先击穿气态外壳上的薄弱部位，让后续的物质与能量从那里喷出。这种复杂过程的计算机模拟显示，薄弱部位通常位于原始恒星的南北极之上。从外看去，两束方向相反的强光，朝着刚好位于光路上的所有γ射线探测器（核爆炸探测器或其他）射去。

美国堪萨斯大学的天文学家艾德里安·麦洛特（Adrian Melott）及其跨学科的研究团队指出，奥陶纪的灭绝可能是地球与附近的γ射线爆发正面相遇所造成的，当时地球上四分之一的生物就此灭绝，而且没人找到属于那个时代的陨石撞击证据。

俗话说，当你手中有一把锤子，所有问题看起来都像钉子。如果你是研究物种大灭绝的陨石专家，你会想说那是陨石撞击造成的；如果你是火成岩专家，你会说是火山造成的；如果你是研究太空生命云的专家，你会说是星际病毒造成的；如果你是极超新星专家，你会说是γ射线干的。

不管谁对谁错，有件事是肯定的：生命之树的所有枝叶几乎可以在一瞬间消失。 282

谁能在这些灾难中活下来？小而温顺有助于生存。微生物就较能适应恶劣环境。更重要的是，如果你住在太阳照不到的地方（海底、岩缝深处、田野和森林的土壤中），则更有可能存活下来。大量地下生物幸免于难，正是它们，才让地球生命不断地延续传承下去。

33.死亡黑洞

283

掉进黑洞无疑是宇宙里最引人注目的死法，还有哪种死法会把你撕成原子碎片呢？

黑洞的引力大到足以令时空扭曲成环，没有出口。另一种表述是：脱离黑洞的速度必须大于光速。我们在第3篇中提到，真空中的光速是299 792 458米/秒，是宇宙中最快的东西。如果连光都无法脱离，那你当然也逃不掉，所以我们才称之为黑洞。

所有的物体都有逃逸速度。地球的逃逸速度只有11千米/秒，所以光线可以自由离开地球，其他任何速度大于11千米/秒的物体也都可以。请转告那些喜欢宣称“有升必有落”的人，他们错了。

爱因斯坦的广义相对论发表于1916年，它让人们理解了强引力环境下奇异的时空结构。美国物理学家约翰·惠勒（John A. Wheeler）和其他人后来经过研究，创造出“黑洞”一词，以及描述和预测黑洞行为的数学工具。例如，光能够逸出与不能逸出的确切边界被诗意地称为“事件视界”，这个边界内的物体将永远消失在黑洞里。一般来说，黑洞的大小就是事件视界的大小，而事件视界的大小是易于计算与衡量的。事件视界里的物质则坍缩到黑洞中心的极小点。所以说黑洞其实不是致命的物体，而是致命的太空区域。

284

让我们来仔细探讨，当一个人无意间过于接近黑洞时会发生的情况吧。

如果你不小心踩到黑洞，脚朝下落向黑洞中心，当你越靠近时，黑洞的引力会以天文级数增大。奇怪的是，你一点也感觉不到引力，就像自由落体一样处于失重状态。不过，你可以感受到的是另一种危险得多的力量。当你坠落时，由于双脚更接近黑洞中心，因此双脚受到的黑洞引力比头部的要大。两者间的差就是所谓的引潮力，会随着你接近黑洞中心而迅速增大。在地球上和宇宙中大多数地方，身高造成的引潮力很小，不会引起注意。但是当你双脚朝下落进黑洞时，你感觉到的只有引潮力。

如果你是橡胶做成的，你的身体会被拉长。但是由于人体是由骨头、肌肉与器官构成的，所以你的身体还是会维持原状，直到引潮力超过身体分子间的结合力为止。（如果宗教裁判所拥有黑洞，一定会用黑洞取代拉肢刑架作为刑具。）

这时你的身体就会从中间撕裂，分成血淋淋的两半。随着继续下跌，引力差不断增大，分成两截的身体又再裂成两半。不久那些碎块又再各自裂成两半，就这样，你的身体支离破碎，变成越来越多的碎块：1、2、4、8、16、32、64、128、…。当你被肢解成有机分子时，分子自身开始感受到不断增大的引潮力，最后它们也被肢解了，变成一串原子。当然，随后原子也会分解，变成无法辨识的粒子。而就在几分钟之前，这一切都还是完整的你。

285

这还不算最糟。

你身体的所有成分都在朝同一点移动：黑洞中心。所以在你被从头到脚撕成碎片的同时，你也完成了穿越时空的任务，看起来就像从容器里挤出的牙膏一样。

在所有形容死亡方式的词汇中（例如：杀死、自杀、电死、闷死、饿死），我们又多了一个："意大利粉化"。

随着黑洞的吞噬，它的直径也会随着质量成比例增大。例如，如果黑洞吃到质量变成原来的 3 倍，它的宽度也会变成原来的 3 倍。所以宇宙中的黑洞可以是任意大小，但并不是每个在你穿过事件视界之前都会把你意大利粉化。只有"小"黑洞才会。为什么？因为要想死得轰轰烈烈，关键是引潮力。一般而言，如果你的尺寸比你到物体的中心距离更大，物体对你产生的引潮力最大。

举个简单但极端的例子，如果一个身高 1 米的人（他不太容易被撕裂）双脚朝下掉进直径 2 米大小的黑洞内，当他的脚到达事件视界时，他的头到黑洞中心的距离是脚到黑洞中心距离的2倍。所以从头到脚的引力差会非常大。但如果黑洞直径是2000米，同一个人的脚到黑洞中心的距离只会比头到黑洞的距离近1‰而已，所以引力差（引潮力）也相应地很小。

同样的，我们也可以问一个简单的问题：当你接近物体时，引力的变化有多快？引力方程显示，你越靠近物体中心时，引力变化得越快。较小的黑洞让你在进入它们的事件视界以前可以更靠近它们的中心，所以对掉进去的人而言，小距离上的引力变化可以是毁灭性的。

286

一般黑洞的质量是太阳的数倍，但所有质量全都集中在几十千米宽的事件视界里。多数天文学家谈到黑洞时就是谈这些。落入这种黑洞时，你的身体在接近中心100千米以内就开始分解。另一种常见的黑洞，其质量是太阳的10亿倍，事件视界的大小和整个太阳系差不多。这类黑洞潜伏在星系的中央，虽然它们的总引力非常巨大，但在事件视界附近，从头到脚的引力差却比较小。事实上，引潮力可能很小，你可能会毫发无损地落进事件视界里——只是再也无法出来告诉别人你的经历而已。当你越过事件视界到达黑洞深处，并最终被肢解时，黑洞外的人也看不到了。

据我所知，还没有人被黑洞吞噬过，但有确凿证据显示，宇宙里的黑洞经常吃掉乱跑的恒星和毫无戒心的气体云。当气体云接近黑洞时，几乎极少直接落进去。气体云不像你一样会双脚先进去，它们通常是被黑洞吸引发生旋转，直至毁灭。气体云靠近黑洞的部分会转得比较远的部分快，这就是所谓的较差自转，这种简单的切变可能造成不同寻常的天体物理学现象。当云层越转越靠近事件视界时，它们会因为内部摩擦，而使温度上升至100万度——比任何已知恒星还热。气体热得发出蓝光，还有大量的紫外线和X射线。原本孤独、隐秘的黑洞，现在变成了被气体环包围着的看不见的黑洞，而那气体环正散发着耀眼的高能射线。 287

由于恒星里百分百是气体，所以它们也会遭遇和不幸气体云一样的命运。如果双星系统里的一颗恒星变成黑洞，那它要等伴星到了生命末期、变成红巨星时才能吞噬。如果红巨星变得足够大，最终会被黑洞一层层地剥皮吞噬。但对恰巧游逛附近的恒星来说，引潮力一开始会先拉扯它，但最终较差自转会令恒星摩擦生热，变成极亮的气体盘。

每当理论天体物理学家需要用极小空间里的能量来源来解释某种现象时，他们通常会想到吃饱的黑洞。例如，就像我们前面看到的，遥远神秘的类星体的亮度，是整个银河系的数百乃至数千倍，但它们的能量主要来自比太阳系大不了多少的区域里。如果不启动超大质量黑洞作为类星体的主发动机，我们还真找不到其他理由来解释这种现象。

我们现在知道，超大质量黑洞在星系中心很常见。对某些星系来说，可疑的小区域所产生的无法解释的高亮度就是最佳的证据，但实际亮度主要取决于有没有恒星和气体可供黑洞肢解。其他星系虽然中央亮度并不显眼，但可能也有一个超大质量黑洞。这些黑洞可能已经吃光了周围所有的恒星和气体，并且没留下任何证据。但那些靠近中心、轨道接近黑洞（还没近到会被吞噬）的恒星则会速度大增。

根据这个速度，结合恒星到星系中央的距离，就可以直接算出轨道里包含的总质量。有了这些数据后，我们很容易就可以算出，中心的质量是否能够产生足够的引力成为黑洞。已知最大黑洞的质量差不多是太阳质量的10亿倍，例如潜伏在巨大椭圆星系M87内的黑洞便是室女座星系团中最大的。另一个小得多、但依旧很大的，则是在我们近邻仙女座星系的中央、质量是太阳3 000万倍的黑洞。

288

开始感到嫉妒黑洞了吗？这种感觉是正常的：银河系中心的一个黑洞，质量只有太阳的400万倍。不过不管质量大小，死亡和破坏都是它们的共同目标。

第 6 篇
科学与文化——宇宙发现与公众反应之间的纠葛

289

34.人云亦云

291

亚里士多德曾经宣称，虽然行星会相对背景恒星移动，流星、彗星、日食等是大气和天空中偶尔的天象变化，但是恒星本身在天空中是固定不变的，而地球是宇宙所有运动的中心。当25个世纪之后，我们站在文明的高峰嘲笑这些概念愚蠢至极时，却没想到这些观点是对自然界尽管简单但是合理观察的结果。

亚里士多德还提出其他的观点。他说重物掉落的速度比轻的物体快。谁会反驳这样的言论呢？石头下落的速度显然比树叶快。但亚里士多德进一步指出，重物掉落速度快于轻物的程度和它们的重量成正比，所以10千克重的物体掉落速度会比1千克重的物体快10倍。

亚里士多德这次大错特错。

要检验他的观点，只要把一块小石头与一块大石头从同样的高度同时放下即可。不像树叶会飘动，石头基本不受空气阻力的影响，两块石头会同时落地。这个实验不需要美国国家科学基金会资助就可以进行，亚里士多德其实也可以做，但他没有。他的学说后来被纳入天主教的教义，在天主教的权威与影响下，亚里士多德哲学深植于西方世界的常识中，被人们迷信和盲从。人们不仅向别人重复不实的概念，还忽视那些明显发生、但理论上不该成真的事件。

292

以科学探索自然界时，比盲目相信更糟的，就是视而不见。公元1054年，金牛座的一颗恒星的亮度突然暴增100万倍。中国天文学家们记载了这一事件，中东的天文学家们也做了记载，居住在如今美国西南部的印第安人还在石头上刻了下来。这颗星亮到有好几周在白天都可以清楚地看到，但整个欧洲竟然没有人记录这件事。（这颗明亮新星其实是7 000年前宇宙中发生的一次超新星爆炸，光线一直到当时才抵达地球。）没错，欧洲当时正处在黑暗时代，所以我们不能期待当时有精确的数据记录技术，但是，当时“允许”发生的天文事件却被照常记录下来。例如，12年后的1066年，人们看到后来众所皆知的哈雷彗星时，就如实地描绘在著名的贝叶挂毯上，而且还包含目瞪口呆的旁观者。这的确是例外，圣经说恒星不变，亚里士多德说恒星不变，教会以其至高无上的权威宣称恒星不变，以至于所有人都陷入集体错觉，掩盖了个人的观察力。

每个人都有一些盲目相信的知识，因为我们无法实际检验别人说的每一句话。当我告诉你质子有对应的反粒子（反质子）时，你需要有价值10亿美元的实验仪器才能验证我的话。所以直接相信我，并相信至少在天体物理学领域我的话基本正确会比较简单。我不介意你是不是还怀疑我。事实上，我鼓励你这么做。你完全可以造访最近的粒子加速器，亲眼看看反物质。但那些不需要精密仪器就可以证实的话

又是如何呢？有人可能会认为，在现代的发达文化中，公众对那些可轻易验证的谎言已经免疫了。 293

其实没有。

听听下面的说法。北极星是夜空中最亮的星星。太阳是黄色的。有升必有落。在黑夜里用肉眼可以看见数百万颗星星。太空中没有重力。指南针指向北方。冬天的白天较短、夏天的白天较长。日全食很罕见。

上面这段话的所有叙述都是错的。

尽管亲自证实谬误并不难，但许多人（或许是大多数人）仍相信上面那段话中的一句或几句，并且会告诉其他人。下面听听我是怎么反驳的吧：

北极星不是夜空中最亮的星星，它的亮度甚至还排不进前四十名。或许人们把知名度等同于亮度了，但当我们抬头观看北方天空时，北斗七星中的三颗（包括它的“指极星”）都比北极星亮。北极星离它们就三拳开外，证据确凿。

我也不管别人是怎么说的，但太阳肯定是白色而不是黄色的。人类的色觉很复杂，但如果太阳像黄色灯泡一样是黄色的，那么类似雪这样的白色物体就会因反射太阳光而呈现为黄色——事实上只有在消防栓附近才会出现这样的情况[1]。是什么原因导致人们说太阳是黄色的呢？正午时分直视太阳会伤害眼睛，但到了日落时，太阳低垂在地平线上方，这时大气对蓝光的散射最强，使得阳光的强度减弱了很多。太阳光谱中的蓝光大部分被散射到黄昏的天空中，因此我们看到的太阳呈现金黄色。当人们看到这种偏色的落日时，错误的概念就得以巩固。

294　有升不一定有落。各种各样的高尔夫球、旗帜、汽车、坠毁的太空探测器散落在月球表面上，除非有人登月把它们带回来，否则它们再也不会回到地球，永远不会。只要你的飞行速度大于11.2千米/秒，你就可以离开地球并且不落下来。地球的引力会让你的速度逐渐减小，但永远不会反转你的运动方向而逼你回地球。

除非你眼睛的瞳孔和双眼望远镜一样大，否则不管你的视力有多好，在地球上的什么地方，银河系里的上千亿颗星星中，你能在天空中看得见的不会超过五六千颗。试一晚上吧。月亮出来的时候情况更加糟糕，如果刚好是月圆之夜，月光会盖过几乎所有星星的光芒，只能看到其中几百颗最亮的星星。

阿波罗计划的任务之一就是登月，在此期间，一位知名电视新闻主持人宣布在某一确切的时刻，“航天员离开了地球的引力场”。由于航天员还在飞往月球的途中，而且月球是绕地球运转的，所以地球的引力至少能够作用到月球那么远的地方。事实上，地球的引力和宇宙

---

1. 在纽约，有些消防栓是黄色的。——译者注

里任何物体的引力的作用范围都是无限的，只不过越远越弱而已。太空中每一点都受到无数引力的拉扯，这些引力来自于宇宙里四面八方的物体。新闻主持人其实是想说：航天员越过了宇宙中月球引力大于地球引力的那一点。由三级组成的土星5号运载火箭推力强大，它的任务就是把宇宙飞船加速到足够的初速，以便抵达太空中的这个位置，因为此后飞船就可以被动地加速飞向月球——他们做到了。引力无处不在。

关于磁铁，所有人都知道异性相吸、同性相斥。但指南针的设计是让磁化成“北”的那一端指向地球的磁北极。让磁体的北边指向地球磁北极的唯一方法，就是地球的磁北极其实是在南方，磁南极其实是在北方。此外，宇宙里也没有某条定律要求天体的磁极必须和地理极点精确吻合。在地球上，两者相距约1300千米，所以在加拿大北部是无法依靠指南针来航行的。 295

由于冬季的第一天[1]是一年内最短的白昼，所以冬季后续的每一个白昼必定是愈来愈长。同样的，由于夏季的第一天[2]是一年内最长的白昼，所以夏季后续的每一个白昼必定是愈来愈短。当然，现实和人们口口相传的完全相反。

平均每一两年，地球上就有某个地方能看到月球完全经过太阳面

---

1. 西方以二分二至为划分四季的起点，四季的起点分别为春分、夏至、秋分、冬至。这里提到的冬天的第一天是冬至，时间是每年的12月21日至23日。中国传统以四立为划分四季的起点，即立春、立夏、立秋、立冬，冬季的第一天是立冬，时间是每年的11月7日或8日。——译者注
2. 这里夏天的第一天是指夏至，时间是每年的6月21日至23日，中国传统以立夏作为夏季的开始，时间是每年的5月5日或6日。——译者注

前，即日全食。这种情况其实比奥运会还常见，但报纸上却不会出现“罕见的奥运会将于今年举行”这样的标题。关于日食罕见的认识可能来自一个简单的事实：对地球上的任意一地来说，可能要等上500年才看到一次日全食。这没错，但这种论点实在站不住脚，因为地球上有些地方（例如撒哈拉沙漠中央或南极洲的任何地区）从来没有、未来也不太可能举办奥运会。

还想再听一些谬论吗？正午时分的太阳在头顶上方。太阳从东边升起，从西边落下。月亮在夜晚出现。春秋分时，白昼和黑夜各12个小时。南十字座是美丽的星座。以上叙述也都是错的。

在一年之中的任何一天、一天之中的任何时刻，美国本土没有任何地方的太阳会出现在头顶的正上方。垂直的物体在“正午”时不会出现影子。地球上能看到这种情况的人，住在南纬23.5度至北纬23.5度。即便是住在那个区域内，一年内太阳也只有两天会出现在头顶的正上方。“正午”的概念就像是北极星的亮度和太阳的颜色一样，都是大众的谬见。

296

对地球上的每个人来说，太阳每年只有两天会从正东方升起，从正西方落下：春天与秋天的第一天[1]。在其他日子里，对每个地球人来说，日出日落都是在地平面的其他地方。在赤道上，日出角度的变化范围是47度。在美国纽约的纬度上（北纬41度，和西班牙马德里与北京一样），日出角度的变化范围超过60度。在英国伦敦的纬度上（北

---

1. 春分与秋分日。

纬51度），日出角度的变化范围近80度。从北极圈或南极圈看时，太阳可能从正北和正南方升起，日出角度的变化范围达到180度。

月球也会和太阳同时“出现”在天空中。稍稍多注意观察一下天空（大白天往上看看），你就会发现白天看见月亮的概率几乎和夜晚差不多。

春秋分并非白昼与黑夜各是精确的12个小时。注意春秋季的第一天报纸上登出的日出与日落时间，它们并没有把这天均分成两个12小时。任何时候都是白天较长，根据纬度的不同，白天多出的时间从赤道的7分钟到南北极圈的近半小时不等。这是什么原因？阳光从行星际空间的真空进入地球的大气层时会发生折射，使太阳的像比实际日出提前7分钟出现在地平面上。同样，你看到的日落比实际日落要晚几分钟。一般是以日轮的上缘冒出地平线算作日出，以日轮的上缘没入地平线算作日落。问题是这两个“上缘”属于太阳不同的两半，因此在计算日出与口落时多算了一个太阳宽的日光时间。

南十字座是所有88个星座中最言过其实的星座，听南半球的人谈起这个星座，听赞美它的歌曲，还有在澳洲、新西兰、西萨摩亚、巴布亚新几内亚的国旗上看到它时，你可能会觉得我们这些生活在北半球的人好像缺了什么。其实不然。首先，南十字座并不是在南半球才看得到，最北直到美国佛罗里达州的迈阿密都可以清楚地看到（但是在天空的边缘）。它是天空中最小的星座——你伸长胳膊用拳头就可以完全把它遮住。它的形状也没什么吸引人的：如果你用连接点的方式画矩形，你要用四颗星，如果你要画十字，应该会在中间加上第五

297

颗星，表示两线的交叉点。但南十字座只有四颗星，更像一只风筝或是歪歪扭扭的盒子。西方文化中关于星座的传说源自巴比伦人、迦勒底人、希腊人与罗马人的想象力，经历了数百年的发展与丰富。记着，这些想象力也是诸神无尽的不正常的社会生活的来源。当然这些都是北半球的文明，南半球天空的星座很多都是最近250年内才被命名，没有相关的神话故事。北半球的天空中有北十字星，五颗星组成了一个十字。北十字星是天鹅座的一部分，而整个天鹅座看上去宛如一只天鹅飞翔在银河间，比南十字座大了近12倍。

当人们相信与可自行验证的证据相矛盾的传言时，我发现人们在构建内在信仰时低估了证据的作用。为何如此尚不清楚，但这令许多人对出自凭空假设的想法和概念坚信不疑。不过也不用绝望，偶尔大家也会说出一些真理。我最喜欢的一句是："无论你去哪里，你就在那里"，以及由此引申的禅理："当下即是"。

298 35.数字恐惧症

我们可能永远也无法知道人脑内所有电化学通道的电路图，但有件事是肯定的，我们的大脑不是为逻辑思考而设计的。如果是的话，数学就是正常人上学时觉得最简单的科目了。

在那样的世界里，数学可能根本不必教，因为即便对接受能力差的学生来说，数学的基础与原理都是不证自明的。但在真实世界里并非如此。当然，你可以通过训练让多数人习惯于逻辑思考，并让部分人随时都在做逻辑思考。在这方面，大脑具有不可思议的灵活性。但人的感情却几乎不需要训练，我们生来就会哭，出生不久就会笑。

我们来到这世上时不会数数。比如熟悉的数字，并不是刻在我们大脑里的。人类必须创造数字，并在因生活与社会的日益复杂而出现新需求时，进一步完善它们。在可计数的物体组成的世界里，我们都赞同2+3=5，但2−3等于多少呢？如果不是回答“这没有意义”，就必须发明数轴的新部分：负数。继续：我们都知道10的一半是5，但5的一半是多少？为了让这个问题有意义，就必须发明分数，这又是数轴上的另一类数字。随着人类在数字的山峰上越攀越高，就会发明各种各样的数：虚数、无理数、超越数、复数等。它们在已知的物理世界里都有特定甚至独特的应用。 299

研究宇宙的人从一开始就参与其中。作为这个“第二老”行业的成员，我可以证明，我们已经采用并且积极地运用数轴的所有部分来做各种天文分析。我们运用的数字往往比其他行业更小或更大。这种认识甚至影响到了日常用语，当社会上某事物似乎极其庞大时，例如国债，我们不会说它是生物数字或化学数字，而说是天文数字。所以我们可以大胆地说天体物理学家不怕数字。

经过几千年的文化发展，人类社会的数学成绩单表现如何呢？更具体一点，我们该给世界上技术最发达的美国人打几分？

让我们先从飞机开始看起吧。美国大陆航空公司负责排列飞机座位的人似乎对数字13仍怀有自中世纪以来的恐惧。我乘坐该公司的飞机时，从未看到过第13排座位，座位号总是从第12排直接跳到第14排。

建筑又如何呢？在纽约曼哈顿百老汇大街绵延5千米的路段上，有70%的高楼没有13层。虽然我没有美国其他地方的详细统计数据，但根据我进出高层建筑的经验，这个比例超过了一半。如果你搭乘过这些高楼的电梯，或许会发现12楼之后紧接着是14层。这种趋势不分楼的新旧。有些大楼意识到这点，试图用两组分开的电梯掩饰他们的迷信，一组从1层到12层，另一组从14层往上。我小时候住的22层高楼（在纽约市布朗克斯区）里有两组电梯，不过一组只停偶数层楼，另一组只停奇数层楼。儿时的困惑之一就是：为什么停奇数层的电梯会从11层直接到15层，停偶数层的电梯会从12层直接到16层。显然对我住的那栋楼而言，如果只跳过一个奇数楼层，会搞乱整个奇偶楼层的机制，所以干脆把13层和14层都省了。当然，这也说明这栋楼实际上只有20层楼高，而非22层。

300

在另一幢地下结构复杂的建筑中，一层以下依次是B层、SB层、P层、LB层和LL层。或许这么标注是为了让你站在电梯里无所事事时，有些事情可以想想。这些楼层想变成负数。对外行来说，这些缩写分别代表地下一层、地下二层、停车场、地下三层和地下四层。我们当然不会用这样难以理解的字眼去命名一般的楼层。试想这样的情形：一幢建筑的楼层没有用1、2、3、4、5标注，而是G（一层）、AG（一层以上）、HG（高层）、VHG（甚高楼）、SR（顶楼以下）、R（顶楼）。原则上，我们不该害怕负的楼层——比如说瑞士日内瓦的隆河饭店就不怕，它就有负一层与负二层；还有莫斯科的国立酒店也不怕，它直接把楼层命名为零层和负一层。

美国人对负数的回避在很多地方都有体现。比较轻微的症状可在汽车经销商身上看到，他们不会说把车价减掉1000元，而是说你可以获得1000元的现金返还。从企业的会计报表上，我们更是可以看到人们对负号的恐惧真是无孔不入。在报表中通常是以括号表示负数，而不出现任何负号。即使是1985年布莱特·伊斯顿·埃利斯（Bret Easton Ellis）所作描述洛杉矶富二代堕落的著名小说（以及1987年的同名电影）《零下的激情》，也不会令人把片名联想成《负数》。

人们除了回避负数以外，也回避小数，尤其是在美国。直到最近，纽约证券交易所的股票价格才使用小数代替了麻烦的分数来表示。虽然美元使用小数制，但老百姓却不习惯。如果某个东西的价格是1.5美元，人们通常会把它分成两部分，说成“一元五十分”。这种习惯和不愿用小数的旧英国币制基本上差不多，它是结合使用了英镑和先令两种单位。

301

我女儿15个月大时，我喜欢到处跟人家说她“1.25岁”，听到的人都会歪着头无语地看着我，就好像狗听到高音的表情一样。

谈到概率时，人们也普遍不愿意使用小数，而通常是以“几比一”的形式表示，这样的表述几乎所有人都能很容易地理解。在纽约贝尔蒙特（Belmont）赛马中，跑赢第九场比赛的概率是28：1，跑赢夺冠热门马的概率是2：1。但跑赢第二热门马的概率则是7：2，为什么不说成“几比一”？因为如果那样，就必须把7：2说成3.5：1，会让马场里那些看不懂小数的人目瞪口呆。

我想没有小数，建筑物少了楼层，以缩写代替数字为楼层命名，大家都不至于活不下去。更严重的问题是人类理解大数的有限能力：

如果每秒数一个数字，要花12天才能数到100万，花32年才能数到10亿。数到1万亿则需要花32 000年，这和人类开始在洞穴墙壁上画画至今所经过的时间一样久。

麦当劳迄今售出了大约1 000亿个汉堡，如果把它们排成一列可以环绕地球230圈，剩下的垒起来还足以从地球到月球兜个来回。

之前我看到比尔·盖茨（Bill Gates）的身家是500亿美元。假设一个中等收入的成年人正在赶路，他会弯腰捡起25分的硬币，但不会捡1角的硬币；那么以其相对财富而言，比尔·盖茨在路上见到25 000美元也不会去捡。

302

对天体物理学家来说，这些都是很平常的思维训练，但普通人不会去想这类事情。由此付出的代价是什么？从1969年开始，人类设计并发射了一系列太空探测器，开展了20年的太阳系行星探测。著名的先驱者、旅行者、海盗号太空探测器，以及1993年抵达火星大气后便失踪的火星观察者号，都是这个时代的产物。

这些太空探测器每个都花了很多年计划和制造，每次任务都承载了相当广泛和艰巨的科学目标，通常要耗费纳税人一二十亿美元。美国国家航空航天局在20世纪90年代进行管理改革，提出“更快、更好、更便宜”的原则，制造成本在一两亿美元之间的新型探测器。这些太空探测器和之前的不同，它们可以迅速地规划与设计，完成更精确定义的任务目标。当然这也意味着任务失败的损失较小，对整个探测计划的损害较小。

然而，1999年，这些更节约的火星探测任务出现了两次失败，消耗了纳税人25 000万美元。但社会公众的反应却和耗资10亿的火星观察者号一样负面。媒体报道认为25 000万是难以想象的巨大浪费，指责美国国家航空航天局犯了错误，结果还引发了相关调查和美国国会听证会。

这里并非为失败开脱，但25 000万美元和凯文·科斯特纳（Kevin Costner）的垃圾电影《未来水世界》的制作成本一样，仅相当于宇宙飞船在轨两天的开销，只是之前失踪的火星观察者号成本的1/5而已。如果没有这些比较，不提醒大家这些失败符合“更快、更好、更便宜”的原则（把风险分摊到多次任务中），你可能会认为100万美元等于10亿美元，也等于10 000亿美元。

其实25 000万美元的损失分摊到每个美国人头上不到1美元，大街上几分几角的硬币加在一起肯定不止这点钱，只是大家忙到没空弯腰捡而已。

36.有关困惑

303

或许是为了吸引读者，或许是公众喜闻乐见科学家束手无策的稀奇故事，但为什么科学类记者在写关于宇宙的文章时，总要描绘他们采访的天体物理学家对最新的研究热点“感到困惑”呢？

记者们喜欢科学家困惑，这几乎已成为科学报道的第一要素。1999年8月《纽约时报》的头版介绍了一个拥有奇特光谱的天体（Wilford，1999年）。顶尖的天体物理学家都被难倒了，虽然数据的质量很高（是夏威夷的凯克望远镜观察到的，这是全世界最好的光学天文台），但这物体却不属于任何已知的行星、恒星或星系类型。试想，这就好像生物学家测定了一种新发现物种的基因序列，但还是无法断定它是植物还是动物一样。由于缺少基本判断，所以这篇两千字的报道中没有分析、没有结论，也没有科学。

在这个特定的例子里，这个天体最终被认定为一种特殊但不显眼的星系——但在此之前，数百万的读者已经看到一些精英天体物理学家的表态："我不知道这是什么。"这样的新闻极其常见，严重歪曲了我们的主流观点。如果记者写出全部的事实，他们应该这么写：不管他们的研究是否夺人眼球，所有的天体物理学家每天都处在困惑之中。

304

有所困惑才证明科学家们走在科学前沿。困惑是探索世界的驱动力。

20世纪著名物理学家费恩曼谦虚地表示，弄明白物理定律就像在不了解规则的情况下看国际象棋一样。他写道：更糟的是，你看不到依次走出的每一步棋，只能偶尔瞄一下盘面的进展。你的任务是在这样的不利条件下推断出下棋的规则。最后你可能会注意到"象"在同一种颜色上移动，"兵"不能快速移动，或其他棋子怕"后"等。但是当棋局走到最后，只剩下几个"兵"时又是如何呢？假设你回来看到少了一个“兵”，之前被吃的“后”又回来了，试着想想这种情况吧。多数科学家会同意宇宙的规则（不管整体看起来像什么）比国际象棋的规则复杂得多，而且它们仍是无穷困惑的源泉。

最近我了解到并非所有科学家都像天体物理学家那么困惑。这可能意味着天体物理学家比其他领域的科学家笨，但我相信几乎不会有人会把这话当真。我相信天体物理学的困惑是源自于宇宙惊人的尺度与复杂度。从这个角度看，天体物理学家和神经学家有许多的共同点。他们其中会有人毫不犹豫地声称，他们不知道的部分远比他们所知的部分还多。这也是为什么每年都会出版那么多关于宇宙与人类意识的科普书籍。有人可能会把气象学家也纳入这个无知的群体，地球大气中有太多因素能够影响天气，气象学家想精确预估天气简直是奇迹。晚间新闻里的气象播报员是节目中唯一需要预测新闻的主持人，他们 305 很想预报准天气，但还是只能以类似“降水概率50%”这样的描述来量化他们的困惑。

有件事毋庸置疑，越是感到深切困惑的人，对待新观念的态度就越开放，我自己就有这样的经历。

有一次参加美国公共电视网的《查理·罗斯访谈录》节目时，我和一位知名生物学家讨论并评估著名火星陨石ALH84001上所携带的地外生命的证据。这个大小形状都类似马铃薯的行星际访客是一颗流星猛烈撞击火星表面时溅起的，就像在床垫上跳跃时床上的饼干从床上弹出来一样。之后这块火星陨石经历数千万年的星际飞行，坠落到南极，还在冰雪里埋了差不多一万年，最终在1984年被发现。

大卫·麦凯（David McKay）和同事于1996年发表的研究论文提出了一系列的间接证据，每项证据都非来自生物过程，但整体而言却可以有力地主张：火星上曾有生命存在。麦凯提出的证据中，最奇妙但缺少科学依据的证据之一，是一张很简单的用高分辨率显微镜拍摄的陨石照片。照片上有一只看起来像小虫子的东西，大小还不及地球上已知的最小蠕虫的1/10。我对这些发现感到很好奇（现在仍是），但那位生物学家却对此强烈质疑。他反复重申卡尔·萨根的名言"超乎寻常的论断需要超乎寻常的证据"，然后就宣称那个像虫一样的东西不可能是生物，因为那里没有细胞壁的证据，而且比地球上已知的最小生物还要小很多。

打住！

我们刚刚讨论的是火星生物，不是他在实验室中惯常研究的地球生物。我无法想象比这更保守的言论了，是我思想太开放了吗？确实有可能因为思想太开放而异想天开，就像那些轻易相信飞碟和外星人绑架事件报道的人一样。可能我的大脑构造和生物学家的差异很大吧。我和他都上过大学，读过研究生，取得了各自专业领域的博士学位，将毕生精力用于研究科学的方法与工具。或许答案并不难找，生物学家们在各种场合都颂扬地球生命因自然选择所衍生的多样性及其所表现出的DNA差异，但却没人听到他们坦诚：他们只研究单一科学样本——地球生命。

306

我敢拿任何事情打赌，其他行星上的生物起源如果与地球生物无关，它们和地球生物的差异，会比地球上任何两种生物的差异还大。

另一方面，天体物理学家所面对的天体、分类体系和数据来自整个宇宙。基于这个简单的理由，新数据经常促使天体物理学家们跳脱常理思考，有时甚至会完全颠覆现有体系。

我们可以回溯至古代来举例，但没有必要这么做，其实光看20世纪就够了。有很多例子是我们讨论过的：

就在我们以为机械式宇宙模型就是真理，满足于经典物理学的确定性时，普朗克、海森伯等人却不得不提出量子力学，证实即使其他一切都符合确定性，宇宙的最小尺度本身就是不确定的。

就在我们以为我们可以把夜空中的恒星当成已知宇宙的范围时，哈勃却进而发现所有空中的螺旋状模糊物都是河外星系。它们是真正的“岛宇宙”，飘浮在银河系恒星的范围之外。 307

就在我们以为我们已经获知设想中外部宇宙的大小和形状时，哈勃又发现宇宙正在膨胀，已经超出了最大望远镜的视线范围。这项发现所产生的结果之一，就是宇宙是有起源的——这对过去历代科学家而言都是难以置信的概念。

就在我们以为爱因斯坦的相对论能让我们解释宇宙的所有引力时，加州理工学院的天体物理学家弗里茨·兹威基（Fritz Zwicky）发现了暗物质。暗物质是一种神秘的物质，它产生了宇宙中90%的引力，但不发光，也不和普通物质发生其他相互作用，迄今人们也对它不甚了解。兹威基在宇宙中找到了另一种名为“超新星”的天体，它们是爆炸的恒星，瞬间释放的能量相当于上千亿颗太阳。

我们刚刚弄明白超新星爆发的原理和途径，又有人在宇宙边缘发现了γ射线爆发，其瞬时强度超过宇宙里其他一切天体辐射能量的总和。

就在我们开始习惯忽视暗物质的真正特质时，美国加州大学伯克利分校天体物理学家索尔·珀尔马特（Saul Perlmutter）领导的研究团队和亚当·里斯（Adam Reiss）、布莱恩·施密特（Brian Schmidt）领导的研究团体分别独立发现，宇宙膨胀不仅正在发生，而且正在加速。什么原因？证据显示，宇宙真空中有股和引力方向相反的神秘压力，它比暗物质更加神秘。

当然，这些只是过去100年间令天体物理学家们绞尽脑汁思考的无数复杂现象的一小部分而已。举例本该到此为止，但如果不提中子星的发现，我就太粗心大意了。中子星在一个直径仅20千米的球里能容纳太阳的质量，如果要在家里实现这样的密度，得把5 000万只大象塞进一只缝纫用的顶针里。

308

毫无疑问，我的大脑构造和生物学家大不相同，所以我们对火星陨石里生命证据的不同反应即便有点令人出乎意料，但也是可以理解的。

为了避免令你以为科学家的研究和被砍掉脑袋的鸡在鸡舍里横冲直撞的样子差不多，你应该知道，科学家已不再感到困惑的知识体系已经很可观了，它构成了大学基础教科书的主要内容和当代人类对万物法则的共识。这些概念早已为人所熟知，所以已不再是大家感兴趣的研究课题，也不再是困惑的来源。

我曾经举办过关于大统一理论的研讨会（所谓大统一理论是指期望以一个统一的模型解释所有自然力的理论），台上是5位杰出的知名物理学家，辩论进行一半时，我几乎必须劝架调停，因为其中一人看起来已经准备动手了。没关系，我并不介意。这个故事的启示是：如果你看到科学家陷入激辩，他们之所以争执是因为他们都感到困惑。这些物理学家争辩的是科学的最前沿——弦论的优缺点，而不是地球是否绕着太阳运行，心脏是否把血液压到大脑，或雨水是否从云层落下，等等。

37.科学沙滩上的足迹

309

如果你走进纽约市海登天文馆的纪念品商店，就会发现各式各样与太空相关的物品。常见的东西包括航天飞机和国际空间站的模型、太空主题的冰箱磁贴、飞梭笔，等等。但也有一些比较罕见的东西，包括脱水的航天员冰激凌、天文版大富翁游戏、土星形状的椒盐罐，等等，更别提还有哈勃望远镜形状的橡皮、火星岩石样的弹力球、可以吃的太空蠕虫之类的怪东西了。当然，你会期望天文馆这种地方卖这类东西，但这里其实还有更深的意味——这个纪念品商店正是美国半个世纪以来科学发现历程的无言见证。

20世纪，美国的天文学家发现了星系，观察到宇宙在膨胀，揭示了超新星、类星体、黑洞和γ射线爆的本质，发现了元素和宇宙微波背景的来源，以及除地球以外的大多数太阳系行星。虽然苏联比美国先抵达太空中一两个地方，但美国发射了到水星、金星、木星、土星、天王星和海王星的太空探测器。美国的探测器也已经登陆火星和小行星爱神星，美国航天员已经在月球上漫步。如今多数美国人都把这一切视为理所当然，而这恰恰体现了文化的定义——每个人都在做或都知道、但不再积极注意的事。

310　在超市购物时，多数美国人看到摆满整个通道的含糖即食早餐麦片时，并不会感到惊讶。但外国人会马上注意到这种情况，就好像在外旅行的美国人会注意到意大利的超市里陈列着五花八门的意大利面、中国和日本的市场里有很多种米一样。出国旅行的最大乐趣之一就是重新审视自己国家的文化：发现平时在自己国家忽视的东西，了解外国人自己不再在意的事物。

有些自以为是的外国人喜欢取笑美国的简短历史和粗俗文化，特别是和欧洲、非洲以及亚洲等地数千年的文化相比。但500年后，历史学家肯定会把20世纪视为美国人的世纪——美国在这个世纪所取得的科学与技术成就在全世界名列前茅。

显然美国过去并非一直都站在科学的最前沿，未来美国的荣耀也不见得会持续下去。随着科学与技术的中心在世界各国间不断转移，此起彼落，每个文化都在人类不断探索宇宙与地球的道路上留下自己的印记。当历史学家描述这些全球事件时，一个国家在舞台中央的表现记录会是文明年表的重要部分。

影响一个国家如何以及为何留下印记的因素很多，例如强有力的领导、资源的配置，但有一点必须具备——驱动整个国家把热情、文化与智慧集聚于创造引领世界的卓越成就的能力。这些时代的人往往把他们已创造的事物视为理所当然，自以为一切会就此永远持续下去，[311]以至于他们的成就很容易就被孕育这些成就的文化所遗弃。

从公元8世纪开始及其之后的近400年（其时欧洲的基督教狂热分子正在肃清异教徒），阿巴斯哈里发把巴格达城建成了伊斯兰世界鼎盛的艺术、科学和医药中心。穆斯林天文学家和数学家建造天文台，设计先进的计时工具，研究新的数学分析与计算方法。他们收集了古希腊及其他地方尚存的科学著作，并翻译成阿拉伯文。他们和基督教与犹太教学者合作，把巴格达变成了启蒙中心，阿拉伯语成为当时科学界的通用语言。

这些伊斯兰世界早期的科学贡献影响至今。例如，托勒密地心宇宙论巨著《天文学大成》（原著于公元150年用希腊文写成）的阿拉伯文版广为流传，即便现在有各种语言的译本，它还是以阿拉伯文的书名*Almagest*为名。

伊拉克数学家兼天文学家花拉子米创造了“algorithm”（算法，衍生自他的姓al-Khwarizmi）和“algebra”（代数，源自其代数著作的书名*al-jabr*）两个单词。全球通用的数字体系（0，1，2，3，4，5，6，7，8，9）虽然源自于印度，但直到穆斯林数学家使用它们时才开始被普遍运用并广为流传。另外，罗马数字或其他已有的数字体系中并没有数字0，是穆斯林创新性地用到了它。因此，如今全世界都把这10个符号称为阿拉伯数字。

雕刻着华丽花纹的便携黄铜星盘也是由穆斯林根据古老原型设312 计的，既是天文学工具，也是艺术品。星盘把半个天球投影到平面上，有一层层可以旋转和不可旋转的刻度盘，就像是落地大摆钟繁复绚丽的钟面。天文学家或其他人可以用它定位月亮和星星在天空中的位置，再根据位置推算出时间——它通常很有用，尤其是祷告时间到了的时候。作为联系地球和宇宙的重要工具，星盘极为流行，时至今日，夜空最亮的星星中近2/3还保留着阿拉伯名字。

星星的名字通常用星座形象的某个部位来命名。知名的例子（及其粗略的翻译）包括：猎户座最亮的两颗星星，参宿七（“*Al Rijl*”，脚）及参宿四（“*Yad al Jauza*”，巨人之手，现代则演变成腋下的意思）；天鹰座最亮的星星牛郎星（“*At Ta'ir*”，飞鸟），英仙座的第二亮的星星，变星大陵五（“*Al-Ghul*”，恶魔），代表珀尔修斯手中提着的梅杜莎头颅上眨动的眼睛。不太出名的例子中包括天秤座两颗最亮的星星（不过在星盘全盛期它们属于天蝎座），他们是天空中最古老的名字：氐宿一（“*Az-Zuban al-Janubi*”，南螯）与氐宿四（“*Az-Zuban ash-Shamali*”，北螯）。

公元11世纪之后，伊斯兰世界的科学影响力再也无法与此前的四个世纪相比。第一位穆斯林诺贝尔奖得主、已故巴基斯坦物理学家阿卜杜勒·萨拉姆（Abdus Salam）曾经悲叹：

> 毋庸置疑，地球上所有文明中，科学最落后的是伊斯兰世界。这种落后的危机怎么强调都不为过，因为在现代，一个民族能否有尊严地生存下去与科学与技术的发达程度息息相关。(Hassan and Lui，1984年，第231页)

许多其他国家也经历过科技兴盛期。比如英国和地球经度的关系。[313] 本初子午线是东西半球的分界线，它的经度定义为零度，正好把位于伦敦泰晤士河南岸的格林威治天文台的望远镜底座一分为二。这条线没有经过纽约、莫斯科或北京。格林威治是1884年在美国华盛顿召开的国际经度会议所确定的。

19世纪末，皇家格林威治天文台（1675年建立于格林威治）的天文学家们已经累积与记录数千颗星星的确切位置长达1个世纪。格林威治的天文学家使用了一种普通但经过特殊设计的望远镜，这种望远镜只能在通过观察者头顶的从正北到正南的子午面内转动。由于不必观测星星正常的东西位移，因此它们只随地球自转移动。这种望远镜的正式名称是中星仪，可用来标记星星经过你视野的准确时间。为什么这么做？因为星星在天空中的"经度"就是星星越过经线时恒星钟上的时间。如今我们用原子钟作为标准时间，但那时候没有比地球自转更可靠的定时器了，而且记录地球自转也没有比星星缓慢行经头顶更好的方法，更何况没有人比皇家格林威治天文台的天文学家更擅长观测移动星星的位置。

在17世纪，由于航海时无法准确获知经度，英国在海上损失了很多船只。在1707年一场非常惨重的灾难中，海军中将克劳迪斯里·肖维尔爵士（Sir Clowdesley Shovell）率领的英国舰队在康沃尔西部的锡利群岛搁浅，损失了4艘船，2 000人不幸罹难。这场悲剧促使英国最终成立经度委员会，悬赏巨额奖金（20 000英镑）寻找能设计用于314航海的精密计时器的人。这种计时器在军事和商业上都非常重要。只要这种计时器保持与格林威治时间同步，就可以精确计算船只的经度。只要求得计时器时间与当地时间（观察太阳或星星的位置即可得知）的差，就可以直接计算出你在本初子午线东西的经度。

1759年[1]，英国钟表匠约翰·哈里森（John Harrison）设计并制作的只有手掌大小、可以随身携带的时钟解决了经度委员会的难题。对航海家来说，哈里森的计时器比大活人站在船头观察还要管用，因此得名“watch”（手表，亦有“观察”的意思）。

由于英国持续支持天文与航海测量方面的成就，通过格林威治的经线被确定为本初子午线。这个规定恰巧把国际日期变更线（与本初子午线相差180度）设在地球另一面的太平洋中间一个无名的地方。没有一个国家会因为被分成两天而在日历上出现混乱。

如果说英国永远在全球空间坐标上留下了自己的印记，我们基本的时间坐标系统——太阳历——则是罗马天主教廷的科学成就。他们的动机并不是为了探索宇宙，而是为了让复活节保持在早春时节。鉴于这一需求的重要性，罗马教皇格里高利十三世（Pope Gregory XIII）建立了梵蒂冈天文台，让博学的天主教牧师以前所未有的精确

---

1. 原文为1735年，那年哈里森制成的是H1，并未解决全部问题，且又重又大。真正得到承认的是1759年制成的H4，仅比怀表大一些，符合后文的描述。——译者注

度记录和测量时间。根据教会规定，复活节的日期是设在春分后第一个满月之后的第一个周日（避免圣周四、耶稣受难日、复活节撞上其他月亮历里的特殊日子）。只要春季第一天在三月里，这个规则就适用。但恺撒大帝（Julius Caesar）时代罗马使用的儒略历很不精准，到16世纪时已经多累积了10天，春季的第一天变成4月1日，而不是3月21日。儒略历的主要特点是四年一闰，补偿过头造成的时间误差慢慢累积，让每年的复活节越来越晚。

315

1582年，当所有研究和分析都完成后，教皇格里高利从儒略历中减去了10天，并规定10月4日的第二天是10月15日。此后，教廷便做了以下调整：无法被400整除的百年，减去原本增加的闰日，就此修正闰日矫枉过正的问题。

这个新的“格里历”在20世纪又得到进一步的修正，变得更加精确，保证了未来数万年日历的准确。过去从没有人如此精确地计算过时间。虽然天主教会的敌人们（例如英格兰新教徒和反叛的美国殖民地后裔）较晚采纳这个改变，但是最终文明世界的每个人，包括传统以月亮历为基础的文化，都采用格里历作为国际政商交流的标准历法。

自工业革命发端以来，欧洲在科学技术方面的贡献已深植西方文化中，需要专门的措施才能使其凸显并注意到它们的存在。工业革命是人类对能量理解的一次突破，使工程师得以创新转换能量形式的方法。最终，工业革命以机械替代人力，极大地促进了有关国家的生产力及后续的全球财富流动。

有关能量的词语中很多是为此做出贡献的科学家的名字。1765年 316 改进蒸汽机的苏格兰工程师詹姆斯·瓦特（James Watt）在工程和科学圈外最为著名，几乎每盏灯泡顶上都印有他的姓氏或首字母。灯泡的瓦数代表灯泡消耗能量的速率，和灯泡的亮度相关。瓦特在英国格拉斯哥大学期间研究蒸汽发动机，而格拉斯哥大学是当时全世界最活跃的工程创新中心之一。

1831年，英国物理学家迈克尔·法拉第（Michael Faraday）发现了电磁感应，第一台电动机由此诞生。“法拉”（farad，衡量器件存储电荷能力的单位）可能还不足以褒扬法拉第对科学的贡献。

1888年，德国物理学家赫兹发现了电磁波，无线电通信由此诞生。他的姓成为频率的单位，并衍生出一系列公制单位：千赫兹、兆赫兹、吉赫兹。

根据意大利物理学家亚历山德罗·伏特（Alessandro Volta）的名字，我们把电压的单位命名为伏特（volt）。根据法国物理学家安德烈·玛丽·安培（André-Marie Ampère）的名字，我们把电流的单位命名为安培（ampere，简写成amp）。根据英国物理学家詹姆斯·普雷斯科特·焦耳（James Prescott Joule）的名字，我们把能量的单位命名为焦耳（joule）。这样的例子举不胜举。

除了本杰明·富兰克林（Benjamin Franklin）和他孜孜不倦的电学实验外，当时的美国正专注于谋求从英国独立和剥削奴隶，在这个科技成就喷涌而出的伟大时代里只能做旁观者。如今我们最多只能在《星际迷航》电视剧中表达敬意而已：苏格兰是工业革命的发源地，也是星舰企业号总工程师的家乡。他叫什么名字？当然是“史考特”（Scotty，原意为苏格兰人）。

18世纪末，工业革命进入高潮，法国大革命亦如火如荼。法国人借此机会不仅推翻了王室，还建立了公制体系，一统当时让科学界与商业界都无所适从的混乱度量衡。法国科学院的成员在全世界最先测量了地球的形状，自豪地确定地球是个椭球体。据此，他们定义“米”[317] 是从北极到赤道的经线长度的千万分之一，这根经线经过的地方不是别处，正是巴黎。后来，以一根特制铂铱合金棒上两道刻度之间的距离作为1米的标准。法国人还发明了许多其他公制标准（除了十进制计时法和十进制角度以外），后来被世界上几乎所有的文明国家所采用，除了美国、西非的利比亚，以及政治不稳定的热带国家缅甸以外。这个公制体系的原始样本如今保留在国际计量局里——当然，这个机构也位于巴黎附近。

自20世纪30年代末，美国成为核物理学的中心。大多数智力资源得自纳粹德国的科学家大举外流，但资金资源则是来自华盛顿，目的是和希特勒竞争研发原子弹。制造原子弹的行动就是所谓的曼哈顿工程，之所以如此命名，是因为早期的研究多数是在位于曼哈顿的哥伦比亚大学普平实验室里进行的。

对核物理学界来说，战时的投资在和平时期创造了巨大的效益。从20世纪30年代到20世纪80年代，美国的加速器是全世界最大、最多产的。这些物理装置揭示了物质的基础结构和行为。它们产生亚原子粒子束，用设计精巧的电场把粒子束加速到接近光速，然后把它们撞得粉碎，变成其他粒子。物理学家们从这些碰撞产生的碎片中发现新粒子的证据，甚至发现新的物理定律。

318　美国的核物理实验室名气很大，即使不懂物理的人也知道这些名字：洛斯阿拉莫斯、劳伦斯利弗莫尔、布鲁克海文、劳伦斯伯克利、费米实验室、橡树岭。这些实验室里的物理学家发现了新粒子，分离出新元素，提出新的粒子物理学理论模型，并因此得到了诺贝尔奖。

美国人在这个物理时代留下的印记永远镌刻在元素周期表的顶端。95号元素是镅（以美洲“America”命名）；97号元素是锫（以美国劳伦斯伯克利国家实验室的名字“Berkeley”命名）；98号元素是锎（以美国加利福尼亚州“California”命名）；103号元素是铹，它是为纪念第一台加速器的发明者欧内斯特·劳伦斯（Ernest O. Lawrence）而命名；还有106号元素“𨭎”，是以发现10种超铀元素的加州大学伯克利分校的美国物理学家格伦·西奥多·西博格（Glenn Theodore Seaborg）的名字命名。

加速器越造越大，达到的能量也越来越高，不断扩大我们对未知世界的认知。宇宙大爆炸理论主张，宇宙曾经是高能亚原子粒子组成的一碗又小又热的汤。用超级粒子对撞机，物理学家或许可以模拟宇宙最早的时刻。20世纪80年代，当美国物理学家提议建设这样一个加速器（后来命名为超导超级对撞机）时，美国国会已准备好资金，美国能源部也准备加以监督。计划被制订出来，建设也开始了，在得克萨斯州开始挖掘一条周长87千米的环形隧道（和华盛顿特区的环城公路一样长)。物理学家们急切地等待着下个宇宙新发现。但1993年，由于成本超支的问题难以解决，预算拮据的美国国会决定终止这个110亿美元的计划。国会议员可能永远不会知道，取消超导超级对撞机计划令美国丧失了在实验粒子物理学领域的领先地位。

319

如果你想看继任的领先者，就乘飞机到欧洲吧。欧洲正把握机会建造世界最大的粒子加速器，想借此在宇宙研究领域开拓自己的疆土。这座加速器名为大型强子对撞机，将由欧洲核子研究组织(大家比较熟悉的是和名字没什么关系的简称CERN)负责运行。虽然有些美国物理学家参与其中，但美国作为国家只能远远旁观，就像许多国家以前看美国一样。

320

38.暗里乾坤

天体物理学是各个学科中最谦逊的。宇宙惊人的宽度与深度每天都在抑制我们的自负，而且我们一直都被不可控制的力量所支配。仅仅一个多云的夜晚(不会妨碍人类其他活动的夜晚)就让我们无法使用每晚运行成本达到20 000美元的望远镜进行观察。我们是被动的宇宙观察者，只能按自然显露自我的时间、地点与方式获取数据。了解宇宙需要无雾、无色、无污染的窗口，但所谓文明的传播以及与之相伴的现代技术的普及往往对观测任务产生不良影响。如果再不着手做点什么，人类很快就会让地球被明亮的光晕包围，堵住我们探索宇宙新发现的所有通道。

天文观测所遇到最明显也最普遍的污染来自街边的路灯。晚上坐飞机时，透过机舱的舷窗常常可以看到路灯，这表示它们不仅照亮下面的街道，也照亮了宇宙的其他部分。没有遮挡的路灯（比如那些没有上反光板的）是罪魁祸首。由于这种灯罩设计不佳的路灯浪费了一半的灯光往上照，所以使用者必须购买功率较大的灯泡。这些射向夜空的灯光使世界上许多建筑物都不适合做天文观测。

321　1999年召开的“保护天文天空研讨会”上，与会者便抱怨全球各地暗夜的消失。有一篇论文提到，低效照明让奥地利维也纳每年支出72万美元，英国伦敦每年支出290万美元，美国华盛顿特区每年支出420万美元，美国纽约市每年支出1360万美元（Sullivan and Cohen，1999年，第363—第368页）。注意，伦敦虽然人口和纽约差不多，但照明效率却比纽约高近五倍。

天体物理学家所面临的困扰并非灯光射进太空，而是低层大气里水气、灰尘和污染物混合在一起，把一些向上飞行的光子反射回地面，令天空映照着都市夜晚的光芒。随着城市越来越亮，宇宙中黯淡的天体就越来越难看到，断绝了城市居民观察宇宙的机会。

这种影响的程度非常严重。小手电筒的光照在黑暗厨房的墙壁上时，很容易看见。如果把头顶的灯逐渐调亮，就会越来越难看清那道光线。在存在光污染的天空中，彗星、星云、星系等模糊的天体会变得很难甚至无法观测。我从小在纽约市长大，但有生以来却从没在纽约市的地界上看见过银河系。如果你在五光十色的纽约时报广场上观察夜空，可能会看到十来颗星星。相较之下，彼得·史蒂文森（Peter

Stuyvesant)[1]在城中巡视时，他从同样的地方可以看到数千颗星星。难怪古人拥有共同的星空传说，而现代人只有共同的夜间电视文化，对夜空却一无所知。

20世纪，电力照明在城市的普及制造出科技雾霾，迫使天文学家把山顶天文台从城市近郊转移到诸如加那利群岛、智利安第斯山脉、夏威夷莫纳克亚山之类的偏远地区。一个著名的例外是位于美国亚利桑那州的基特峰国家天文台。天文学家并没有逃离80千米外正在变大变亮的图森市，而是留下来抵抗。斗争比你能想到的都轻松，只要使大家相信他们户外照明的选择是浪费钱就行了。最后图森市换装高效节能路灯，天文学家则获得暗的夜空。《8210号法规：图森市/皮马县户外照明条例》的内容写得好像法规通过时，市长、警长、典狱长都是天文学家一样。条例第一章阐明了立法的目的：

322

> 本条例的意图是为户外照明制定标准，以免使用不当而妨碍天文观察。本条例的目的是在不影响安全、功能、防护与效率，并改善本地夜间环境的前提下，通过规范户外电力照明设施、照明系统的类型、种类、建设、安装与使用，鼓励节约能源。

在列举其他13章条款，严格规范居民户外照明选择后，可以看到最好的第15章：

---

1. 彼得·史蒂文森（1612—1672年），荷兰西印度公司任命的新尼德兰殖民地总督。新尼德兰是1614年至1674年荷兰在北美洲东部设立的殖民地，其地域大致包括今日美国的纽约州、康涅狄格州、新泽西州和特拉华州部分地区。——译者注

任何人违反本条例的任何条款都构成违法行为。持续的违法在每一日分别构成独立的罪状。

由此可见，把灯光照在天文学家的望远镜上可能会引起众怒。觉得我在开玩笑吗？国际暗夜协会是一家反对世界各地上照灯光的组织，他们的口号让人联想到洛杉矶市警车上的标语，简明扼要："用优质户外照明保护夜间环境和暗夜遗产"。国际暗夜协会就像警察一样，一旦你违反规定，就会找上你。

323　我知道这些，是因为他们曾找上我。罗斯地球与太空中心对公众开放不到一周，我就收到国际暗夜协会执行主任的来信，指责入口广场步道上内嵌的上照指示灯。他的指责没错，广场上的确有40盏灯（功率极低）用于照亮罗斯中心的花岗岩拱形入口，兼具照明和装饰的功能。那封信的目的不是要把整个纽约市糟糕的观测环境都怪在这些小灯上，而是要提醒海登天文馆有责任做全世界的好榜样。我觉得很不好意思，因为这些灯都还在。

但并非一切坏事都是人为的。满月的光会让肉眼可见的星星数目从数千颗降至数百颗。事实上，满月比夜晚最亮的星星亮10万倍以上。由于反射角度的原因，满月比半月的亮度高10倍以上。月光也会大幅降低流星雨时可见的流星数量（虽然有云时更糟），不管你身处地球何方。所以对正要去使用大型望远镜的天文学家，千万别祝他碰到满月。虽然月球的引潮力产生潮池和其他动态栖息地，帮助海中生物进化成陆上生物，最终让人类得以繁衍兴盛。但除了这些细节外，大多数观测天文学家，尤其是宇宙学家，都会觉得月球若是不存在该有多好。

几年前我接到一位市场总监的电话，她想用她公司的商标照亮月球，想知道该如何运作。我挂了电话后又打回去，委婉地解释这主意为什么不好。其他公司经理也问过我如何把上千米宽的发光广告牌送上轨道，就好像在运动会或拥挤海滩上看到的飞机喷字或拖曳旗帜一样。我总是威胁他们，我要叫灯光警察去管管他们。

现代生活与光污染之间的潜在联系还延伸到电磁波谱的其他部分。下一个危险的是天文学家观察宇宙的无线电窗口，包括微波。在现代生活中，我们被各种无线电波发射装置（例如手机、车库门遥控器、汽车遥控钥匙、微波中继站、广播与电视发射塔、无线对讲机、警用雷达、全球定位系统、卫星通信网络）发出的信号所包围。地球通往宇宙的无线电波窗口被这科技制造的迷雾掩盖。由于高科技生活占据的电磁频谱愈来愈广，少数尚且干净的电磁频带也日益变窄。观测和研究极暗天体所受到的干扰正变得前所未有。 324

过去半个世纪以来，射电天文学家发现了脉冲星、类星体、太空中的分子、宇宙微波背景、印证宇宙大爆炸理论的第一个证据等一系列不同寻常的事物。但即使是无线电通话，也足以掩盖这些微弱的无线信号：现代射电望远镜极为灵敏，月球上两个航天员间的手机通话可能会是无线电天空中最亮的光源之一。如果火星人使用手机，我们最强大的射电望远镜也可以轻易地逮到他们。

对于社会各领域对电磁频谱的大量但往往相互冲突的需求，美国联邦通信委员会并非毫不在意。联邦通信委员会的无线频谱政策任务组负责修订电磁频谱使用政策，目的是改善效率与灵活性。联邦通信委员会主席迈克尔·鲍威尔(Michael K. Powell)接受华盛顿邮报访问时表示(2002年6月19日),他希望联邦通信委员会的理念从"命令与控制"方式转变成"市场导向"方式。该委员会也会重新审查电磁频谱的划分与分配方式,以及各种配置之间相互的干扰。

325 美国天文学会作为全美天体物理学家的专业组织,呼吁其成员要像国际暗夜协会的人一样警觉(我赞同这样的态度),尽力说服立法者把特定的无线电频率留给天文学家使用。借用强大的绿色运动的语汇与概念,这些频带应该被当成一种"电磁荒野"或"电磁国家公园"看待。为了消除干扰,受保护的天文台周围区域应该避免一切人类产生的电磁信号。

最大的挑战可能在于:天体离银河系越远,它发出的信号波长越长、频率越低。这种宇宙多普勒效应正是宇宙膨胀的主要特征。所以不可能真的单独划定一个"天文"频带,并宣称整个宇宙(从附近的星系到可观察宇宙的边缘)都可以通过这个窗口来探索。努力仍在继续。

如今,想建造探索电磁频谱各部分的望远镜,最佳地点是在月球上。但不是在面对地球的那一侧,放在那里可能比从地球表面看出去更糟。从靠近地球的那侧来看,地球看起来比从地球看到的月球大13倍,亮50倍,而且地球永远不会落下去。你可能也会猜到,地球人繁忙的通信信号同样令地球成为无线电天空中最亮的物体。所以天文学家的天堂是在月球背对地球的那一侧,那边地球永远不会出现,永远在地平面以下。

看不见地球，建在月球上的望远镜可以朝向天空任何方向，都不会受到地球电磁波的干扰。不仅如此，月球的夜晚持续近15个地球日，这让天文学家可以接连数日持续观察天上的物体，时间比在地球上长很多。而且由于月球没有大气，从月球表面观测的质量就像从地球轨道上观测一样好，令哈勃望远镜失去它当前无可比拟的优势。 326

此外，没有大气分散阳光，月球上白天的天空几乎和晚上一样暗，所以每个人最爱的星星都在天空中清晰可见，就在太阳的旁边。没有比这里光污染更少的地方了。

这么一想，我收回之前对月球的无情评论，或许我们的太空邻居有一天会变成天文学家最好的朋友。

39.好莱坞之夜 327

和朋友相约看电影，身为文学爱好者的朋友却不停地说原著怎么怎么比电影好看——对电影爱好者来说，没什么比这更加恼人的了。这些人喋喋不休地说着小说里的人物刻画得多完整，或原书的故事架构有多么精心规划。照我看来，他们其实应该待在家里，让我们好好享受电影。对我来说，这纯粹是经济问题：看电影比买原著便宜，花的时间也比读书短。基于这种偷懒的态度，每次看到电影的故事或布景违背科学时，我其实应该不出声，但我并没有。有时我对其他看电影的人来说，就像那些书虫一样讨厌。这些年来，我从好莱坞描绘宇宙的剧情中收集了一些特别夸张的错误，实在忍不住要说一说。

顺便说一下，我的清单里不含乌龙画面。所谓乌龙，是指制作人或剪辑师一般会发现并修正却刚好漏掉的错误。而我要讲的天文错误都是主动呈现的，完全忽视可轻易确认的细节。我甚至要说，这些编剧、制作人或导演都没上过大学的天文学入门课程。

我们从清单的底部开始讲起。

1979年底上映的迪士尼电影《黑洞》是许多人（包括我）心目中的十大烂片之一。在电影里，一艘宇宙飞船的发动机失控，掉入黑洞。对电影特效师来说，还有比这更出彩的场景吗？我们就来看看他们做得有多精彩。有像在真正的黑洞里那样，逐渐增大的引力把飞船和船员撕得支离破碎吗？没有。有尝试描绘爱因斯坦相对论所预期的时间膨胀（船员周围的宇宙迅速演变了数十亿年，但他们自己经历的时间只过了几分钟）吗？没有。电影中描绘了黑洞周围吸积形成的漩涡状气体盘，这很好，气体掉向黑洞时会产生这种现象。但吸积盘两侧有物质与能量形成的长长喷流吗？没有。宇宙飞船有穿过黑洞，进入另一个时空、宇宙的另一个部分或是另一个宇宙吗？也没有。电影中没有表现这些画面丰富又合乎科学的概念，而是把黑洞内部描绘成长满石笋和钟乳石的潮湿洞穴，仿佛是在参观美国卡尔斯巴德洞窟国家公园里闷热的地下洞穴。

328

有些人可能会把这些场景当作导演以艺术破格的手法来诠释电影，允许他创造虚幻的宇宙图景而不考虑实际的宇宙。但那些场景实在太烂了，看起来更像是源于导演对科学的一无所知。假设真有所谓的“科学破格”，让科学家做艺术创作时可以无视特定的艺术表现基本原则。

假设科学家描绘女性时都画三个乳房、一只脚有七根脚指头、脸中央长一个耳朵，那是什么样？再举个没那么极端的例子，假设科学家描绘人类时，膝盖弯错方向或长骨的比例很怪，那又是什么样？如果这些作品没掀起新的艺术表现运动（类似毕加索画的抽象人像），艺术家一定会让我们马上回学校去上一些关于基本解剖结构的艺术课程。

让作品进入卢浮宫的艺术家画一条被笔直树木包围的死胡同，每棵树的影子都指向圆心，这是破格还是无知？艺术家难道没注意到太阳照在垂直物体上时，形成的影子是平行的吗？几乎每位艺术家画出的月亮都是弦月或满月，这是破格还是无知？每个月都有半个月的时间，月相既不是弦月也不是满月。艺术家是照他们看见的来画，还是照他们希望看见的情形来画？雷德利·斯科特[1]（Ridley Scott）拍摄1987年上映的《情人保镖》时，他的摄影师打电话给我，询问拍摄满月从曼哈顿天际线升起的最佳时间和地点。当我告诉他可以拍上弦月或凸月时，他并不感兴趣，他只想拍满月。

尽管我大肆批评，但毋庸置疑，如果没有艺术破格，艺术家的创造性贡献会更加贫乏，可能就不会出现印象派或立体派了。但艺术破格好与坏之间的区别，在于艺术家开始发挥创意以前是否掌握了所有相关信息。或许马克·吐温（Mark Twain）表述得最准确：

> 首先弄到事实，然后你就可以随心所欲地把他们扭曲。
> （Twain ，1899年，第2卷，第XXXVII章）

---

1. 原文误为Francis Ford Coppola。——译者注

在1997年上映的大片《泰坦尼克号》里，制作人兼导演詹姆斯·卡梅隆（James Cameron）不仅花费巨资制作特效，还重建了船上华丽的内景。从墙上烛台到瓷器与银器上的纹饰，卡梅隆在任何细微的设计上都极尽心思，坚持参考从4 000米海底沉船中刚刚挽救出来的艺术品。此外，他仔细地研究时尚史与社会习俗，以确保人物的穿着举止完全符合1912年的情况。卡梅隆还知道泰坦尼克号的4个烟囱中只有3个和发动机相通，精确呈现了烟从3个烟囱中冒出的画面。从 330 这艘船自南安普敦到纽约的处女航的精确记录中，我们知道沉船的日期与时间，以及沉船地点的经纬度，卡梅隆也掌握了这些信息。

既然如此注重细节，你以为卡梅隆应该会注意一下在那个死亡之夜可以看见哪些星星与星座。

他没有。

在电影中，天上的星星和真实星空一点关系也没有。更糟的是，当女主角在北大西洋冰冷的海水中趴在木板上哼歌时，她抬头看着天空，我们顺着她的目光看到了好莱坞式的天空：画面右半部的星星和左半部对称。可以再懒一点吗？把星空弄对增加不了多少预算。

奇怪的是，没有人会知道卡梅隆描绘的盘子和银器的纹饰对不对。但是花50美元，你就可以买到一款软件，显示出任一世纪、任一年、任何时间在地球上任意地点看到的真实天空。

不过在某个场景中，卡梅隆把艺术破格发挥得很好。泰坦尼克号沉没后，你看到很多人（有死的有活的）浮在水面上。当然，在没有月亮的夜晚和汪洋大海中，你几乎看不到眼前的手。卡梅隆必须添加照明才能让观众看清后面的故事。灯光很柔和和感性，没有明显的影子暴露出尴尬（本不该存在）的光源。

这个故事其实有个圆满的结局，很多人都知道卡梅隆是现代的探险者，他的确很有科学精神。他下海考察泰坦尼克号只是众多行动之一，也在美国国家航空航天局的高级咨询委员会中任职多年。最近在纽约有一次机会，《连线》杂志因表彰他的探险精神给他颁奖，我受邀和编辑及卡梅隆本人共进晚餐。还有什么比这更好的机会可以告诉他《泰坦尼克号》中的错误星空呢？所以等我对此发了10分钟的牢骚后，[331]他回应道："这部电影的全球票房超过10亿美元，试想，如果我把夜空弄对，我能多赚多少钱！"

我从来没有被如此客气地堵到彻底无话可说，于是我就乖乖地继续吃我的开胃菜，暗暗后悔提起这个话题。两个月后，我在天文馆的办公室接到一个电话，是卡梅隆后期制作团队的计算机视觉专家打来的。他说他们在重新发行《泰坦尼克号》的特别版时会修改一些场景，他得知我可能有他们想用的正确星空。当然有，我提供了沉船时凯特·温斯莱特（Kate Winslet）与莱昂纳多·迪卡普里奥（Leonardo DiCaprio）在天空各个方向可能看到的正确星空影像。

我唯一一次花心思写信去抱怨关于宇宙的错误，是看完1991年史蒂夫·马丁（Steve Martin）自编自导的浪漫喜剧《爱就是这么奇妙》之后。在这部电影里，马丁以月亮从弦月到满月的圆缺变化来表现时间。电影并没有针对这点多费笔墨，月亮就只是每晚挂在天空中而已。我赞赏马丁在故事情节中表现宇宙的努力，但这个好莱坞月亮月相变化的方向错了。在地球赤道以北的任何地方（包括洛杉矶）看月亮，月亮的明亮部分是从右向左增长的。

当月亮呈新月状时，可以看到太阳在它右边20或30度左右。随着月球环绕地球，它和太阳之间的角度逐渐增大，其越来越多的可见表面被照亮，在180度角时，它的正面全部被照亮。（这种以月为周期的地球－太阳－月球的方位变化就是所谓的“朔望”。满月每个月都会出现，偶尔还会碰上月食。）

332

史蒂夫·马丁的月亮是从左向右增长，方向反了。我写给马丁先生的信很礼貌也很尊重，以为他会想知道太空的真相，结果并没有得到回应。不过我那时还只是个研究生而已，没什么有分量的头衔可以吸引他的注意。

1983年上映、男性味十足的航天员大片《太空英雄》也是错误百出。在我最爱的错误中，第一个飞行速度超过音速的人查克·叶格（Chuck Yeager）正飞越24 000米高度，创下另一个高度与速度记录。电影不顾故事是发生在少云的美国加利福尼亚州莫哈韦沙漠，当叶格一飞冲天时，你可以看到白色蓬松的高积云闪过。这个错误肯定会让气象学家愤怒，因为在地球实际大气里，这种云不会出现在6 000米以上的空中。

如果没有可见的背景辅助，我猜观众无法体会飞机飞得有多快。

所以我可以理解电影的目的。但导演菲利普·考夫曼（Philip Kaufman）并非别无选择：高度很高的地方的确有其他种类的云，例如卷云，还有特别美的夜光云。你这辈子应该知道它们的存在。

1997年上映的电影《超时空接触》改编自卡尔·萨根1983年的同名小说，片中有个特别丢脸的天文错误。（我看过电影，但没读过小说，不过看过小说的人都说小说比电影好看。）《超时空接触》讲述的是人类发现星系中有智慧生命并试图和他们接触的故事。女主角是由朱迪·福斯特（Jodie Foster）饰演的天体物理学家兼地球使者，她的一句台词里包含数学上不成立的信息。当她喜欢上前牧师马修·麦康纳（Matthew McConaughey）时，两人坐在世界上最大的射电望远镜前面，她饱含激情地对他说："如果星系里有4 000亿颗恒星，若当中百万之一的星有行星，若行星当中百万之一有生命，再若当中百万之一有智慧生命，那还有数百万颗行星需要探索。"错了！根据她说的数字，那只有0.000 000 4 颗行星上有智慧生命，这个数字比数百万小多了。显然在屏幕上"百万分之一"听起来比"十分之一"好听多了，[333] 但数学是无法造假的。

福斯特小姐的台词不是没有根据的数字玩笑，而是著名的德雷克方程的清晰表述。这个方程式因天文学家弗兰克·德雷克而得名，他最早根据星系中的恒星总数，基于一系列因素计算了在星系中发现智慧生物的可能性。因此这段情节也是电影中最重要的场景之一。这个错误该怪谁？尽管演员是照着剧本念的，但不该怪编剧。我觉得应该怪福斯特小姐，身为女主角，她是检验自己台词对错的最后一关，所以应该负点责任。不仅如此，我查了一下，她还是耶鲁大学毕业生，应该学过算术。

20世纪70年代到20世纪80年代非常流行的电视肥皂剧《地球照转》在片头和片尾分别配有日出与日落的画面，配合片名，算是恰当的影视手法。遗憾的是，片中日出只是把日落反过来播放而已。没人注意到北半球每天日出时，太阳会以一定的角度朝地平线右上方移动。日落时，也是以某个角度向右下方移动。电视剧里的日出画面显示，太阳升起时是往左移，显然是找了一段日落影片，在片头倒着播放。制作人可能太困了无法早起拍摄日出，或是在南半球拍摄日出后，再跑北半球拍日落。如果他们问问天文学家，我们每个人都会建议，如果想省钱，可以先把画面做个镜像然后再倒着播放，这样大家就都满意了。

当然，不可原谅的天文错误不仅出现在电视、电影和卢浮宫的画334作里。美国纽约中央火车站里，著名的星空穹顶罩在熙熙攘攘的乘客头顶上。如果原设计师不是想要描绘真正星空的话，我不会有任何抱怨。但这个12 000平方米的画作里包含十几个真实星座的数百颗星星，每个都与经典无异，银河穿过其间，位置和真实的星空一模一样。暂且不说星空泛绿的色彩看起来很像是20世纪50年代西尔斯公司销售的家用品，关键是，这星空是反的。没错，颠倒了。后来弄明白这是文艺复兴时期的常见做法，当时都是制作地球仪的人在制作天球仪。但对于天球仪，观察者是站在天空“外”的某个地方往下看，地球处于中心位置。这个理由只有在球体比你还小时才适用，但是对40米高的天花板就完全不适用了。尽管整个图案相反，但出于我还没弄明白的原因，猎户座的星星位置却是正的，包括参宿四与参宿七的方向都是正确的。

天体物理学当然不是知识匮乏的艺术家们唯一搞错的科学。博物学家的意见可能比我们还多，我听到他们说："电影里的鲸鱼不该发出那种声音""那些植物不是那个地区原生的""那种地形不可能出现那些岩层""那些鹅的叫声是其他地区的鹅种发出来的""他们想让我们以为当时是寒冬，但是枫树的叶子都还没落"。

下辈子我计划开一家艺术科学的学校，提高艺术家的自然知识水平。毕业后，他们只能用合理的方式扭曲自然去满足艺术需求。在片尾字幕里，导演、制片、布景设计、摄影师及所有参与的人都会自豪地写上他们是SCIPAL会员：SCIPAL，可信艺术破格协会（Society for Credible Infusion of Poetic and Artistic License）。

第 7 篇

335 科学与上帝——当认知方法发生冲突时

337 40.初始[1]

物理学描述了物质、能量、空间、时间，以及它们在宇宙中相互作用的行为。科学家已能确定，所有生物与化学现象都遵循宇宙中这四大主角相互作用的规律。所以对我们地球人来说，一切基本与熟悉的事物都源于物理定律。

在近乎所有领域的科学探索中，尤其是物理学，新发现总是产生在极端状况下。在物质的极端，例如黑洞附近，引力严重扭曲了附近的时空。在能量的极端，上千万度的恒星核心里发生着热核聚变。在各方面都处于可想象的极端时，就会产生宇宙刚诞生时的极热、极密的状态。

还好日常生活里不会出现极端的物理条件。在普通的早晨，你起床，在家里走动，吃东西，出门。一天结束后，你的家人一定是期望你和出门时没两样，平安地回家。但试想，你到办公室时，进入过热的

1. 本文获得美国物理联合会（American Institute of Physics，AIP）2005年度科学写作奖。——原文注

会议室参加上午10点的重要会议，突然失去所有的电子——或者更糟，身体的每个原子都飞散开了。或是假设你坐在办公室里，想就着 338 桌灯完成工作，但有人打开了天花板上的灯，导致你的身体在墙壁之间随机地反弹，直到你弹出窗外。又或者，要是你下班后去看相扑比赛，看到两个胖胖的选手相撞、消失，然后变成两道光，将会怎样？

如果上述场景天天发生，现代物理学就不会看起来那么离奇了，基本知识会从我们的生活经验中自然地形成，我们的家人可能永远不会让我们去上班。不过，在宇宙刚诞生时，这种情况却时时发生。想要想象并了解这种状态，就必须形成新的常识，对极端温度、密度与压力下的物理规律产生另一种直觉。

进入$E=mc^2$的世界。

1905年，爱因斯坦首次在题为《关于运动媒质的电动力学》的奠基性论文中提出了这个著名的方程。那篇论文里提出的概念，也就是人们所熟知的狭义相对论，永远改变了我们的时空观念。年仅26岁的爱因斯坦在同年稍后另一篇很短的论文《物体的惯性同它所含的能量有关吗？》中，进一步说明了这个精简的方程。为了减少大家找原始文献、设计实验、验证理论的麻烦，答案是“Yes”。爱因斯坦写道：

> *如果物体以辐射的方式释放能量E，则其质量会减少E/c^2……物体的质量是它所含能量的一种度量。如果能量变化为E，质量也会相应地改变。*（Einstein，1952年，第71页）

爱因斯坦不确定其论点是否正确，所以他建议：

339 借助于一种能量可以作很大变化的物体（例如镭盐），这个理论的验证不是绝对不可能的。(Einstein，1952年，第71页)

这就是任何情况下把质量转换成能量或把能量转换成质量的计算方法。在那些简洁的语句中，爱因斯坦无意间赋予了天体物理学家一个计算工具，$E=mc^2$，令他们可以从现在的宇宙一直追溯到宇宙诞生的那一刻。

最为人熟知的能量形式是光子，一种没有质量、不可分割的光粒子。你永远沐浴在光子中：从太阳、月亮、星星到你的炉火、吊灯与夜灯都会产生光子。所以你每天都在体验$E=mc^2$。可见光的光子能量远比最小的亚原子粒子还小，它们无法变成其他的东西，所以它们相对稳定。

想看点动静吗？可以靠近γ射线光子，它的能量大得多，至少是可见光子的20万倍以上。你很快就会生病并死于癌症，但在那之前，你会看到成对的电子（一个物质，另一个是反物质，粒子界诸多动态拍档之一）从原本光子游荡的地方冒出来。你再仔细观察，还会看到物质和反物质的电子对发生碰撞和湮没，再次产生γ射线光子。把光的能量再增大2 000倍，γ射线就有足够的能量把敏感的人变成绿巨人浩克。不过现在这些光子对的能量足以创造重得多的中子、质子及它们的反粒子。

高能量光子不是到处都有，但它们的存在地点也不需要想象。譬如γ射线，温度高于数十亿度的地方几乎都有。

粒子与能量的相互转换对于宇宙来说具有极为重要的意义。正在膨胀的宇宙，当前的温度（根据宇宙微波背景辐射计算）仅有2.73开。和可见光的光子一样，微波光子的温度太低，不可能通过$E=mc^2$转变成粒子。事实上，它们无法自发转化为任何已知粒子。然而，昨天的宇宙要小一点，温度也高一点。前天，宇宙更小更热一点。再更早之前，比如137亿年前，你刚好在大爆炸的原始汤里，这时宇宙的温度高到足以产生天体物理学反应。 340

从大爆炸开始，伴随着宇宙膨胀和冷却的过程，空间、时间、物质和能量的行为方式是史上最为重要的事情。但是要说清楚宇宙这口热锅中过去发生的故事，就必须想办法把四种自然力合而为一，并想办法调和两个不相容的物理分支：量子力学（关于微观世界的科学）和广义相对论（关于宏观世界的科学）。

20世纪中叶，在量子力学与电磁学成功结合的激励下，物理学家竞相将量子力学与广义相对论结合到一起（形成量子引力理论）。虽然我们仍未到达终点，但是我们知道障碍的确切位置：在“普朗克时期”，即从宇宙开始到10^{-43}秒，宇宙的直径膨胀到10^{-35}米宽之前的这一阶段。1900年，德国物理学家普朗克（这些难以想象的小数就是以他的名字命名的）提出能量量子化的概念，因而被公认为量子力学之父。

不过别担心，引力与量子力学之间的冲突对当前的宇宙不会造成什么实际的问题。天体物理学家把广义相对论和量子力学的基本原[341]则与工具分别应用于完全不同类的问题上。但在一开始的普朗克时期，一切都很小，两者必定被迫建立过某种形式的婚姻。我们始终不知道两者在婚礼上说过什么样的誓言，所以没有（已知的）物理定律可以确切地描述这短暂时间内宇宙的行为。

不过，普朗克时期结束时，引力便挣脱对方（仍旧统一的其他自然力），变成可以用当前理论完美描述的独立个体。在10^{-35}秒之后宇宙继续膨胀和冷却，原本统一的力分裂成电弱力与强力。随后，电弱力又分成电磁力与弱力。这就是如今我们所了解与所喜爱的四种力：弱力制约放射性衰变，强力约束核子，电磁力约束分子，引力约束大块物质。到这时宇宙的年龄也只有万亿分之一秒，但已经完全分化的力及其他关键因素已经决定了宇宙的根本属性，它们每一项都值得出本书来专门讨论。

在第一个万亿分之一秒内，宇宙里物质与能量的相互作用是持续不断的。在强力与电弱力分裂前后，宇宙是由夸克、轻子、它们的反粒子，以及玻色子（前述粒子发生相互作用的媒介粒子）组成的一片沸腾海洋。这些粒子家族的成员被认为无法再细分成更小或更基本的东西了。它们虽然都很基本，但各有几个类别。普通可见光的光子是玻色子家族的一员。非物理学家最熟悉的轻子是电子，或许还有中微子；最熟悉的夸克是……好吧，没有熟悉的夸克。每一类都有一个抽象的名字，这些名字既非出于文学或哲学目的，也没有教育意义，只为了彼此区别而已：上与下、奇与粲、顶与底。

顺便一提，玻色子的名称只是以印度科学家萨特延德拉·纳特·玻色（Satyendra Nath Bose）的名字命名。轻子一字则是源自于希腊文"*leptos*"，意指"轻"或"小"。不过，夸克的来源则比较文艺并富于想象力。物理学家默里·盖尔曼（Murray Gell-Mann）于1964年提出夸克存在，当时他认为夸克家族只有三个成员，所以便引用詹姆斯·乔伊斯（James Joyce）的《芬尼根守灵夜》中一句非常晦涩的话："向麦克老大三呼夸克！"，起了夸克这个名字。对夸克来说的确很有利的一点是：它们的名字都很简单——这似乎是化学家、生物学家和地质学家在给自己的对象命名时无法办到的事。

342

夸克是个古怪的家伙。它既不像质子的电荷数为+1，也不像电子的电荷数为 −1，而是带有1/3或2/3的分数电荷。你永远不会只看到一个夸克，它一定还抓着旁边的其他夸克。事实上，你越是把它们分开，把它们两个（或多个）结合在一起的力就越大——就好像有种亚核子的橡皮筋把它们绑在一起。如果把夸克分得够开，橡皮筋就会突然断裂，储存的能量根据$E=mc^2$的关系在橡皮筋的两端创造出新的夸克，让你的努力白费。

但是在夸克−轻子时期，宇宙密度很高，不相连夸克之间的平均距离和相连夸克间的距离差不多。在这些条件下，临近夸克之间的关联关系就不那么清晰了，所以他们虽然整体上被束缚着，但在这内部仍可自由运动。这是一种状似夸克汤的物质状态，2002年，布鲁克海文国家实验室的一群物理学家率先宣布他们发现了这种物质状态。

强有力的理论证据显示，在宇宙诞生之初的某个时期，或许是在某种力分化的时候，宇宙产生了显著的不对称，粒子和反粒子数的比变成10亿零1个比10亿个。在夸克与反夸克、电子与反电子（即熟知的正电子）、中微子与反中微子持续不断的创造、湮没和重新创造过程中，数量上如此细微的差别几乎看不出来。这个孤儿有很多机会与其他粒子相互湮没，其他粒子也一样。

343

但这种情况并没有持续很久，随着宇宙继续膨胀和冷却，宇宙已经变得和太阳系一样大，温度也迅速下降至一万亿开尔文以下。

这时距离最初已过了一百万分之一秒。

温吞吞的宇宙已没有足够的温度和密度来煮夸克汤了，所以夸克们都抓住舞伴，组成稳固的重粒子家庭，称为强子（hadron，源自希腊文*hadros*，意为“厚的”）。夸克到强子的转变很快就导致质子、中子以及其他不熟悉的重粒子诞生，它们都由多种夸克组合而成。夸克-轻子汤时期产生的物质与反物质的轻微失衡，如今则传到强子身上，却造成了很严重的后果。

随着宇宙冷却，能够自发产生基本粒子的能量逐渐减少。在强子时期，周围的光子已无法通过$E=mc^2$的关系制造夸克反-夸克对。不仅如此，仍在发生的湮没所产生的光子也因宇宙的膨胀而损失能量，能量降到了产生强子-反强子对的阈值以下。每10亿次湮没（留下10

亿个光子)，有1个强子幸存。这些孤家寡人最终就可以坐享一切乐趣：成为星系、恒星、行星和人类的起源。

如果没有物质与反物质之间10亿零一个对10亿个的不平衡，宇宙里的所有物质都会湮没，留下一个光子组成的宇宙——“神说，要有光”的终极版本。

此时，距离最初已过了1秒。

宇宙已膨胀到几个光年宽，大约是太阳到最近恒星之间的距离。温度有10亿度，还是很热，仍然可以烹煮电子——电子和正电子不断地出现和消失。但是在一直膨胀和冷却的宇宙里，留给它们的日子(其实是秒)不多了，强子的故事在电子身上再度重演：最终每10亿个电子中只有1个存活下来，其他的电子都和正电子湮没于一片光子之中。

344

就在这时，每个质子有1个电子会被“冻结”下来。随着宇宙持续冷却(降至1亿度以下)，质子与质子和中子融合形成原子核。这时宇宙里的原子核中有90%是氢原子核，10%是氦原子核，还有极少量的氘、氚、锂。

这时距离最初已过了2分钟。

之后的38万年间，粒子汤并没有太多的变化。在这些年间，温度还是足够高，让电子可以在光子之间自在游荡，碰来碰去。

但是当宇宙温度下降到3 000开以下时（约为太阳表面温度的一半），这些自由状态突然戛然而止，所有电子都和自由的原子核结合。这样的结合使得原始宇宙里的粒子和原子最终形成，留下无处不在的可见光光子。

随着宇宙继续膨胀，光子不断损失能量，从可见光变成红外线，又变成微波。

我们待会就会详细讨论，天体物理学家举目所及都能看到温度为2.73开的微波光子，它们形成了不可磨灭的印迹。微波光子在天空中的分布记录了原子形成以前的物质分布状况。由此我们可以推知很多事情，包括宇宙的年龄与形状。虽然原子如今已是日常生活的一部分，但爱因斯坦的质能方程还有很多事情要做：在粒子加速器里（利用能量场不断制造物质-反物质的粒子对）、在太阳核心里（每秒有440万吨的物质转变成能量），还有在其他每颗恒星的核心里。

另外它也设法存在于黑洞附近，就在事件视界外围，黑洞可怕的345引力能够制造出粒子和反粒子对。1975年，斯蒂芬·霍金第一次提出这个机制，显示黑洞的质量会因为这样的机制而逐渐消耗。换句话说，黑洞并不是完全黑的。如今这个现象被称为“霍金辐射”，它是又一个与$E=mc^2$密切相关的现象。

但是这一切之前发生了什么呢？在宇宙诞生之前是什么情况？

天体物理学家一无所知。或者说我们最有创意的想法几乎得不到实验科学的任何支撑。但某些宗教人士总是有点自命不凡地认为，一定有某种东西开创了这一切：一种比其他任何一切都强大的力量，是万物的起源，缔造者。

在这些人的脑子里，这个某种东西当然就是上帝。

但如果宇宙原本就一直都在，只不过是以我们不知道的状态或条件（例如多重宇宙）存在而已呢？又或者宇宙就像其中的粒子一样，是从完全虚无中突然蹦出来的呢？

这样的回答通常无法让任何人满意，不过却也提醒我们：对一直跟踪科学前沿的科学家来说，无知是自然的意识状态。相信自己无所不知的人，不会去寻找或偶然发现宇宙中已知与未知之间的边界。因此存在着两种相反的有趣情况。用“宇宙一直以来的样子”回答“宇宙诞生之前是什么情况”得不到认可。但对许多信教的人来说，“上帝一直这样”就是“上帝出现之前是什么情况”最直接最令人满意的回答。

不管你是谁，只要投身探索万物起源的事业，往往会唤起满腔的热情，就好像知道开始可以让你对后来的一切产生归属感或驾驭感一样。所以人生的真理对于宇宙也一样适用：知道自己从何而来和知道自己要往哪去一样重要。

41.圣战

346

基本上每次做关于宇宙的讲座时，我都尽量留下足够的提问时间。

问题的顺序我都能预计到。首先，问题与讲座直接相关，之后就会转移到比较吸引人的那些天体物理学领域，例如黑洞、类星体、大爆炸，等等。如果我有足够的时间回答所有的问题，而且演讲地点是在美国，最后一定会谈到上帝。典型的问题包括："科学家信上帝吗？""你信上帝吗？""你在天体物理学方面的研究会影响你的宗教信仰吗？"

出版商发现上帝蕴含着很大的商机，尤其当作者是科学家，书名又直接同时包含科学和宗教的主题时。成功的例子包括罗伯特·贾斯特罗（Robert Jastrow）的《上帝和天文学家》、利昂·莱德曼（Leon M. Lederman）的《上帝粒子》、法兰克·迪普勒（Frank J. Tipler）的《不朽的物理学：现代宇宙学、上帝和逝者的复活》、保罗·戴维斯（Paul Davies）的《上帝与新物理学》和《上帝的意志》。这些书的作者都是杰出的物理学家或天体物理学家，虽然这些书讲述的并非严格意义上的宗教，但都鼓励读者把上帝纳入天体物理学的讨论中。即便是已故的史蒂芬·杰伊·古尔德，他虽然是坚定的进化论者和不可知论者，但也跟随这股书名的潮流，给他的书起名为《万古磐石：充实人生里的科学与宗教》。这些已出版作品的良好销售业绩证明，只要科学家公开讨论上帝，就可以从美国大众身上赚到钱。

347

迪普勒的《不朽的物理学》一书探讨了在人离开这个世界后，物理学定律能否让人和人的灵魂仍然长久存在的问题。这本书出版后，迪普勒的新书宣传行程里包含了多场向新教徒团体所做的高价演说。近几年来，由于邓普顿投资基金创办人、富有的约翰·邓普顿爵士（John Templeton）在寻找科学与宗教之间的和谐与共通点方面所做的努力，这项有利可图的副业更是蓬勃发展。除了赞助相关主题的小型研讨会和大型会议外，邓普顿基金会还会奖励著作丰硕的亲宗教科学家，奖金比诺贝尔奖还丰厚。

但是不要怀疑，就像它们目前所表现的一样，科学与宗教之间没有共同点。正如历史学家、康乃尔大学校长安德鲁·怀特（Andrew D. White）在19世纪的经典著作《基督教世界科学与神学论战史》中所详实记载的，历史反映了宗教与科学之间长久的对立关系，谁占上风取决于当时是谁控制社会。科学的主张依靠实验证明，宗教的主张则依靠信仰。两者认知的方式相互矛盾，因此双方不论在何时何地碰到一起都总是争论不休。不过就像人质谈判一样，最好还是保持双方的对话。

早期由于大家希望把两方结合到一起，所以并未发生分立。伟大的科学家（从2世纪的克劳迪亚斯·托勒密到17世纪的艾萨克·牛顿）以他们过人的智慧，试图从宗教作品里的叙述与哲理中推断出宇宙的本质。事实上，牛顿到去世之时，关于上帝与宗教的文字比关于物理定律的还多，其中还包括试图利用圣经年表来理解并预估自然事件的失败尝试。要是这些努力有一点成功，如今的科学与宗教可能就难以分辨了。

348

这个论点很简单。我还没看过任何物理界的成功预测是根据宗教典籍的内容推断出来的。事实上，我的表述还可以更强烈一些。每当有人试图以宗教典籍精确预测物理世界的事情时，他们总是大错特错。所谓预测，我是指精确描述自然界中物体或现象未经验证的行为，并且是在事件发生“之前”就已记录。当你的模型只有在事件发生后才能预测它时，你其实是事后诸葛亮。后见之明是多数创世神话以及鲁德亚德·吉卜林（Rudyard Kipling）的《原来如此的故事》(用日常现象解释已知的事物）的主要内容。但在科学领域里，上百个后见之明也比不上一个成功的预测。

排在宗教预言清单榜首的是关于世界末日的各种预测，不过至今没有一次成真。好在这也没什么危害。但其他主张和预言却确确实实阻碍了科学的进步，甚至造成退步。对伽利略的审判（我认为是千年来最重要的审判）就是最好的例子，伽利略证明宇宙和天主教会的主流观点存在本质上的不同。不过，也不能全怪宗教裁判所，地心宇宙论也有很多看似合理的地方。历史悠久的地心宇宙模型用完善的本轮来解释行星相对于恒星背景的特殊运动，并未和任何已知的观察结果相矛盾。即使一个世纪前哥白尼就提出了日心说，地心说仍旧被认为是正确的。地心模型也和天主教会的教义以及圣经的普遍解释吻合。《圣经：创世记》最初几节明确提到，地球比太阳和月亮更早出现。先出现的一定是所有活动的中心，不然用来干吗？此外，大家也假设太阳与月亮是光滑的球体，那完美全能的神何必创造其他的东西呢？

349

当然，一切在望远镜发明和伽利略观察天体后就改变了。新的光学设备所揭示的宇宙和人们心目中的以地球为中心、完美无瑕、神圣的宇宙严重矛盾：月球的表面凸凹不平、布满岩石；太阳的表面有会移动的斑点；木星有自己的卫星，它们环绕着木星而非地球飞行；金星和月球一样有圆缺变化。伽利略因其震惊基督教界的颠覆性发现，再加上自负的性格，于是遭到审判，判为异端，遭到软禁。相较于修道士布鲁诺所受的判决，这只是轻微的惩罚。几十年前，布鲁诺因提出地球可能不是宇宙中唯一有生命的地方而被裁定为异端，被绑在柱子上烧死。

我的意思并不是说完全依循科学方法的杰出科学家就没犯过影响大的错误。他们也有。多数针对科学前沿提出的科学论断，最后都会因为数据错误或不充分而被推翻，偶尔还会犯大错误。但科学方法，不仅能探寻到智慧的尽头，还能帮助提出完全正确的概念、模型和预测理论。在人类思想史上，没有其他方法更能解开宇宙的奥秘了。

偶尔也会有人指责科学保守或固执。当人们看到科学家尖锐地批评占星术、超自然现象、大脚野人目击事件和其他人类感兴趣却无法通过双盲测试或缺乏可靠证据的领域时，往往就会对科学做出这样的指摘。科学家对专业研究期刊上的常规观点也会一样怀疑，标准是一致的。看看当犹他州化学家斯坦利·庞斯（B. Stanley Pons）和马丁·弗莱施曼（Martin Fleischmann）在新闻发布会上宣布他们在实验室里实现了“冷”核聚变时所发生的情况吧。科学家们立刻提出质疑，消息宣布没几天，大家便清楚没人可以重复庞斯和弗莱施曼宣称的冷核聚变，他们的工作就此被否定。类似的情况（不算新闻发布会）天天都在发生，几乎每个新的科学观点都会被质疑，而你所听到的通常只是那些会影响经济的事例。

350

由于科学家有如此强烈的质疑态度，所以当有些人发现科学家非常崇敬发现已有模型缺陷的人时，可能会相当惊讶。他们也对创造探索宇宙新方法的人给予同样的崇敬。几乎所有的著名科学家（可以任选一位你喜欢的）在有生之年都曾受到如此的赞美。这种职业生涯的成功之路，和几乎所有其他人类成就都是对立的 —— 尤其是宗教。

这并不意味着世界上就没有信仰宗教的科学家。在最近一项针对数学与科学界所做的宗教信仰调查中（Larson and Witham，1998年），有65%的数学家（比例最高）承认他们有宗教信仰，物理学家与天文学家中则有22%的人（比例最低）有宗教信仰。全美国所有科学家信仰宗教的平均比例则是约40%，过去一个世纪以来几乎没有大的变化。相较之下，据称有90%的美国人拥有宗教信仰（西方国家中比例最高），所以可能是没宗教信仰的人对科学更有兴趣，也可能是研究科学会让人更容易不信宗教吧。

351 但那些有宗教信仰的科学家又是什么情况？成功的研究人员不会从他们的宗教信仰中获得科学知识。另一方面，科学方法目前对伦理、灵感、道德、美、爱、恨或美学几乎都没有贡献。这些都是文明生活的要素，也是几乎所有宗教内涵的中心。这说明对许多科学家来说并不构成利益冲突。

后面我们会详细谈到，当科学家谈论上帝时，通常是在我们最需要保持谦虚和我们觉得最神奇的未知领域才提起他。

有谁会厌恶神奇感？

13世纪时，西班牙国王阿方索十世（Alfonso X）刚好也是位出色的学者，却因托勒密设计用来解释地心论的本轮过于复杂而深感挫败。阿方索关于前沿问题的想法比较大胆，他曾经这样想：“如果创造世

界时我也在场，我会给一些有用的提示，让宇宙更有秩序。”（Carlyle，2004年，第2册，第7章）

爱因斯坦完全认同阿方索国王对宇宙的失望，他在写给同事的信中提到：“如果上帝创造了世界，他首要考虑的一定不是要让这一切易于理解”（Einstein，1954年）。当爱因斯坦无法理解一个决定论的宇宙如何或为何需要用到量子力学的概率形式时，他说：“谁也无法偷看上帝手里握着什么牌。但如果有人说上帝也玩骰子游戏……我是绝对不会相信的”。（Frank，2002年，第208页）有人把一个实验结果拿给爱因斯坦看，那结果如果是对的，便会推翻他的新引力理论。爱因斯坦说：“上帝是微妙的，但他没有恶意。”（Frank，2002年，第285页）与爱因斯坦同年代的丹麦物理学家尼尔斯·玻尔（Niels Bohr）听过太多爱因斯坦对上帝的评论了，所以他说，爱因斯坦不要教上帝怎么做了！（Gleick，1999年）

如今，当天体物理学家被问到一切物理定律的来源或大爆炸之前是什么样子时，偶尔会听到他们提到上帝（可能一百位中有一位）。如我们已经预计到的，这些问题涉及宇宙的最新发现，而且，此时此刻他们也超出了现有数据和理论所能回答的范畴。有些颇有前途的观点已经出现，例如暴胀宇宙论和弦论。它们可能最终能够回答这些问题，进一步拓展我们的知识疆界。

352

我个人的观点完全实际，部分呼应了伽利略的看法。他在接受审判时曾经说过一句名言：“圣经可以告诉我们怎样上天堂，但不能告诉我们天体是如何运行的。”（Drake，1957年，第186页）伽利略在1615

年致托斯卡纳大公夫人克里斯蒂娜的信中进一步提到："我认为上帝写过两本书，第一本是圣经，人类可以从中找到关于价值和伦理的解答。第二本是自然之书，让人类用来观察与实验，以解开我们对宇宙的疑惑。"（Drake，1957年，第173页）

我只相信有用的东西，这是科学方法所包含的有益的怀疑态度。相信我，如果圣经真的是科学答案与知识的丰沛源泉，我们为了探索宇宙，每天都会钻研它。不过我的关于科学灵感的词汇和狂热的宗教徒却有很多相互重叠的地方。面对宇宙中的各种天体和现象，我和其他人一样感到相当卑微，它的壮丽总让我赞叹神往。但我也知道，如果说这些无知之谷是上帝恩赐给我们的，总有一天，在科学进步的力量下，这些幽谷都将不复存在。

353

42.无知之界

在过去几个世纪写作时，许多科学家觉得必须给宇宙的神秘和上帝的创造赋予诗意。或许我们不该对此感到惊诧：当时的多数科学家和现代许多科学家一样，都认为自己在精神上是很虔诚的。

但仔细阅读过去的文字，特别是那些和宇宙本身有关的，就会发现只有在超出自身认知范围时作者才会借助神的力量。他们只有在面对自己的无知时，才会求助于更高的力量。他们只有在无法理解的孤独和危险边缘时才会呼唤上帝。当他们对自己的解释充满信心时，则几乎绝口不提上帝。

我们从最顶尖的科学家开始说起。牛顿是有史以来最伟大的智者之一，他在17世纪中叶提出的运动定律和万有引力定律解释了困扰了哲学家上千年的宇宙现象。利用这些定律，人们可以理解天文系统中天体间的引力，进而理解轨道的意义。

牛顿万有引力定律让你可以计算任意两个天体间的引力。如果加入第三个天体，每个天体都会吸引另外两个，他们运行的轨道就会变得更难计算。如果再加一个，两个，三个，很快就包含了太阳系的所有行星。地球和太阳互相拉扯，但木星也会拉地球，土星也拉地球，[354] 火星也拉地球，木星还会拉土星，土星也会拉火星，等等。

牛顿担心所有这些引力会使太阳系内的轨道不稳定。他的方程显示，行星本应在很久以前就掉进太阳里，或是脱离太阳系，无论是哪种情况，太阳系里都不应有行星存在。但太阳系和更大的宇宙看起来却是有序并持久的模型。所以牛顿在他最伟大的著作《自然哲学的数学原理》中推断，上帝一定会偶尔介入并进行修正：

> 6个行星在围绕太阳的同心圆上转动，运转方向相同，而且几乎在同一个平面上……但不能设想单纯力学原因就能导致如此多的规则运动……这个最为动人的太阳、行星和彗星体系，只能来自一个全能全智的上帝的设计和统治。[1]（Newton，1992年，第544页）

---

1. 译文摘自《自然哲学之数学原理》，牛顿著，王克迪译，陕西人民出版社，2000年。——译者注

在《原理》中，牛顿区分了猜想和实验哲学，并宣称："猜想，不管是抽象的还是有形的，神秘的还是机械的，都不算实验哲学。"（Newton，1992年，第547页）他想要的是"得自现象的"数据。但在缺少数据的情况下，在他能够解释的（他能找到的原因）和他只能尊敬的（他无法找到的原因）边界上，牛顿欣喜地提及上帝：

> 他是永恒的和无限的，无所不能的，无所不知的……他支配一切事物，而且知道一切已做的或当做的事情……我们只能通过他对事物的最聪明、最卓越的设计，以及终极的原因来认识他；我们既赞颂他的完美，又敬畏并且崇拜他的统治。（Newton，1992年，第545页）

一个世纪之后，法国天文学家和数学家拉普拉斯正面遇到了牛顿的轨道不稳问题。拉普拉斯并没有把太阳系的神秘稳定性看作上帝的幕后工作，而主张这是科学上的挑战。在1799年出版的巨著《天体力学》第一卷中，拉普拉斯证明太阳系保持稳定的时间比牛顿预估的要长。为此，拉普拉斯最先提出了一种名为"摄动理论"的新数学工具，它能够检验许多微小力量的累积效果。根据一个常被提起但可能经过润色的叙述，当拉普拉斯把一部《天体力学》送给他的朋友、学过物理的拿破仑（Napoléon Bonaparte）看时，拿破仑问他，上帝在宇宙的建造和管理中扮演什么角色。"陛下，"拉普拉斯回答道："我不需要那样的假设。"（DeMorgan，1872年）

尽管拉普拉斯如此，但除了牛顿之外，还有很多科学家在自己的理解力渐趋无知时便诉诸上帝或诸神。以公元2世纪的亚历山大天文学家托勒密为例，他虽然可以描述行星的运行，但并不真正理解其中的缘由，他无法克制自己的宗教热情，便在自己的《天文学大成》的页边空白处写下了如下文字：

> 我知道，我本凡夫俗子，朝生而暮死。但是，当我随心所欲地追踪众天体在轨道上的往复运动时，我感到自己的双脚不再踏在地球上，而是直接站在天神宙斯面前，尽情享用着诸神的珍馐。

或者我们再看看17世纪的荷兰天文学家惠更斯。他的成就包括发明摆钟和发现土星环。在其辞世后的1698年才出版的迷人作品《被发现的天上世界》中，开篇的一章大部分是在赞颂当时所知的行星轨道、行星的形状和大小，以及行星的相对亮度和推测的坚硬程度。书中甚至包含图解太阳系结构的插页。在这个讨论中并未出现上帝——而仅仅在一个世纪之前（那时牛顿的理论还没出现），行星的轨道还是极其神秘的。 356

《被发现的天上世界》中也充满了对太阳系里生命的猜测，这时惠更斯才提出了他无法回答的问题。他提出了当时生物学上的难题，例如生命复杂的起源。果然，因为17世纪的物理学比17世纪的生物学更先进，所以惠更斯只在讨论生物学时才会诉诸上帝之手：

> 我想没人会否认，相较那些没有生命的死物，动植物的制造和成长中蕴含了更多的巧思和神奇……这是因为上帝的手指和造物主的智慧在其中的展现比在其他事物中

更明显。(Huygens，1698年，第20页)

如今世俗哲学家称那种神助为“填补空缺的上帝”——这样的上帝很有用，因为人类的知识体系中从不缺乏空白之处。

牛顿、惠更斯和其他早期的伟大科学家尽管可能都很虔诚，但他们同时也是经验主义者。他们并不会从证据迫使他们下的结论中退缩，当他们的发现和主流信仰矛盾时，他们也会坚持自己的发现。那并不表示这种坚持很简单：他们有时候会碰到激烈的反对，就像伽利略那样，他必须守卫自己用望远镜观察得到的证据，对抗来自圣经和“常识”的可怕反对。

357 伽利略清楚地区分了宗教与科学的角色。对他来说，宗教是对神的膜拜和灵魂的救赎，而科学则是精确观察与实证真理的根源。伽利略在1615年致托斯卡纳大公夫人克里斯蒂娜的信中，并未怀疑他对圣经文字的理解：

> 在解释圣经时，如果永远局限于单纯的文法意义，可能会犯错……
>
> 圣经经文也许有潜藏在字面之下的不同含义，因此不应拿圣经做根据来质疑（更不应非难）已经被证实的自然现象……
>
> 我不觉得我应该相信赐予我们感性、理性和智慧的同一位上帝会希望我们放弃使用它们。(Venturi，1818年，第222页)

伽利略是科学家中少数的例外，他把未知世界视为应探索的地方，而非由上帝控制的永恒秘密。

只要把天球当成神的领地，就可以正当地用凡人无法解释神的行为这样的事实来证明上帝拥有更高的智慧和能力。但从16世纪开始，哥白尼、开普勒、伽利略、牛顿等人的研究（更不用说还有麦克斯韦、海森伯、爱因斯坦以及其他所有发现基本物理定律的人）为越来越多的现象提供了合理的解释。渐渐地，宇宙有了科学方法和工具的支撑，变成了明显可知的地方。

后来，发生了一幕几乎是令人震惊并且出乎意料的哲学倒转，众多传教士和学者开始宣称物理定律本身正是上帝智慧和万能的证明。 358

17世纪和18世纪的一大流行主题是“机械式宇宙”——一种由上帝和他的物理定律所规划并运作的，有序、合理与可预知的机制。早期的望远镜都必须靠可见光，所以无法推翻这种有序的系统图象。月球绕地球运转，地球和其他行星一边自转、一边绕着太阳公转，恒星在发光，星云在太空中自由飘浮。

直到19世纪才弄清楚，可见光只是广阔的电磁频谱上的一个频带——人类刚好可以看见的频带。1800年发现红外线，1801年发现紫外线，1888年发现无线电波，1895年发现X射线，1900年发现γ射线。随后的一个世纪里，新型望远镜不断地涌现，安装的探测器能够“看见”前述那些电磁频谱上看不见的部分。这时天体物理学家才开始揭开宇宙的真实面目。

结果发现有些天体释放的不可见光比可见光还多，新望远镜所搜集到的不可见光显示宇宙里满是各种骚动：有强烈的 γ 射线爆发、致命的脉冲星、足以粉碎物质的引力场、会把邻近肿胀的恒星生吞活剥的“吃货”黑洞、坍缩气囊内形成的新恒星。随着我们常规的光学望远镜越来越大、越来越好，发现的骚动也越来越多：相互碰撞和吞噬的星系、特大质量恒星的爆炸、混乱的恒星和行星轨道。另外，就像前面曾经提到的，地球的附近（内太阳系）简直就是个射击场，充满流浪的小行星和彗星，时不时和行星相撞。偶尔它们甚至会毁灭大量的地球动植物。所有证据全部显示，我们所处并非是一个规范的机械式宇宙，而是一个充满破坏、暴力和敌意的地方。

359　当然，地球也可能对你的健康不利。在陆地上，灰熊想要攻击你；在海洋里，鲨鱼想要吃掉你。积雪会冻僵你，沙漠会让你脱水，地震会把你掩埋，火山能把你烧成灰烬。病毒会感染你，寄生虫吸你的体液，癌症侵害你的身体，先天性疾病让你早亡。即便你运气好身体健康，成群的蝗虫也可能吞噬你的庄稼，海啸可能卷走你的亲人，飓风可能吹垮你的家园。

所以宇宙想把我们全部杀死。但是，就像之前那样，我们还是先暂时忽略这些错综复杂的情况吧。

科学前沿上有许多（或许是无数）悬而未决的问题。有些问题已经令人类最杰出的智者们困惑了数十年，甚至数百年。在当下的美国，认为更高等智慧是解决一切谜题的唯一答案的观点又开始回潮。这种现代版的“填补空缺的上帝”以一个新的名称出现：“智能设计”。这个词意指某些实体天生具备远比人类发达的智慧，是它们创造或引致了物理世界里我们无法以科学方法解释的一切。

一个有趣的假设。

但我们又何必拘泥于这些太过奇特或复杂而无法理解的事情，然后再将它们的存在和特质归因于超智慧呢？为何不把那些设计极其笨拙、愚蠢、不切实际、不可行的一切东西都当成是缺乏智慧的反映？

比如说人类的形态。我们通过头部的同一个洞吃东西、喝水和呼吸，所以即便有海姆利克氏操作法，噎死仍是美国意外伤害死亡的第四大原因。那第五大死因溺水呢？水覆盖了近乎3/4的地表，但我们却是陆地生物——把头没入水中几分钟，你就死了。

360

又比如我们身上那些没用的部分。小脚趾的指甲有什么作用？自儿童时期就失去功能、只会发生阑尾炎的阑尾又有什么用？有用的部分也可能出问题。我刚好很喜欢我的膝盖，但没有人认为它们得到了很好的保护，可以不被碰撞。如今，膝盖有问题的人可以做手术更换膝盖。至于容易疼痛的脊椎，过不了多久应该就会有办法更换。

还有那些无声的杀手。高血压、结肠癌、糖尿病每年夺走数万美国人的生命，但你有可能不知道自己患上了这些疾病，直到死后尸检时才发现。如果我们身体里长着生物测量仪，可以事先警示我们这些危险不是很好吗？就算是便宜的汽车都有发动机传感器呢。

我们两腿间的区域是哪个喜剧演员设计的？污物排放系统包围的娱乐综合体？

眼睛常常被当作生物工程里的一个奇迹，但是对天体物理学家来说，眼睛只算得上是普遍的探测器而已。更好的探测器应该对天空的黑暗物体更加敏感，而且能看到光谱中所有不可见的部分。如果我们可以看到紫外线和红外线，日落将是多么的壮丽。如果我们一眼就可以看到环境中所有的微波源，或知道哪个无线电台的天线正在发射，那会多有用。如果我们可以在夜间发现警察的雷达探测器，那该多有帮助啊。

试想，如果我们像鸟一样，脑袋里有磁铁，可以随时判断南北方向，那我们在不熟悉的城市里游览将有多么容易。试想，如果我们同时拥有鳃和肺，那会有多自在。如果我们有六只手而不只两只，我们会多有生产力。如果我们有八只手，我们就可以一边安全地开车，一边同时打电话、换电台节目、化妆、喝饮料、挠耳朵了。

愚蠢的设计会自相矛盾。这或许不是自然的错，但却普遍存在。361 不过人们似乎认为我们的身体、思维，乃至我们的宇宙都代表了最顶尖的形态和功能。或许这么想是不错的抗忧郁剂，但这不是科学——现在不是，过去不是，永远都不会是。

另一种非科学的做法就是接受无知。但这却是智能设计哲学的根源：我不知道这是什么，我不知道它的原理，这太复杂了我弄不明白，这太复杂了所有人都弄不明白，所以一定是更高级智慧生命的产品。

你怎么看待这样的理论？你就只选择放弃，把问题交给比你聪明的人，甚至是非人类去解决吗？你会叫学生只解答简单的题目吗？

人类对宇宙的了解可能有一个极限，但如果我宣称我无法解决的问题，前无古人后无来者能够解决，那是多么自以为是。假设伽利略和拉普拉斯曾这样想过？然而更好的是，如果牛顿没这样想过呢？那样他可能已经提早一个世纪解开了拉普拉斯的问题，让拉普拉斯得以跨越下一个无知的边界。

科学是发现的哲学，智能设计是无知的哲学。在假设没有人足够聪明能够解答问题的前提下，你无法制订发现的计划。曾经，人们认为是海神尼普顿造成了海上的风暴。如今我们把这些风暴称为飓风，我们知道它们何时在何处形成，知道它们的成因，知道什么可以减弱它们的破坏力。了解全球变暖的人会告诉你，哪些原因会让它们变得更糟。唯一仍把台风称为“天灾”的是那些填写保险单据的人。

在研究中借助神力的科学家和其他思想家构成了丰富多彩的历史，[362]想要否定或抹杀这些历史是愚蠢的。在学术领域里，智能设计一定有供其生存的合适位置。那么宗教史怎么办呢？哲学或心理学呢？它们都不属于科学的课堂。

如果学术讨论还无法左右你，那再考虑一下经济上的后果吧。允许智能设计进入科学教科书、演讲大厅和实验室，追求科学发现前沿（驱动未来经济发展的前沿）的成本将不可估量。我不希望在可再生能源或太空旅行方面能取得突破的学生所接受的教育是：你不懂或没人懂的事就是神造的，所以超出他们的智慧能力。如果真有那么一天，美国就只会对我们不懂的事敬而远之，看着世界其他国家大胆地向着人类从未涉足的领域前进。

参考文献

Aristotle. 1943. *On Man in the Universe*. New York: Walter J. Black.

Aronson, A., and T. Ludlam, eds. 2005. *Hunting the Quark Gluon Plasma: Results from the First 3 Years at the Relativistic Heavy Ion Collider (RHIC)*, Upton, NY: Brookhaven National Laboratory. Formal Report: BNL -73847.

Atkinson, R. 1931. Atomic Synthesis and Stellar Energy. *Astrophysical Journal* 73: 250–295.

Aveni, Anthony. 1989. *Empires of Time*. New York: Basic Books.

Baldry, K., and K. Glazebrook. 2002. The 2dF Galaxy Redshift Survey: Constraints on Cosmic Star-Formation History from the Cosmic Spectrum. *Astrophysical Journal* 569: 582.

Barrow, John D. 1988. *The World within the World*. Oxford: Clarendon Press.

[Biblical passages] *The Holy Bible*. 1611. King James Translation.

Brewster, David. 1860. *Memoirs of the Life, Writings, and Discoveries of Sir Isaac Newton*, vol. 2. Edinburgh: Edmonston.

[Bruno, Giordano] Dorothea Waley Singer. 1950. *Giordano Bruno (containing On the Infinite Universe and Worlds* [1584]). New York: Henry Schuman.

Burbidge, E. M.; Geottrey. R . Burbidge, William Fowler, and Fred Hoyle. 1957. The Synthesis of the Elements in Stars. *Reviews of Modern Physics* 29: 15.

Carlyle, Thomas. 2004. *History of Frederick the Great* [1858]. Kila, MT: Kessinger Publishing.

[Central Bureau for Astronomical Telegrams] Brian Marsden, ed. 1998. Cambridge, MA: Center for Astrophysics, March 11, 1998.

Chaucer, Geoffrey. 1964. Prologue. *The Canterbury Tales* [1387]. New York: Modern Library.

Clarke, Arthur C. 1961. *A Fall of Moondust*. New York: Harcourt.

Clerke, Agnes M. 1890. *The System of the Stars*. London: Longmans, Green, & Co.

Comte, Auguste. 1842. *Coups de la Philosophic Positive*, vol. 2. Paris: Bailliere.

—1853. *The Positive Philosophy of Auguste Compte*, London: J. Chapman.

Copernicus, Nicolaus. 1617. *De Revolutionibus Orbium Coelestium (Latin)*, 3rd ed. Amsterdam: Wilhelmus Iansonius.

-

—1999. *On the Revolutions of the Heavenly Sphere* (*English*). Norwalk, CT: Easton Press.

-

Darwin, Charles. 1959. Letter to J. D. Hooker, February 8, 1874. *In The Life and Letters of Charles Darwin*. New York: Basic Books.

-

—2004. *The Origin of Species. Edison*, NJ: Castle Books.

-

De Morgan, A. 1872. *Budget of Paradoxes*. London: Longmans Green & Co.de Vaucouleurs, Gerard. 1983. Personal communication.

-

Doppler, Christian. 1843. On the Coloured Light of the Double Stars and Certain Other Stars of the Heavens. Paper delivered to the Royal Bohemian Society, May 25, 1842. *Abhandlungen der Königlich Böhmischen Gesellschaft der Wissenschaften*, Prague, 2: 465.

-

Eddington, Sir Arthur Stanley. 1920. Nature 106: 14.

-

—1926. *The Internal Constitution of the Stars*. Oxford, UK: Oxford Press.

-

Einstein, Albert. 1952. *The Principle of Relativity* [1923]. New York: Dover Publications.

-

—1954. Letter to David Bohm. February 10. Einstein Archive 8–041.

-

[Einstein, Albert] James Gleick. 1999. Einstein, *Time*, December 31.

-

[Einstein, Albert] Phillipp Frank. 2002. *Einstein*, *His Life and Times* [1947]. Trans. George Rosen. New York: Da Capo Press.

-

Faraday, Michael. 1855. *Experimental Researches in Electricity*. London: Taylor.

-

Ferguson, James. 1757. *Astronomy Explained on Sir Isaac Newton's Principles*, 2nd ed. London: Globe.

-

Feynman, Richard. 1968. What Is Science. The Physics Teacher 7, No. 6: 313–320.

-

—1994. *The Character of Physical Law*. New York: The Modern Library.

-

Forbes, George. 1909. *History of Astronomy*. London: Watts & Co.

-

Fraunhofer, Joseph von. 1898. *Prismatic and Diffraction Spectra*. Trans. J. S. Ames. New York: Harper & Brothers.

-

[Frost, Robert] Edward Connery Lathem, ed. 1969. *The Poetry of Robert Frost: The Collected Poems*, *Complete and Unabridged*. New York: Henry Holt and Co.

-

Galen. 1916. *On the Natural Faculties* [c. 180]. Trans. J. Brock. Cambridge, MA: Harvard University Press.

-

[Galileo, Galilei] Stillman Drake. 1957. *Discoveries and Opinions of Galileo*. New York: Doubleday Anchor Books.

-

Galileo, Galilei. 1744. *Opera*. Padova: Nella Stamperia.

-

—1954. *Dialogues Concerning Two New Sciences*. New York: Dover Publications.

-

—1989. *Sidereus Nucius* [1610] . Chicago: University of Chicago Press.

-

Gehrels , Tom , ed. 1994. *Hazards Due to Comets and Asteroids*. Tucson: University of Arizona Press.

-

Gillet , J. A. , and W. J. Rolfe. 1882. *The Heavens Above*. New York: Potter Ainsworth & Co.

-

Gregory , Richard. 1923. *The Vault of Heaven*. London: Methuen & Co.

-

[Harrison , John] Dava Sobel. 2005. *Longitude*. New York : Walker & Co.

-

Hassan , Z. , and Lui , eds. 1984. *Ideas and Realities; Selected Essays of Abdus Salaam*. Hackensack , NJ: World Scientific.

-

Heron of Alexandria. *Pneumatica* [c. 60] .

-

Hertz , Heinrich. 1900. *Electric Waves*. London: Macmillan and Co.

-

Hubble Heritage Team. *Hubble Hentage Images*. http://heritage. stsci. edu.

-

Hubble , Edwin P. 1936. *Realm of the Nebulae*. New Haven , CT: Yale University Press.

-

—1954. *The Nature of Science*. San Marino , CA: Huntington Library.

-

Huygens , Christiaan. 1659. *Systema Saturnium (Latin)*. Hagae-Comitis: Adriani Vlacq.

-

—1698. [Cosmotheoros ,] *The Celestial Worlds Discover'd* (*English*). London: Timothy Childe.

-

Impey , Chris , and William K. Hartmann. 2000. *The Universe Revealed*. New York: Brooks Cole.

-

Johnson , David. 1991. V–1 , V–2: *Hitler's Vengeance on London*. London: Scarborough House.

-

Kant , Immanuel. 1969. *Universal Natural History and Theory of the Heavens* [1755] . Ann Arbor: University of Michigan.

-

Kapteyn , J. C. 1909. On the Absorption of Light in Space. *Contrib. from the Mt. Wilson Solar Observatory* , No. 42 , *Astrophysical Journal* (offprint) , Chicago: University of Chicago Press.

-

Kelvin , Lord. 1901 , Nineteenth Century Clouds over the Dynamical Theory of Heat and Light. In *London Philosophical Magazine and Journal of Science* 2 , 6th Series , p. 1. Newcastle , UK: Literary and Philosophical Society.

-

—1904. *Baltimore Lectures*. Cambridge , UK: C. J. Clay and Sons.

-

Kepler , Johannes. 1992. *Astronomia Nova* [1609] . Trans. W. H. Donahue. Cambridge , UK : Cambridge University Press.

-

—1997. *The Harmonies of the World* [1619] . Trans. Juliet Field. Philadelphia : American Philosophical Society.

-

Lang, K. R., and o. Gingerich, eds. 1979. *A Source Book in Astronomy & Astrophysics*. Cambridge: Harvard University Press.

-

Laplace, Pierre-Simon. 1995. *Philosophical Essays on Probability* [1814]. New York: Springer Verlag.

-

Larson, Edward J., and Larry Witham. 1998. Leading Scientists Still Reject God. *Nature* 394: 313.

-

Lewis, John L. 1997. *Physics & Chemistry of the Solar System*. Burlington, MA: Academic Press.

-

Loomis, Elias. 1860. *An Introduction to Practical Astronomy*. New York: Harper & Brothers.

-

Lowell, Percival. 1895. *Mars*. Cambridge, MA: Riverside Press.

-

—1906. *Mars and Its Canals*. New York: Macmillan and Co.

-

—1909. *Mars as the Abode of Life*. New York: Macmillan and Co.

-

—1909. *The Evolution of Worlds*. New York: Macmillan and Co.

-

Lyapunov, A. M. 1892. *The General Problem of the Stability of Motion*. PhD thesis, University of Moscow.

-

Mandelbrot, Benoit. 1977. *Fractals: Form, Chance, and Dimension*. New York: W. H. Freeman & Co.

-

Maxwell, James Clerke. 1873. A *Treatise on Electricity and Magnetism*. Oxford, UK: Oxford University Press.

-

McKay, D. S., et al. 1996. Search for Past Life on Mars. Science 273, No. 5277.

-

Michelson, Albert A. 1894. Speech delivered at the dedication of the Ryerson Physics Lab, University of Chicago.

-

Michelson, Albert A., and Edward W. Morley. 1887. On the Relative Motion of Earth and the Luminiferous Aether. In *London Philosophical Magazine and Journal of Science* 24, 5th Series. Newcastle, UK: Literary and Philosophical Society.

-

Morrison, David. 1992. The Spaceguard Survey: Protecting the Earth from Cosmic Impacts. *Mercury*, 21, No. 3: 103.

-

Nasr, Seyyed Hossein. 1976. *Islamic Science: An Illustrated Study*. Kent: World of Islam Festival Publishing Co.

-

Newcomb, Simon. 1888. Sidereal *Messenger* 7: 65.

-

—1903. *The Reminiscences of an Astronomer*. Boston: Houghton Mifflin Co.

-

[Newton, Isaac] David Brewster. 1855. *Memoirs of the Life, Writings, and Discoveries of Sir Isaac Newton*. London: T. Constable and Co.

-

Newton, Isaac. 1706. *Optice* (*Latin*), 2nd ed. London: Sam Smith & Benjamin Walford.

-

—1726. *Principia Mathematica* (*Latin*), 3rd ed. London: William & John Innys.

-

—1728. *Chronologies*. London: Pater-noster Row.

—1730. *Optiks*, 4th ed. London: Westend of St. Pauls.

—1733. *The Prophesies of Daniel*. London: Pater-noster Row.

—1958. *Papers and Letters on Natural Philosophy*. Ed. Bernard Cohen. Cambridge, MA: Harvard University Press.

—1962. *Principia* Vol. Ⅱ: *The System of the World* [1687]. Berkeley: University of California Press.

—1992. *Principia Mathematica* (*English*) [1729]. Norwalk, CT: Easton Press.

Norris, Christopher. 1991. *Deconstruction: Theory & Practice*. New York: Routledge.

O'Neill, Gerard K. 1976. *The High Frolltier: Human Colonies in Space*. New York: William Morrow & Co.

Planck, Max. 1931. *The Universe in the Light of Modern Physics*. London: Allen & Unwin Ltd.

—1950. A *Scientific Autobiography* (*English*). London: Williams & Norgate, Ltd.

[Planck, Max] 1996. Quoted by Friedrich Katscher in The Endless Frontier. *Scientific American*, February, p. 10.

Ptolemy, Claudius. 1551. *Almagest* [c. 150]. Basilieae, Basel.

Salaam, Abdus. 1987. The Future of Science in Islamic Countries. Speech given at the Fifth Islamic Summit in Kuwait, http://www. alislam. org/library/ salam-2.

Schwippell, J. 1992. Christian Doppler and the Royal Bohemian Society of Sciences. In *The Phenomenon of Doppler*. Prague.

Sciama, Dennis. 1971. *Modern Cosmology*. Cambridge, UK: Cambridge University Press.

Shamos, Morris H., ed. 1959. *Great Experiments in Physics*. New York: Dover.

Shapley, Harlow, and Heber D. Curtis. 1921. *The Scale of the Universe*. Washington, DC: National Academy of Sciences.

Sullivan, W. T. Ⅲ, and B. J. Cohen, eds. 1999. *Preserving the Astronomical Sky*. San Francisco: Astronomical Society of the Pacific.

Taylor, Jane. 1925. *Prose and Poetry*. London: H. Milford.

Tipler, Frank J. 1997. *The Physics of Immortality*. New York: Anchor.

Tucson City Council. 1994. *Tucson/Pima County Outdoor Lighting Code*, Ordinance No. 8210. Tucson, AZ: International Dark Sky Association.

[Twain, Mark] Kipling, Rudyard. 1899. An Interview with Mark Twain. *From Sea to Sea*. New York: Doubleday & McClure Company.

-

Twain, Mark. 1935. *Mark Twain's Notebook.*

-

van Helden, Albert, trans. 1989. *Sidereus Nuncius.* Chicago: University of Chicago Press.

-

Venturi, C. G., ed. 1818. *Memoire e Lettere*, vol. 1. Modena: G. Vincenzi.

-

von Braun, Werner. 1971. *Space Frontier* [1963]. New York: Holt, Rinehart and Winston.

-

Wells, David A., ed. 1852. *Annual of Scientific Discovery.* Boston: Gould and Lincoln.

-

White, Andrew Dickerson. 1993. A *History of the Warfare of Science with Theology in Christendom* [1896]. Buffalo, NY: Prometheus Books.

-

Wilford, J. N. 1999. Rarely Bested Astronomers Are Stumped by a Tiny Light. *The New York Times*, August 17.

-

Wright, Thomas. 1750. *An Original Theory of the Universe.* London: H. Chapelle.

人名索引

B

C

D

E

F

H

J

K

L

N

S

T

W

Z

名词索引

E

I

J

K

L

M

N

Q

R

T

V

Z

图书在版编目（CIP）数据

死亡黑洞 /（美）尼尔·德格拉斯·泰森著；姜田译．— 长沙：湖南科学技术出版社，2018.1
（2024.4重印）
（第一推动丛书．宇宙系列）
ISBN 978-7-5357-9446-8
Ⅰ．①死… Ⅱ．①尼… ②姜… Ⅲ．①黑洞—普及读物 Ⅳ．① P145.8-49
中国版本图书馆 CIP 数据核字（2017）第 212887 号

湖南科学技术出版社通过中国台湾博达著作权代理有限公司获得本书中文简体版中国大陆独家出版发行权
著作权合同登记号 18-2013-467

SIWANG HEIDONG
死亡黑洞

著者
[美] 尼尔·德格拉斯·泰森
译者
姜田
出版人
潘晓山
责任编辑
吴炜　孙桂均　杨波
装帧设计
邵年 李叶 李星霖 赵宛青
出版发行
湖南科学技术出版社
社址
长沙市芙蓉中路一段416号
泊富国际金融中心
http://www.hnstp.com
湖南科学技术出版社
天猫旗舰店网址
http://hnkjcbs.tmall.com
邮购联系
本社直销科 0731-84375808

印刷
长沙市宏发印刷有限公司
厂址
长沙市开福区捞刀河大星村343号
邮编
410153
版次
2018 年 1 月第 1 版
印次
2024年 4 月第 9 次印刷
开本
880mm × 1230mm 1/32
印张
12.5
字数
262千字
书号
ISBN 978-7-5357-9446-8
定价
59.00 元